Algebra für Einsteiger

Jörg Bewersdorff

Algebra für Einsteiger

Von der Gleichungsauflösung zur Galois-Theorie

6. Auflage

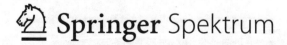

Jörg Bewersdorff
Limburg, Deutschland

ISBN 978-3-658-26151-1   ISBN 978-3-658-26152-8   (eBook)
https://doi.org/10.1007/978-3-658-26152-8

Die Deutsche Nationalbibliothek verzeichnet diese Publikation in der Deutschen National-
bibliografie; detaillierte bibliografische Daten sind im Internet über http://dnb.d-nb.de abrufbar.

Springer Spektrum
© Springer Fachmedien Wiesbaden GmbH, ein Teil von Springer Nature 2002, 2004, 2007, 2009,
2013, 2019

Planung/Lektorat: Ulrike Schmickler-Hirzebruch

Springer Spektrum ist ein Imprint der eingetragenen Gesellschaft Springer Fachmedien Wiesbaden
GmbH und ist ein Teil von Springer Nature
Die Anschrift der Gesellschaft ist: Abraham-Lincoln-Str. 46, 65189 Wiesbaden, Germany

Einführung

Math is like love; a simple idea,
but it can get complicated.
R. Drabek

Dieses Buch handelt von einem klassischen Problem der Algebra und seiner Geschichte. Beschrieben wird die Suche nach Lösungsformeln für Polynomgleichungen in einer Unbekannten und wie die dabei hinzunehmenden Misserfolge letztlich zu Erkenntnissen ganz anderer Art führten, und zwar zu solchen mit höchst grundlegender Bedeutung.

Schauen wir uns den Gegenstand, der über drei Jahrhunderte viele der besten Mathematiker beschäftigte, schon einmal kurz an. Sie, verehrte Leserin beziehungsweise verehrter Leser, erinnern sich bestimmt noch an quadratische Gleichungen wie

$$x^2 - 6x + 1 = 0$$

und auch noch an die Formel

$$x_{1,2} = -\frac{p}{2} \pm \sqrt{\frac{p^2}{4} - q}$$

zur Lösung der „allgemeinen" quadratischen Gleichung

$$x^2 + px + q = 0.$$

Angewendet auf das Beispiel erhält man die beiden Lösungen

$$x_1 = 3 + 2\sqrt{2} \quad \text{und} \quad x_2 - 3 \quad 2\sqrt{2} \, .$$

Ist man an numerischen Werten interessiert, so lassen sich aus diesen beiden Ausdrücken mit Hilfe eines Taschenrechners – oder wüssten Sie noch, wie man eine Wurzel manuell berechnet? – problemlos die Dezimaldarstellungen $x_1 = 5,828427...$ und $x_2 = 0,171572...$ bestimmen. Auch eine Überprüfung, dass x_1 und x_2 tatsächlich Lösungen der Gleichung sind, lässt sich auf Basis der numerischen Werte mit einem Taschenrech-

ner schnell bestätigen. Ein Skeptiker, der ganz sicher ausschließen möchte, dass die Werte nicht nur annähernde Lösungen sind, sondern die exakten, muss selbstverständlich die gefundenen Wurzelausdrücke selbst in
die Gleichung „einsetzen" und nachrechnen, dass das quadratische Polynom $x^2 - 6x + 1$ tatsächlich an den Stellen $x = x_1$ und $x = x_2$ „verschwindet", das heißt den Wert 0 annimmt.

Die Auflösung von Gleichungen höherer Grade

Wie kubische Gleichungen wie zum Beispiel

$$x^3 - 3x^2 - 3x - 1 = 0$$

mittels einer vergleichbaren Formel zu lösen sind, ist weit weniger bekannt. Zwar wurde eine solche Lösungsformel bereits 1545 von Cardano
(1501–1576) in seinem Buch *Ars magna* erstmals veröffentlicht, jedoch
besitzt sie heute in der numerischen Praxis kaum noch eine Bedeutung. In
einem Zeitalter, in dem die Rechenleistung von Computern de facto un-
begrenzt zur Verfügung steht, ist eine explizite Formel bei praktischen
Anwendungen nämlich entbehrlich, da es bei solchen völlig reicht, die
Lösungen numerisch zu bestimmen. Und dafür gibt es, und zwar allgemein auch für jede andere Gleichung in einer Unbekannten verwendbar,
diverse Näherungsverfahren, die „iterativ", das heißt schrittweise, die gesuchten Lösungen immer genauer berechnen. Abgebrochen wird ein solches Verfahren dann, wenn eine im Hinblick auf die gewünschte Anwendung genügende Genauigkeit erreicht ist. Iterative Näherungsverfahren
sind aber dann ungeeignet, wenn nicht nur der numerische Wert einer Lösung, für die letzte Gleichung beispielsweise $x_1 = 3{,}847322...$, sondern
sogar der „exakte" Wert

$$x_1 = 1 + \sqrt[3]{2} + \sqrt[3]{4}$$

bestimmt werden soll. Abgesehen davon, dass eine solche Wurzeldarstellung eine gewisse Ästhetik beinhaltet, ist eine rein numerisch verifizierte
Übereinstimmung sicher dann nicht ausreichend, wenn daraus mathematische Erkenntnisse und Prinzipien abgeleitet werden sollen: Nehmen wir

zum Beispiel die drei aufgrund numerischer Berechnungen zu vermutenden Identitäten

$$\sqrt[3]{\sqrt[3]{2}-1} = \tfrac{1}{3}\left(\sqrt[3]{3}-\sqrt[3]{6}+\sqrt[3]{12}\right),$$

$$e^{\pi\sqrt{163}} = 262537412640768744$$

und

$$2\cos\frac{2\pi}{17} = -\frac{1}{8}+\frac{1}{8}\sqrt{17}+\frac{1}{8}\sqrt{34-2\sqrt{17}}$$
$$+\frac{1}{4}\sqrt{17+3\sqrt{17}-\sqrt{34-2\sqrt{17}}-2\sqrt{34+2\sqrt{17}}}.$$

Ohne hier auf Details eingehen zu wollen, erscheint es bereits a priori durchaus plausibel, dass sich hinter diesen drei Identitäten – wenn sie überhaupt korrekt sind – mathematische Gesetzmäßigkeiten verbergen. Eine Prüfung, ob die Gleichungen tatsächlich stimmen oder vielleicht nur das Resultat einer zufälligen Nahezu-Übereinstimmung sind, ist also unumgänglich.[1]

Nun aber wieder zurück zu Cardano: Außer für Gleichungen dritten Grades veröffentlichte er in seiner *Ars magna* auch eine allgemeine Lösungsformel für biquadratische Gleichungen, wie Gleichungen vierten Grades meist bezeichnet werden. Mit einer solchen Formel lässt sich beispielsweise zur Gleichung

---

[1] Es sei bereits hier verraten, dass die erste und die dritte Identität tatsächlich stimmen. Die erste Identität wurde von dem indischen Mathematiker Ramanujan (1887–1920) entdeckt und kann elementar nachgeprüft werden. Die dritte Identität, die in Kapitel 7 noch erörtert werden wird, beinhaltet sogar einen Beweis, dass das regelmäßige Siebzehneck mit Zirkel und Lineal konstruierbar ist. Auch eine Konstruktionsmethode kann aus der Gleichung abgeleitet werden.

Die zweite Gleichung stimmt nicht exakt; vielmehr ist der tatsächliche Wert der linken Seite gleich

262537412640768743,9999999999992501...

Allerdings ist die Nahezu-Identität auch nicht unbedingt als „Zufall" zu werten. Vielmehr liegen ihr tief liegende zahlentheoretische Beziehungen zugrunde. Siehe dazu Philip J. Davies, *Are there coincidences in mathematics?* American Mathematical Monthly, **88** (1981), S. 311–320.

$$x^4 - 8x + 6 = 0$$

die Lösung

$$x_1 = \tfrac{1}{2}\sqrt{2}\,\Big(\sqrt{\sqrt[3]{4+2\sqrt{2}} + \sqrt[3]{4-2\sqrt{2}}}$$

$$+ \sqrt{-\sqrt[3]{4+2\sqrt{2}} - \sqrt[3]{4-2\sqrt{2}} + 2\sqrt{2\sqrt[3]{3+2\sqrt{2}} + 2\sqrt[3]{3-2\sqrt{2}} - 2}}\;\Big)$$

finden.

Mit der fast gleichzeitigen Entdeckung von Auflösungsformeln für Gleichungen dritten und vierten Grades stellte sich natürlich fast zwangsläufig die Frage, wie sich auch Gleichungen höherer Grade auflösen lassen. Um dies zu bewerkstelligen, wurden in der Zeit nach Cardano insbesondere die Techniken, die bei Gleichungen bis zum vierten Grade eine Herleitung von Lösungsformeln erlauben, systematisiert, um sie dann auf Gleichungen fünften Grades übertragen zu können. Trotz einer fast dreihundertjährigen Suche blieb der Erfolg aber aus, so dass immer mehr Zweifel aufkamen, ob das Ziel überhaupt erreicht werden könne.

Ein endgültiger Abschluss gelang erst 1826 Niels Henrik Abel (1802–1829), der zeigte, dass es für Gleichungen fünften oder höheren Grades keine allgemeine Auflösungsformel geben kann, die ausschließlich arithmetische Operationen und Wurzeln beinhaltet. Im Kern besteht Abels Beweis darin, dass für die Zwischenwerte einer hypothetisch als existent angenommenen Auflösungsformel Schritt für Schritt Symmetrien in Bezug auf die verschiedenen Lösungen nachgewiesen werden, wodurch sich letztlich ein Widerspruch ergibt.

Galois-Theorie

Eine Verallgemeinerung von Abels Ansätzen, die auch auf spezielle Gleichungen anwendbar ist, fand wenige Jahre später der damals erst zwanzigjährige Evariste Galois (1811–1832). Unter dramatischen Umständen, nämlich am Vorabend eines für ihn tödlich verlaufenden Duells, stellte er die von ihm in den Vormonaten gefundenen Ergebnisse in einem Brief an seinen Freund Auguste Chevalier (1809–1868) zusammen. Darin enthalten sind Kriterien, die es erlauben, jede einzelne Gleichung darauf zu untersuchen, ob ihre Lösungen mit Hilfe von Wurzelausdrücken dargestellt werden können oder nicht. So können beispielsweise die Lösungen der Gleichung fünften Grades

$$x^5 - x - 1 = 0$$

nicht durch geschachtelte Wurzelausdrücke mit rationalen Radikanden dargestellt werden, hingegen ist bei der Gleichung

$$x^5 + 15x - 44 = 0$$

zum Beispiel

$$x_1 = \sqrt[5]{-1+\sqrt{2}} + \sqrt[5]{3+2\sqrt{2}} + \sqrt[5]{3-2\sqrt{2}} + \sqrt[5]{-1-\sqrt{2}}$$

eine Lösung.

Noch weit wichtiger als solche Aussagen ist Galois' Vorgehensweise, die damals unorthodox, wenn nicht gar revolutionär war, heute aber in der Mathematik sehr gebräuchlich ist. Galois stellte nämlich eine Beziehung her zwischen zwei gänzlich unterschiedlichen Typen von Objekten und deren Eigenschaften. Dabei gelang es ihm, die Eigenschaften eines eigentlich zu untersuchenden Objekts, nämlich die Auflösbarkeit einer gegebenen Gleichung und des gegebenenfalls zu beschreitenden Lösungsweges, aus den Eigenschaften des dazu korrespondierenden Objekts abzulesen. Aber nicht nur das Prinzip dieser Vorgehensweise befruchtete die weitere Entwicklung der Mathematik. Auch die von Galois erschaffene Klasse von Objekten, mit denen er gegebene Gleichungen indirekt untersuchte – es handelt sich um so genannte endliche Gruppen – wurden zu einem vielfältige Anwendungen erlaubenden Gegenstand der Mathematik. Zusammen mit ähnlich konzipierten Objektklassen bilden sie heute das begriffliche Fundament der Algebra, und auch die anderen Teildisziplinen der Mathematik haben seit dem Beginn des zwanzigsten Jahrhunderts einen vergleichbaren Aufbau erhalten.

Das von Galois zu einer gegebenen Gleichung konstruierte Objekt, heute Galois-Gruppe genannt, kann auf Basis der zwischen den Lösungen in Form von Identitäten wie beispielsweise $x_1^2 = x_2 + 2$ bestehenden Beziehungen definiert werden. Konkret besteht die Galois-Gruppe aus Umnummerierungen der Lösungen. Dabei gehört eine solche Umnummerierung genau dann zur Galois-Gruppe, wenn jede zwischen den Lösungen bestehende Beziehung durch diese Umnummerierung in eine ebenfalls bestehende Beziehung transformiert wird. So kann für den Fall der beispielhaft angeführten Beziehung $x_1^2 = x_2 + 2$ die der zyklischen Vertauschung der Indizes 1, 2 und 3 entsprechende Umnummerierung nur dann zur Galois-Gruppe gehören, wenn auch die Identität $x_2^2 = x_3 + 2$ erfüllt ist.

Letztlich entspricht daher jede zur Galois-Gruppe gehörende Umnummerierung einer Symmetrie, die zwischen den Lösungen der Gleichungen besteht. Anzumerken bleibt, dass die Galois-Gruppe trotzdem auch ohne Kenntnis der Lösungen bestimmt werden kann.

	A	B	C	D	E	F	G	H	I	J
A	A	B	C	D	E	F	G	H	I	J
B	B	C	D	E	A	J	F	G	H	I
C	C	D	E	A	B	I	J	F	G	H
D	D	E	A	B	C	H	I	J	F	G
E	E	A	B	C	D	G	H	I	J	F
F	F	G	H	I	J	A	B	C	D	E
G	G	H	I	J	F	E	A	B	C	D
H	H	I	J	F	G	D	E	A	B	C
I	I	J	F	G	H	C	D	E	A	B
J	J	F	G	H	I	B	C	D	E	A

Bild 1   Die tabellarisch dargestellte Galois-Gruppe zur Gleichung $x^5 - 5x + 12 = 0$, deren Auflösbarkeit mit Wurzelausdrücken aus dieser Tabelle mittels rein kombinatorischer Überlegungen nachgewiesen werden kann. Die Gleichung wird in Kapitel 9, Abschnitt 9.17 näher untersucht. Bei einer Gleichung fünften Grades, deren Lösungen nicht durch Wurzelausdrücke darstellbar sind, wird die Galois-Gruppe übrigens durch wesentlich größere Tabellen mit Größen von 60×60 oder 120×120 repräsentiert.

Elementar, wenn auch nicht unbedingt elegant, kann die Galois-Gruppe durch eine endliche Tabelle beschrieben werden. Dabei handelt es sich um die so genannte Gruppentafel, die als eine Art Einmaleins-Tabelle verstanden werden kann, innerhalb der jedes Resultat einer Hintereinanderausführung von zwei zur Galois-Gruppe gehörenden Umnummerierungen tabelliert ist (ein Beispiel zeigt Bild 1). Wesentlich für die Galois-Gruppe ist, dass sie – beziehungsweise die ihr entsprechenden Tabelle – stets die Information darüber enthält, ob und gegebenenfalls wie die zugrunde liegende Gleichung durch Wurzelausdrücke auflösbar ist. Zwar ist die diesbezügliche Prüfung im konkreten Anwendungsfall nicht unbedingt einfach, jedoch kann sie nach festem Schema immer in einer endlichen Zahl von Schritten erfolgen.

Die Galois-Gruppe einer Gleichung besitzt damit eine ähnliche Qualität, wie wir es aus der Chemie von der Zahl der Elektronen in den Atomen eines bestimmten Elements kennen: Einerseits beeinflusst die Anzahl der Elektronen wesentlich die chemischen Eigenschaften des Elements. Andererseits ist diese Anzahl im konkreten Fall einer vorliegenden Materialprobe keineswegs einfach zu bestimmen. Und trotzdem, so bleibt noch anzumerken, sind wir bereit, die Tatsache der Existenz dieser eindeutig definierten Materialkonstante zu akzeptieren, selbst wenn wir deren Wert nicht kennen oder nicht selbst bestimmen können.

Bild 2   Evariste Galois und ein Ausschnitt aus seinem letzten Brief. In dieser Passage beschreibt er, wie eine Gruppe G mittels einer Untergruppe H in Nebenklassen zerlegt werden kann (siehe Abschnitt 10.4).

Üblicherweise werden Galois' Ideen heute in Lehrbüchern deutlich abstrakter beschrieben. Unter Verwendung der schon erwähnten Klassen al-

gebraischer Objekte gelang es nämlich zu Beginn des zwanzigsten Jahrhunderts, auch die so genannte Galois-Theorie neu zu formulieren, und
zwar in einer Weise, bei der bereits die Problemstellungen mittels solcher
Objekte beschrieben werden. Konkret werden die Eigenschaften von
Gleichungen und deren Lösungen zunächst mittels ihnen *unmittelbar* zugeordneten Zahlbereichen charakterisiert, deren gemeinsame Eigenschaft
es ist, dass bei ihnen die vier arithmetischen Grundoperationen nicht herausführen – es handelt sich um so genannte Körper: Ausgegangen wird
bei einer gegebenen Gleichung

$$x^n + a_{n-1}x^{n-1} + \dots + a_1 x + a_0 = 0$$

minimal von dem Zahlbereich, der aus all denjenigen Resultaten wie

$$\frac{a_2}{a_0} - a_1^2 + a_0$$

besteht, die man aus den Koeffizienten der Gleichung mittels hintereinander geschalteter Grundrechenarten erhalten kann. Einen vergrößerten
Zahlbereich, der für das Studium der gegebenen Gleichung äußerst be-
deutsam ist, erhält man, wenn man außer den Koeffizienten ebenso die
Lösungen x_1, x_2, ... der Gleichung bei der Bildung der Rechenausdrücke
zulässt. Dieser Zahlbereich wird also gebildet von allen Werten, die
durch Rechenausdrücke der Form

$$\frac{a_0}{a_2} x_1^2 - a_2 x_2 + a_1$$

darstellbar sind. Ist es nun sogar möglich, die Lösungen der gegebenen
Gleichung durch geschachtelte Wurzelausdrücke darzustellen, so lassen
sich natürlich weitere Zahlbereiche dadurch erzeugen, dass man bei den
Rechenausdrücken die Koeffizienten der Gleichung sowie Teile der verschachtelten Wurzeln zulässt. Jede Gleichungsauflösung entspricht damit
ineinander verschachtelten Zahlbereichen und diese lassen sich – so der
Hauptsatz der Galois-Theorie – allesamt durch eine Analyse der Galois-
Gruppe auffinden. Daher beantwortet bereits eine solche, rein auf qualita-
tivem Niveau durchgeführte Analyse der Galois-Gruppe die Frage danach, ob die Lösungen in Form verschachtelter Wurzelausdrücke dargestellt werden können.

Die so zu Beginn des zwanzigsten Jahrhunderts erstmals erreichte und danach im Wesentlichen unverändert beibehaltene Abstraktion markiert zugleich das Ende eines historischen Prozesses, während dessen sich das Interesse an den hier beschriebenen Problemen mehrmals verlagerte: Stand für Cardano und seine Zeitgenossen die Suche nach konkreten Lösungen von explizit gestellten Aufgaben mittels allgemein funktionierender Verfahren im Mittelpunkt, so verschob sich dieser Blickwinkel schon bald und rückte dabei das Interesse an prinzipiellen Eigenschaften von Gleichungen in den Mittelpunkt. Beginnend mit Galois, konsequent aber erst seit dem Beginn des zwanzigsten Jahrhunderts, hat sich der Fokus nochmals drastisch verschoben. Nun bilden die abstrakten Klassen von Objekten wie Gruppen und Körper den Ausgangspunkt, auf deren Basis sich viele Probleme formulieren lassen,[2] darunter natürlich auch jene, die ursprünglich einmal die Kreierung dieser Objektklassen inspiriert haben.

Über dieses Buch

Um einen möglichst breiten Leserkreis – vorausgesetzt werden nur Kenntnisse, wie sie an einer höheren Schule vermittelt werden – erreichen zu können, wurde bewusst von einer Darstellung abgesehen, wie sie im Hinblick auf Allgemeinheit, Exaktheit und Vollständigkeit in Standard-Lehrbüchern üblich und angebracht ist. Im Blickpunkt stehen vielmehr Ideen, Begriffe und Techniken, die soweit vermittelt werden, dass eine konkrete Anwendung, aber auch die Lektüre weiterführender Litera-

---

[2]   Dabei ergeben sich insbesondere auch für die moderne Informationstechnologie äußerst wichtige Anwendungen im Bereich der Kryptographie wie zum Beispiel die 1978 erstmals realisierten Public-Key-Codes. Bei diesen asymmetrischen Verschlüsselungsverfahren wird der Schlüssel zur Codierung veröffentlicht, ohne dass dadurch ein Sicherheitsrisiko in Form einer für Unbefugte möglichen Decodierung entsteht. Als mathematische Basis für solche Public-Key-Verschlüsselungsverfahren wie RSA und ElGamal dienen Rechenoperationen in speziellen algebraischen Objekten mit sehr großer, aber endlicher Elemente-Anzahl (konkret verwendet werden Restklassenringe sowie zu endlichen Körpern definierte elliptische Kurven). Eine Einführung in diese Thematik gibt Johannes Buchmann, *Einführung in die Kryptographie*, Berlin 2001. Das RSA-Verschlüsselungsverfahren ist außerdem Gegenstand von Aufgabe 4 des Epilogs.

tur, möglich sein sollte. Bei einer solchen Ausrichtung haben technisch aufwändige Beweise eigentlich keinen Platz. Andererseits bilden Beweise fraglos das Rückgrat einer ernsthaften Auseinandersetzung mit mathematischen Sachverhalten. Im Sinne eines Kompromisses sind daher schwierige Beweise außer im letzten Kapitel aus dem Haupttext ausgegliedert, so dass Lücken vermieden werden und trotzdem der Textfluss nicht unterbrochen wird.

Deutlichen Wert gelegt wird auf die historische Entwicklung, und zwar zum einen, weil der Aufschwung der Mathematik in den letzten Jahrhunderten weit weniger bekannt ist als derjenige der Naturwissenschaften, zum anderen, weil es durchaus spannend sein kann, persönlichen Irrtum und Erkenntnisgewinn der zeitrafferartig verkürzten Entwicklung zuordnen zu können. Und außerdem bietet eine dem historischen Weg der Erkenntnis folgende Darstellung den Vorteil, so manche mathematische Abstraktion als natürlichen Abschluss von Einzeluntersuchungen erscheinen zu lassen, so dass der Eindruck einer unmotiviert am Anfang stehenden Definition mit dem scheinbaren Charakter einer vom Himmel gefallenen Beliebigkeit erst gar nicht entstehen kann. Gleichzeitig wird ein großer Teil des Ballasts überflüssig, den eine an weitgehender Allgemeingültigkeit orientiere Darstellung zwangsläufig haben muss. Nicht verschwiegen werden darf freilich auch ein gravierender Nachteil: So wird manche aufwändige, wenn auch elementare Berechnung notwendig, deren Ergebnis zumindest in qualitativer Hinsicht weit einfacher auf der Basis allgemeiner Prinzipien hätte hergeleitet werden können.

Um auch von der äußeren Form her eine deutliche Trennlinie zu Lehrbüchern zu ziehen, habe ich mich dazu entschlossen, die gleiche Darstellungsform zu wählen, die auch meinen, auf einen ähnlichen Leserkreis ausgerichteten, Büchern *Glück, Logik und Bluff: Mathematik im Spiel – Methoden, Ergebnisse und Grenzen* und *Statistik – wie und warum sie funktioniert* zugrunde liegt: Jedes Kapitel beginnt mit einer plakativen, manchmal mehr oder weniger rhetorisch gemeinten Fragestellung, die insbesondere dem Anfänger Hinweise auf Natur und Schwierigkeit des im betreffenden Kapitel behandelten Problems gibt, auch wenn der Inhalt des Kapitels meist weit über die Beantwortung der gestellten Frage hinausreicht. Aber auch den mathematisch bestens vorgebildeten Lesern, für die der hier gebotene Überblick manchmal zu oberflächlich und unvollständig bleiben muss, ermöglicht diese Struktur eine schnelle und gezielte Auswahl der für sie jeweils interessanten Teile – die angegebene Fachliteratur weist dann den weiteren Weg.

Die Themen der einzelnen Kapitel sind zu eng miteinander verwoben, als dass ein Verständnis unabhängig voneinander möglich wäre. Trotzdem wird aber denjenigen, die nur an einzelnen Aspekten dieses Buches interessiert sind, empfohlen, direkt einen Einstieg zu Beginn des betreffenden Kapitels zu versuchen. Selbst, wenn man dann doch auf den einen oder anderen Verweis zu überschlagenen Kapiteln stößt, so sind doch zumindest die Details der dort vorgenommenen Berechnungen für das Verständnis der nachfolgenden Kapitel überflüssig. Natürlich bietet der Beginn jedes Kapitels auch die Chance eines Neueinstiegs für diejenigen, für die einige Details der vorangegangenen Kapitel zu schwierig waren.

Als „Fahrplan" für Leser, die sich abseits der sehr abstrakten Passagen nur einen Überblick verschaffen möchten, wird die folgende Auswahl vorgeschlagen:

- Bei den Kapiteln 1 bis 6 können die in den Kästen zusammengestellten Beweise übersprungen werden,
- von Kapitel 7 reicht für das weitere Verständnis der erste Teil, der das regelmäßige Siebzehneck behandelt,
- Kapitel 8 kann ganz ausgelassen werden,
- bei Kapitel 9 können die Kästen am Ende des Kapitels überschlagen werden,
- auf die Lektüre der Kapitel 10 und 11 sowie des Epilogs kann ganz verzichtet werden.

Leser, die eine typische Vorlesung „Algebra I" einführend begleiten möchten, sollten die drei Kapitel 9 bis 11, in denen die Galois-Theorie behandelt wird, sowie den Epilog in den Vordergrund ihrer Lektüre stellen. Für deren tieferes Verständnis wichtig sind der Hauptsatz über symmetrische Polynome (Kapitel 5), die in Kapitel 6 erörterten Produktzerlegungen von Polynomen sowie die wesentlichen Ideen zur Kreisteilung (erster Teil von Kapitel 7). Ob den anderen Kapiteln ein mehr oder minder starkes Augenmerk entgegengebracht wird, sollte dann von den persönlichen Interessen und Vorkenntnissen abhängig gemacht werden.

Entsprechend der historischen Entwicklung lässt sich die nachfolgende Darstellung der Auflösbarkeit von Gleichungen in drei Teile gliedern:

- **Klassische Methoden** der Auflösung, die auf Folgen mehr oder minder komplizierter Äquivalenzumformungen von Gleichungen beruhen, wurden historisch zur Herleitung der allgemeinen Formeln für quadratische, kubische und biquadratische Gleichungen verwendet (Kapitel 1 bis 3).

- **Systematische Untersuchungen** der gefundenen Auflösungsformeln werden möglich, wenn man die Zwischenergebnisse der einzelnen Rechenschritte durch die Endresultate, das heißt durch die *Gesamtheit* der gesuchten Lösungen, ausdrückt (Kapitel 4 und 5). Auf diesem Weg lassen sich auch spezielle Gleichungen lösen, die gegenüber dem allgemeinen Fall eine niedrigere Komplexität aufweisen, weil zwischen ihren Lösungen bestimmte Beziehungen, gemeint sind mittels Polynomen formulierbare Identitäten, bestehen. Neben Gleichungen, die in Gleichungen niedrigerer Grade zerlegt werden können (Kapitel 6), sind die so genannten Kreisteilungsgleichungen $x^n - 1 = 0$ Beispiele für solchermaßen weniger komplexe Gleichungen (Kapitel 7). Auch der in Kapitel 8 beschriebene Versuch, eine allgemeine, letztlich aber nur in speziellen Fällen funktionierende Lösungsformel für Gleichungen fünften Grades zu finden, ist diesem Teil zuzurechnen.

- Auf Basis der systematischen Untersuchungen von Auflösungsformeln können schließlich auch die **Grenzen einer Auflösbarkeit durch Wurzelformeln** ergründet werden. Diese von Abel und Galois erkannten und untersuchten Grenzen werden wir, abgesehen von einer kleinen Vorschau in Kapitel 5, in den Kapiteln 9 und 10 behandeln. Im Mittelpunkt stehen dabei die schon erwähnten Galois-Gruppen.

Mit der Untersuchung von Galois-Gruppen wird ein Schwierigkeitsgrad erreicht, bei dem das Anforderungsniveau der ersten Kapitel deutlich übertroffen wird. Daher werden zwei Darstellungen gegeben: In Kapitel 9 wird ein relativ elementarer, mit zahlreichen Beispielen ergänzter Überblick gegeben, wobei der Umfang der verwendeten Begriffe soweit irgendwie möglich und sinnvoll reduziert ist. Die dabei entstehenden Lücken werden dann in Kapitel 10 geschlossen, in dessen Mittelpunkt der schon erwähnte Hauptsatz der Galois-Theorie steht, der es erlaubt, so genannte Körper zu bestimmen, also die schon erörterten Zahlbereiche, bei denen die vier arithmetischen Grundoperationen nicht herausführen. Auch die diesbezüglichen Darlegungen in

Kapitel 10 beschränken sich bewusst auf die wesentlichen Aspekte der Galois-Theorie. Kapitel 11 eröffnet einen weiteren Zugang zur Galois-Theorie, wobei eine Lektüre weitgehend unabhängig von Kapitel 10 möglich ist.

Für Leser, die ihre Kenntnis der Galois-Theorie nach der Lektüre dieses Buches vertiefen wollen, kann als Fortsetzung eigentlich jedes Lehrbuch der Algebra beziehungsweise der Galois-Theorie empfohlen werden. Stellvertretend auch für andere sollen an dieser Stelle nur die beiden Klassiker *Algebra* von Bartel Leendert van der Waerden (1903–1996) und *Galoissche Theorie* von Emil Artin (1898–1962) genannt werden, deren erste Auflagen 1930 und 1942 erschienen. Aber auch umgekehrt stellt das vorliegende Buch zumindest in Bezug auf die erörterten Beispiele und wohl auch im Hinblick auf die Motivation von algebraischen Begriffsbildungen eine hilfreiche Ergänzung zu den gebräuchlichen Lehrbüchern der Algebra dar.

Selbstverständlich möchte ich es nicht versäumen, mich bei all denjenigen zu bedanken, die zum Entstehen dieses Buches beigetragen haben: Äußerst hilfreiche Hinweise auf Fehler und Unzulänglichkeiten in Vorversionen dieses Buches habe ich erhalten von Jürgen Behrndt, Rudolf Ketterl und Franz Lemmermeyer. Dank ihrer Hinweise konnte die Zahl der Fehler entscheidend verringert werden – die verbliebenen Fehler gehen natürlich allein auf mein Konto. Dem Vieweg-Verlag und seiner Programmleiterin Ulrike Schmickler-Hirzebruch habe ich dafür zu danken, das vorliegende Buch ins Verlagsprogramm aufgenommen zu haben. Und schließlich schulde ich einen besonderen Dank meiner Frau Claudia, ohne deren manchmal strapaziertes Verständnis dieses Buch nicht hätte entstehen können.

Vorwort zur zweiten Auflage

Der erfreuliche Umstand, dass die erste Auflage nach nur zwei Jahren vergriffen ist, gibt mir Gelegenheit, einige Literaturverweise zu ergänzen und zwischenzeitlich durch aufmerksame Leser sowie mir selbst gefundene Druckfehler zu korrigieren: Zu danken habe ich dabei Daniel Adler,

Ulrich Brosa, Kurt Ewald, Volker Kern, Ralf Krawczyk und Heinz Lüneburg.

Vorwort zur dritten Auflage

Wieder habe ich aufmerksamen Lesern zu danken, die mich auf Druckfehler hingewiesen haben: Keith Conrad, Erwin Hartmann, Alfred Moser,
André Suter und David Kramer, der das vorliegende Buch ins Englische
übersetzte.[3] Außerdem habe ich dem mehrfach geäußerten Wunsch ent-
sprochen, das Buch durch Übungsaufgaben zu erweitern.

Vorwort zur vierten Auflage

Für Hinweise auf Druckfehler habe ich Benedikt Graßl und nochmals
Alfred Moser zu danken.

Vorwort zur fünften Auflage

Für Hinweise auf Druckfehler beziehungsweise notwendige Klarstellun-
gen habe ich diesmal Klaus Achenbach, Friedrich Katscher, Thomas Oet-
tinger und Martin Stoller zu danken.

---

[3]   Die bei der American Mathematical Society verlegte Ausgabe *Galois theory for beginners: A historical perspective* erschien 2015 auch in koreanischer Übersetzung.

Außerdem wurde ein Kapitel ergänzt, in dem ein alternativer, auf Emil Artin zurückgehender Beweis des Hauptsatzes der Galois-Theorie wiedergegeben wird. Dieses Kapitel kann fast unabhängig von den anderen Kapiteln gelesen werden.

Vorwort zur sechsten Auflage

Gemäß der Intention des Buchs, auch die Geschichte der Algebra zu berücksichtigen, wurden diverse Faksimiles ergänzt – soweit möglich inklusive einer Referenz in Form eines Digital Object Identifiers (DOI), und zwar jeweils verweisend auf den umfangreichen Bestand digitalisierter Rara der ETH-Bibliothek in Zürich. Jedes dieser Bücher ist damit über eine dauerhafte Internetadresse zugänglich wie zum Beispiel doi.org/10.3931/e-rara-9159 im Fall von Cardanos *Ars magna*.

Begleitend zu den Faksimiles wurde insbesondere das erste Kapitel erheblich erweitert, so dass die maßgeblichen kulturhistorischen Kontexte der Epochen bis Cardano deutlicher werden. Schließlich wurden zum Kapitel über Artins Beweis des Hauptsatzes der Galois-Theorie einige Anmerkungen zum historischen und mathematischen Hintergrund hinzugefügt.

Ich danke Franz Lemmermeyer, Sebastian Linden, Joachim Schwermer und Peter Ullrich für hilfreiche Hinweise.

JÖRG BEWERSDORFF[4]

---

[4] Unter mail@bewersdorff-online.de sind Hinweise auf Fehler und Unzulänglichkeiten willkommen. Auch Fragen werden, soweit es mir möglich ist, gerne beantwortet. Ergänzungen und Korrekturen werden auf meiner Homepage
http://www.bewersdorff-online.de
veröffentlicht.

Inhaltsverzeichnis

1 Kubische Gleichungen

Gesucht ist eine Zahl, die addiert zu ihrer Kubikwurzel 6 ergibt.

1.1. Mit solchen Aufgaben in Textform wurden schon Generationen von Schülern „beglückt". Die Aufgabe selbst ist übrigens bereits einige Jahrhunderte alt. Es handelt sich um die erste von 30 Aufgaben, die 1535 Nicolo Tartaglia (1499 oder 1500–1557) in einem Wettstreit gestellt bekam. Herausforderer im Wettstreit war Antonio Fior (1506–?), dem Tartaglia im Gegenzug ebenfalls 30 Aufgaben stellte.

Wie üblich beginnt der Lösungsweg damit, für den gesuchten Wert eine Gleichung zu finden, so dass eine eindeutige Berechnung möglich wird. Im vorliegenden Fall bietet es sich an, ausgehend von der mit x bezeichneten Kubikwurzel die Bedingung

$$x^3 + x - 6 = 0$$

aufzustellen. Aber wie ist diese Gleichung zu lösen?

1.2. Die bereits in der Einführung erwähnten quadratischen Gleichungen lassen sich immer mittels einer so genannten „quadratischen Ergänzung" so umformen, dass eine Quadratwurzel gezogen werden kann. Im allgemeinen Fall

$$x^2 + px + q = 0.$$

wird dazu auf beiden Seiten die Zahl $(p/2)^2$ addiert und der absolute Wert q auf die andere Seite gebracht:

$$x^2 + px + \left(\tfrac{p}{2}\right)^2 = \left(\tfrac{p}{2}\right)^2 - q.$$

Wie gewünscht kann nun die linke Seite als Quadrat dargestellt werden:

$$\left(x + \tfrac{p}{2}\right)^2 = \left(\tfrac{p}{2}\right)^2 - q$$

Geht man beidseitig zur Quadratwurzel über, erhält man schließlich die schon in der Einführung angeführte allgemeine Lösungsformel

© Springer Fachmedien Wiesbaden GmbH, ein Teil von Springer Nature 2019
J. Bewersdorff, *Algebra für Einsteiger*,
https://doi.org/10.1007/978-3-658-26152-8_1

$$x_{1,2} = -\frac{p}{2} \pm \sqrt{\frac{p^2}{4} - q}\ .$$

Anzumerken bleibt eine wichtige Eigenschaft quadratischer Gleichungen. Bildet man nämlich die negative Summe der beiden Lösungen sowie ihr Produkt, dann erhält man als Ergebnisse stets die Koeffizienten der Ausgangsgleichung:

$$x_1 + x_2 = -p \quad \text{und} \quad x_1 x_2 = q$$

1 cm

Bild 3   Tontafel BM 34568: Oben rechts die neunte Aufgabe.

So einfach und elementar uns heute die Umformungen zur Lösung einer quadratischen Gleichung erscheinen mögen, der Weg dorthin war historisch lange und beschwerlich. Erste Ansätze, solche Probleme zu lösen, sind bereits in babylonischen Texten erkennbar, die ungefähr aus der Zeit um 1700 v. Chr. stammen. Als Schriftträger verwendete man damals primär Tontafeln, in die die Schriftzeichen der babylonischen Keilschrift eingeritzt wurden. Diesem Umstand ist es zu verdanken, dass vergleichsweise deutlich mehr babylonische Texte erhalten geblieben sind als gleich alte Papyri aus dem Alten Ägypten.

Als Beispiel wollen wir uns das neunte Problem einer Tontafel ansehen, die im Britischen Museum unter der Inventarnummer BM 34568 archiviert ist (Bild 3). Dort wird nach einem Rechteck gefragt, bei dem Länge und Breite die Summe 14 ergeben und dessen Fläche gleich 48 ist. Die beiden gesuchten Seitenlängen ergeben sich damit als Lösungen der quadratischen Gleichung

$$x^2 - 14x + 48 = 0.$$

Mit der Lösungsformel für quadratische Gleichungen erhält man

$$x_{1,2} = \tfrac{14}{2} \pm \tfrac{1}{2}\sqrt{196 - 192} = 7 \pm 1 = 8 \text{ bzw. } 6.$$

Die bei dieser Berechnung auftretenden Zwischenwerte lassen sich tatsächlich auf der Tontafel BM 34568 finden, wie man der Entzifferung entnehmen kann, die dem Mathematikhistoriker Otto Neugebauer (1899–1990) gelang.[5] Einen kleinen Eindruck von den dabei zu bewältigenden Schwierigkeiten, etwa bedingt durch Beschädigungen, vermittelt Bild 4. Und selbst die im Prinzip leicht erkennbaren Zahlen können oft nur aus dem Kontext eindeutig interpretiert werden: Babylonische Zahlen wurden in einem Stellenwertsystem mit 60 als Basis geschrieben, wobei dieses Sexagesimalsystem bei Minuten und Sekunden für Tageszeiten und Winkel auf einem über das antike Griechenland führenden Weg bis heute erhalten geblieben ist. Die „Ziffern" 1 bis 59 wurden mit den beiden Symbolen ⟨ für 10 und ⊺ für 1 in einer ähnlichen Weise wie später die römischen Zahlen geschrieben, so dass zum Beispiel ⟨⟨⊺ für 21 und ⊺⊺ ⟨⊺, in Transkripten meist in der Form 2,11 notiert, für 131 steht. Größere Anzahlen eines Symbols wurden zur besseren Lesbarkeit gruppiert. Beispiele dazu sieht man in Bild 4. Solche Gruppierungen mindern auch die Mehrdeutigkeiten bei der Interpretation der Zahlen, da nicht immer klar

---

5 Otto Neugebauer, *Quellen und Studien zur Geschichte der Mathematik, Astronomie und Physik*, Abteilung A: Quellen, Dritter Band, Dritter Teil, Berlin 1937, S. 14–22 sowie Tafel 1 (die Zeichnung der Tontafel ist hier in Bild 3 sowie ausschnittsweise im oberen Teil von Bild 4 wiedergegeben).

ist, wo eine Sexagesimalsystem-Ziffer endet und die nächste beginnt, zumal es weder ein Zeichen für die Null noch ein Zeichen zur Abtrennung von Nachkommastellen bei Bruchzahlen gab. Daher kann zum Beispiel ⟪⟪⟨ nicht nur für die Zahl 30 stehen, sondern auch für 1800 oder wie in der Tontafel BM 34568 für den Bruch ½.

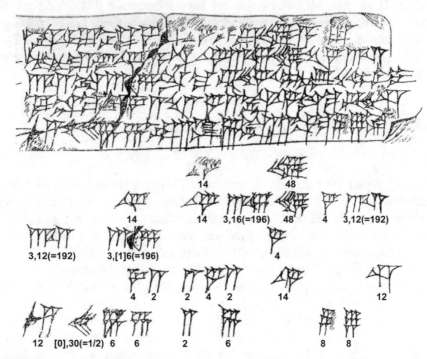

Bild 4   Neunte Aufgabe von Tontafel BM 34568: Unten die darauf auftauchenden Zahlzeichen und ihre Werte.

Neugebauers Übersetzung des Tontafelabschnitts aus Bild 4 lautet:
Länge und Breite addiert ist 14 und 48 ist die Fläche.
Die Größen sind nicht bekannt. 14 mal 14 (ist) 196. 48 mal 4 (ist) 192.
192 von 196 ziehst Du ab und es bleiben 4. Was mal was
soll ich nehmen, um 4 (zu erhalten)? 2 mal 2 (ist) 4. 2 von 14 ziehst Du
    ab und es bleibt 12.
12 mal ½ (ist) 6. 6 ist die Breite. Zu 2 wirst Du 6 addieren, 8 ist es. 8(ist)
    die Länge.

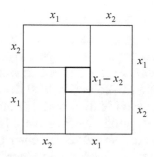

Bild 5   Geometrische Begründung der Lösung von BM 34568#9.

Wie der unbekannte Autor der Tontafel zur Lösung des Problems kam, wissen wir nicht. Auch wenn für uns heute eine algebraische Herangehensweise naheliegend erscheint, so dürften damals eher geometrisch begründbare Lösungswege beschritten worden sein. Einen möglichen Weg zeigt Bild 5.[6] Der abgebildete Lösungsweg entspricht der Formel

$$x_{1,2} = \tfrac{1}{2}\left((x_1 + x_2) \pm \sqrt{(x_1 + x_2)^2 - 4x_1 x_2} \right).$$

Eine algebraische Herangehensweise bei der Lösung von quadratischen Gleichungen verwendete der indische Mathematiker Brahmagupta (598–668) in seinem 628 entstandenen Werk *Brāhmasphuṭasiddhānta* (Vervollkommnung der Lehre Brahmas). Das in Sanskrit, dem „Latein" des Hinduismus, geschriebene Buch besteht aus 24 Kapiteln und ist vor allem der Astronomie gewidmet. Darüber hinaus werden in den 66 Versen von Kapitel 12 und in den 101 Versen von Kapitel 18 arithmetische und algebraische Rechenmethoden ohne Beweise äußerst knapp dargelegt. Die darin enthaltene Beschreibung der Null, der positiven und negativen Zahlen sowie ihrer Eigenschaften ist, zumindest in dieser Systematik, aus keiner älteren Schrift bekannt.[7] Die verwendete Terminologie erinnert an

---

6   Jens Høyrup, *Algebra and naive geometry. An investigation of some basic aspect of old Babylonian mathematical thought*, Altorientalische Forschungen, 17 (1990), S. 27–69, 262–354 (dort S. 34 f., 343 f.). Jens Høyrup, *Lengths, widths, surfaces: A portrait of old Babylonian algebra and its kin*, New York 2002. S. 393–395.

7   Bereits im chinesischen Werk *Neun Bücher Arithmetischer Technik (Jiǔ Zhāng Suànshù*, deutsche Übersetzung: Kurt Vogel, *Neun Bücher Arithmetischer Technik*, Braunschweig 1968) werden negative Zahlen zum Lösen von linearen Gleichungssystemen mit mehreren Unbekannten verwendet. Die Datierung des Werks ist nicht ein-

eine Vorstellung von positiven Zahlen als *Eigentum* und von negativen Zahlen als *Schuld*. Brahmagupta schreibt: „[Die Summe] von zwei Positiven ist positiv, von zwei Negativen negativ; von einer Positiven und einer Negativen ist [die Summe] ihre Differenz; wenn sie gleich sind, ist sie null. Die Summe einer Negativen und null ist negativ, von einer Positiven und null positiv und von zwei Nullen null. [Wenn] eine kleinere Positive subtrahiert wird von einer größeren Positiven, [dann] ist [das Ergebnis] positiv; [wenn] eine kleinere Negative von einer größeren Negativen, [so] ist [das Ergebnis] negativ; ... Das Produkt einer Negativen und einer Positiven ist negativ, von zwei Negativen positiv, von zwei Positiven positiv; das Produkt von null und einer Negativen, von null und einer Positiven oder von zwei Nullen ist null ...“[8]

Auf Basis negativer Zahlen sowie der an Beispielen beschriebenen Äquivalenzumformungen von Gleichungen konnte Brahmagupta bei der Lösung quadratischer Gleichungen von einer einheitlichen Form ausgehen. Zwar verwendete Brahmagupta Abkürzungen für arithmetische Operationen einschließlich der Potenzen und Wurzeln. Von einer der Formelschreibweise

$$ax^2 + bx = c,$$

wie wir sie heute verwenden, war er aber weit entfernt. Bemerkenswert ist, dass Brahmagupta nur den Koeffizienten a als positiv voraussetzt. Dagegen waren für die beiden Koeffizienten b und c sowohl negative Werte wie auch der Wert 0 möglich, so dass mit dem Wert $b = 0$ der Fall eines fehlenden x-Terms abgedeckt werden konnte[9] – es sollte fast tausend Jahre dauern, bis dieses Maß an Allgemeinheit bei den führenden Mathematikern ihrer Zeit wieder erreicht wurde. Die Lösungsformel

$$\frac{\sqrt{4ac + b^2} - b}{2a}$$

---

deutig möglich. Man geht aber vom ersten Jahrhunderts n. Chr. aus.

[8] Kim Plofker, *Mathematics in India*, in: Victor J. Katz, *A sourcebook in the mathematics of Egypt, Mesopotamia, China, India, and Islam*, Princeton 2007, S. 385–514, dort S. 429 (*Brāhmasphuṭasiddhānta*, Kapitel XVIII, Verse 30 bis 35).

[9] *Brahmagupta's Brāhmasphuṭasiddhānta*, Vol. I, Indian Institute of Astronomical and Sanskrit Research, Delhi 1966, S. 206.

beschrieb Brahmagupta mit den Worten (siehe auch Bild 6): „Verringere mit der mittleren [Zahl] [gemeint: der Koeffizient der Unbekannten, also *b*] die Quadratwurzel des Absolutwertes multipliziert mit dem Vierfachen des Quadrats [gemeint: Koeffizient *a* des Quadrats der Unbekannten] und erhöht um das Quadrat der mittleren Zahl; teile den Rest durch das doppelte des Quadrats [gemeint: Koeffizient *a* des Quadrats der Unbekannten]. [Das Ergebnis] ist die mittlere [Zahl] [gemeint: die Unbekannte]“[10]

$4a$ c b^2

वर्गचतुर्गुणितानां रूपाणां मध्यवर्गसहितानाम्।
मूलं मध्येनोनं वर्गद्विगुणोद्धृतं मध्यः॥

$-b$ $2a$

Bild 6 Brāhmasphuṭasiddhānta, Kapitel XVIII, Vers 44.[11]

Fast zeitgleich mit dem Entstehen von Brahmaguptas Werk *Brāhmasphuṭasiddhānta* kam es ausgehend von Arabien zu großen politischen Umwälzungen. Kurz nach dem Tod im Jahr 632 des Islambegründers Mohammed (um 571–632) forcierten seine Nachfolger eine schnelle Expansion der islamischen Herrschaft, die bereits 80 Jahre später von Spanien über Nordafrika bis zum Indus reichte. Nochmals wenige Jahrzehnte danach, nämlich in der Mitte des achten Jahrhunderts, wurde als Hauptstadt des Kalifats am Tigris die Stadt Bagdad gegründet, die sich schnell mit einer eigens gegründeten Akademie, dem *Haus der Weisheit*, auch als Zentrum von Wissenschaft und Kultur etablierte, ähnlich wie Alexandria in der Spätantike. Möglich war dies nicht zuletzt dadurch, dass das islamische Kalifat wie zuvor das antike Griechenland große Teile der damals bekannten Welt umfasste und mit den restlichen Kulturen weitgehend in Berührung, etwa durch Handel, stand.

Zwar waren die eroberten Länder zu jener Zeit sprachlich und religiös keineswegs homogen, jedoch etablierte sich Arabisch als Sprache des *Korans* nicht nur zur Sprache der Herrschenden, sondern ebenso als Sprache der Wissenschaft.[12] Dabei wurden sowohl die Bücher der helle-

10 Plofker (Fn 8), S. 431 (*Brāhmasphuṭasiddhānta*, Kapitel XVIII, Vers 44).

11 *Brahmagupta's Brāhmasphuṭasiddhānta*, (Fn 9), S. 215, Fußnote 2.

12 Insofern sprechen einige Autoren auch von *arabischer* Mathematik, etwa Fuat Sezgin. *Geschichte des arabischen Schrifttums*, Band V: *Mathematik bis ca. 430 H.*, Leiden

nistischen Gelehrten wie auch Werke aus Indien ins Arabische übersetzt. Auf diesem Wege fand nicht nur das indische Dezimalsystem in Form „arabischer" Ziffern seinen Weg nach Westen. Auch einige Werke des antiken Griechenlands wie Euklids *Elemente* konnten Jahrhunderte später zunächst nur aus dem Arabischen ins Lateinische übersetzt werden, weil griechische Abschriften erst später entdeckt oder in anderen Fällen sogar nie gefunden wurden.

Die übersetzten Werke bildeten für die einige Jahrhunderte während Blütezeit des islamisch-arabischen Geisteslebens den Ausgangspunkt für deutliche Fortschritte in de facto allen Wissenschaftsbereichen. In Bezug auf die Lösung von Gleichungen zu nennen ist insbesondere der in Bagdad wirkende Mathematiker, Astronom und Universalgelehrte Abu Dscha'far Muhammad ibn Musa al-Chwarizmi, der ungefähr von 780 bis 850 lebte. Sein Name scheint darauf hinzudeuten, dass er aus der Region Choresmien südlich des Aralsees stammte. Um 825 vollendete al-Chwarizmi sein Buch *al-Kitāb al-muḥtaṣar fī ḥisāb al-ğabr wa-'l-muqābala*, was sich mit „Das kurzgefasste Buch über die Rechenverfahren durch Ergänzen und Ausgleichen" übersetzen lässt. Bei der lateinischen Übersetzung, die der Engländer Robert of Chester 1145 in Segovia, damals im muslimisch beherrschten Spanien liegend, erstellte, lautete der Titel *Liber algebrae et almucabola*, womit das Wort *Algebra* geboren wurde,[13] so dass der Wortanfang schlicht dem Artikel *al* der arabischen Sprache entspricht. Übrigens geht auch der Begriff *Algorithmus*, mit dem ein Rechenverfahren oder allgemeiner eine Handlungsvorschrift zur Lösung eines Problems bezeichnet wird, auf al-Chwarizmi zurück. Es entstand aus einer Verballhornung seines Namens, und zwar bei der Referierung seines ins Lateinische übersetzten, und nur in dieser Übersetzung erhalten gebliebenen Werkes *Algoritmi de numero Indorum* (Al-Chwarizmi über die indischen Zahlen), in dem er das Rechnen mit den indischen Zahlen, das heißt den „arabischen" Dezimalzahlen, beschrieb.

1974, S. 1 und 25, was zumindest in Bezug auf die verwendete Sprache sicherlich konsequent ist, auch wenn wir die heutige, überwiegend in Englisch geschriebene Fachliteratur nicht als *amerikanische* Wissenschaft bezeichnen würden. Seine durchgängige Bezeichnung *islamisch* begründet J. Lennart Berggren, *Mathematik im mittelalterlichen Islam*, Berlin 2011, S. XI.

[13] Louis Charles Karpinski, *Robert of Chester's Latin translation of the Algebra of al-Khowarizmi*, London 1915, S. 66 ff. (in Lateinisch und Englisch).

Von al-Chwarizmis Algebra-Buch sind in Arabisch nur noch sechs Abschriften bekannt, von denen die bekannteste aus dem Jahr 1342 stammt und heute in der Bodleian Library der Universität Oxford aufbewahrt wird.[14] Außerdem gibt es vom ersten Buchteil, der die Algebra behandelt, noch drei lateinische Übersetzungen und je eine ins Italienische und Hebräische.[15] Neben der bereits erwähnten lateinischen Übersetzung wurde eine weitere von Gerhard von Cremona etwa 1170 in Toledo erstellt, das zu dieser Zeit bereits im Zuge der Reconquista zurückerobert worden war, aber weiterhin als Schnittstelle beim kulturellen Transfer fungierte.[16]

Al-Chwarizmis *Algebra* richtet sich an Leser, die praktische Berechnungen durchzuführen hatten. Erläuternd erklärt al-Chwarizmi bereits zu Beginn des Buchs nach einer Preisung Gottes und seines Propheten Mohammed, dass es darum gehe, Regeln für das Ergänzen und Ausgleichen zu beschreiben, wie man sie für Berechnungen brauche bei Fragen über Erbschaft, Hinterlassenschaft, Teilung, Rechtsstreit und Handel, aber auch beim Kanalbau und bei geometrischen Berechnungen. Beispiele für solche Anwendungen auf Rechtsfragen findet man im dritten und knapp über die Hälfte des Gesamtumfangs ausmachenden Teil des Buches, der mangels einer Relevanz für Europa nie ins Lateinische übersetzt wurde. Konkret beschrieben werden mehr oder minder verwickelte Fälle, bei denen Erbteilungen nach islamischem Recht abzuwickeln sind, zum Beispiel: „Ein Mann, der einen Sohn und eine Tochter hat, entlässt auf seinem Sterbebett seine beiden Sklaven in die Freiheit. Dann stirbt einer der beiden Sklaven und hinterlässt eine Tochter und einen Besitz, der seinen eigenen Preis übersteigt."[17] Wie ist das Erbe zu teilen, und zwar abhängig davon, ob zuerst der Sklavenbesitzer oder der Sklave stirbt?

Was mit dem in der Einleitung von al-Chwarizmi erwähnten „Ergänzen und Ausgleichen" gemeint ist, bleibt zunächst unklar. Dafür erläutert al-

---

[14] Frederic Rosen, *Algebra of Mohammed ben Musa*, London 1831 (arabischer Text und englische Übersetzung), DOI: 10.3931/e-rara-56713
Bild 7 zeigt einen Ausschnitt des Exemplars der Bodleian Library.

[15] Jeffrey A. Oaks, Haitham M. Alkhateeb, *Māl, enunciations, and the prehistory of Arabic algebra*, Historia Mathematica, **32** (2005), S. 400–425.

[16] Guillaume Libri, *Histoire des sciences mathématiques en Italie: depuis la renaissance des lettres jusqu'à la fin du dix-septième siècle*, 1 (1838), Note XII, S. 253–299 (in Lateinisch), DOI: 10.3931/e-rara-61695

[17] Rosen (Fn 14), S. 140 f.

Chwarizmi, dass man im Rahmen dieser Methoden nicht nur mit norma-
len Zahlen rechnen muss. Vielmehr habe man zwischen Quadraten, Wurzeln und Zahlen zu unterscheiden, auf deren Basis es Identitäten geben
könne. Didaktisch geschickt macht er an einfachen Beispielen deutlich,
was gemeint ist. Abweichend von al-Chwarizmis rein verbalen Problem-
beschreibungen, etwa dahingehend, dass ein Drittel eines Quadrats gleich
vier Wurzeln sein soll, wollen wir uns der uns vertrauten Formelschreibweise bedienen: Mit *Quadrat* meint er das Quadrat einer Unbekannten x,
also x^2, und mit *Wurzel* die Unbekannte x selbst. Die Identität, gemäß der
ein Drittel eines Quadrats gleich vier Wurzeln sein soll, entspricht damit
der Gleichung $x^2/3 = 4x$. Mit dem Zwischenschritt, dass dann ein ganzes
Quadrat gleich zwölf Wurzeln ist ($x^2 = 12x$), findet er den Wert für die
Wurzel $x = 12$. Er erläutert, dass unabhängig von der Anzahl der Quadrate eine Reduktion auf ein einzelnes Quadrat vorzunehmen sei, wobei dabei die Zahl der Wurzeln im gleichen Verhältnis zu reduzieren sei. Er beschreibt somit, wie man mittels einer Äquivalenzumformung die
Gleichung vereinfachen kann, wozu in diesem Fall beide Seiten der Gleichung durch die gleiche Zahl geteilt werden.

Da al-Chwarizmi anders als Brahmagupta zwei Jahrhunderte zuvor nur
positive Koeffizienten bei den Gleichungen in Betracht zieht, kann er
nicht von einer einzelnen Normalform $ax^2 + bx = c$ einer quadratischen
Gleichung ausgehen. Vielmehr gelangt er zu sechs verschiedenen Kate-
gorien von Gleichungen, in denen Kombinationen aus Zahlen sowie Vielfache von Quadraten und Wurzeln auftauchen. In verbaler Charakterisierung, wie sie al-Chwarizmi verwendete, und in Formelschreibweise
handelt es sich um

1. „Quadrate sind gleich Wurzeln": $ax^2 = bx$,
2. „Quadrate sind gleich Zahlen": $ax^2 = b$,
3. „Wurzeln sind gleich Zahlen": $bx = c$,
4. „Quadrate und Wurzeln sind gleich Zahlen": $ax^2 + bx = c$,
5. „Quadrate und Zahlen sind gleich Wurzeln": $ax^2 + bx = c$,
6. „Quadrate sind gleich Wurzeln und Zahlen": $ax^2 = bx + c$.

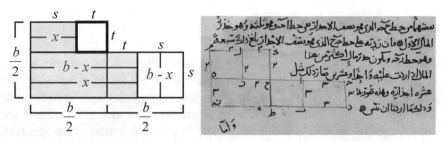

Bild 7   Al-Chwarizmis Lösung der Gleichung $x^2 + c = bx$. Rechts ein Ausschnitt aus der 1342 erstellten Abschrift MS. Huntington 214 der *Algebra* (Bodleian Library).

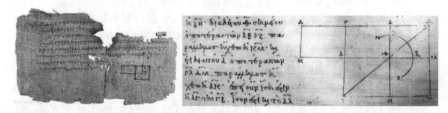

Bild 8   Proposition 5 aus Buch II der *Elemente*, die Euklid im 3. Jhd. v. Chr. verfasste. Links der Oxyrhynchus Papyrus 23, der vor 300 n. Chr. datiert wird (University of Pennsylvania). Rechts ein Ausschnitt aus dem Manuskript MS. D'Orville 301 aus dem Jahr 888 (Bodleian Library).

Beim Lösen quadratischer Gleichungen argumentiert al-Chwarizmi geometrisch. Beispielsweise verwendet er zur Lösung von Gleichungen des Typs $x^2 + c = bx$ die in Bild 7 abgebildete Figur, bei der die Quadratseiten der Länge $b/2$ in zwei Teilstücke mit Längen s und t zerlegt werden, und zwar in zwei Varianten: Eine Lösung x, die kleiner als $b/2$ ist, findet man mit dem Ansatz $s = x$ (rot) und $t = b/2 - x$. Wegen $s + 2t = b - x$ besitzt dann das hellblaue Rechteck die Fläche $s(s + 2t) = x(b - x) = c$. Diese Fläche ergibt sich auch dann, wenn man für eine Lösung im Bereich von b bis $b/2$ die Werte $s = b - x$ und $t = x - b/2$ wählt, um $s + 2t = x$ (blau) zu erhalten. Man dreht und verschiebt nun das rechte Teilstück des hellblauen Rechtecks nach oben links, beige dargestellt. Daher ist die Seitenlänge des fett umrandeten Quadrats gleich $t = \sqrt{\left(\frac{b}{2}\right)^2 - c}$. Es folgt

$$x = \tfrac{b}{2} - \sqrt{\left(\tfrac{b}{2}\right)^2 - c} \quad \text{bzw.} \quad x = \tfrac{b}{2} + \sqrt{\left(\tfrac{b}{2}\right)^2 - c}.$$

Brahmaguptas *Brāhmasphuṭasiddhānta* war aufgrund seines astronomischen Schwerpunkts für die islamischen Gelehrten im Hinblick des von ihnen verwendeten Mondkalenders von höchstem Interesse. Daher wurde das Werk bereits früh ins Arabische übersetzt, und zwar wahrscheinlich von Muhammad al-Fazari bereits zum Ende des achten Jahrhunderts. Trotzdem ist al-Chwarizmis Sicht auf quadratische Gleichungen deutlich mehr vom hellenistischen Denken geprägt, was erkennbar ist an den geometrischen Begründungen und – als Folge – die Beschränkung auf positive Koeffizienten. So kann al-Chwarizmis Argumentation von Bild 7 als Weiterentwicklung einer Figur gesehen werden, die man bereits in Euklids *Elementen* zu Proposition 5 seines zweiten Buches findet (siehe Bild 8). Dort geht es allerdings nicht um die Lösung einer Gleichung, sondern um den Beweis einer Identität, die wir auf Basis der Bezeichnungen $u = b/2 = s + t$ aus Bild 7 heute in der Form $(u + t)(u - t) + t^2 = u^2$ schreiben würden.

Dagegen setzt al-Chwarizmi algebraische Techniken ein, wenn es gilt, durch Umformung von einer gegebenen Gleichung zu einer Gleichung der aufgezählten Typen zu gelangen. Beispielsweise fragt al-Chwarizmi nach der Zahl, deren um 1 vergrößertes Drittel multipliziert mit dem um 1 vergrößerten Viertel 20 ergibt,[18] was in heutiger Notation der folgenden Gleichung entspricht:

$$\left(\tfrac{1}{3}x + 1\right)\left(\tfrac{1}{4}x + 1\right) = 20$$

Zur Lösung des Problems beschreibt al-Chwarizmi verbal Berechnungen und Äquivalenzumformungen, die wir auch heute noch analog – allerdings mit dem Ziel einer einheitlichen Normalform mit der Null auf der rechten Seite – durchführen würden. So gelangt er zur Gleichung

$$x^2 + 7x = 228$$

und schließlich zur Lösung $x = 12$.

---

[18] Rosen (Fn 14), S. 38–39.

1.3. Nach dem Exkurs über quadratische Gleichungen wollen wir uns wieder den kubischen Gleichungen zuwenden. Zwar fanden die islamischen Mathematiker kein algebraisches Verfahren zur Lösung kubischer Gleichungen, das heißt keine Reduktion auf reine Gleichungen der Gestalt $y^3 = d$ und $z^2 = e$, deren Lösungen dann zu Wurzelausdrücken führen. Numerische Lösungen auf Basis geometrischer Konstruktionen berechnete allerdings der persische Gelehrte und Dichter Omar Chayyām (1048–1131) in seinem Werk *Maqāla fi l-jabr wa l-muqābala*, übersetzt etwa „Die Abhandlung über das Ergänzen [die Algebra] und das Ausgleichen".[19] Seine darin enthaltenen Klagen über das „Siechtum der Männer der Wissenschaften, mit Ausnahme einer kleinen Gruppe, deren Umfang so klein ist wie ihr Kummer groß ist",[20] zeugen von der bereits zu seiner Zeit fortgeschrittenen Dogmatisierung des Islams. In diescm Kontext wird es verständlich, wenn Omar Chayyām sogar zum „Letzten der großen Rationalisten der östlichen islamischen Welt" erklärt wird.[21]

Unabhängig von seinem Gesamtwerk zeigt bereits allein sein Algebra-Buch Omar Chayyāms tiefes Verständnis der Lehren der griechischen Philosophen und Mathematiker wie Aristoteles und Euklid. Noch bemerkenswerter ist, dass er auch höhere Potenzen x^4, x^5, … der Unbekannten x in Betracht zieht, für die es kein geometrisches Äquivalent in unserem Anschauungsraum gibt. Ob Chayyām die Werke des spätantiken Mathematikers Diophant kannte, in denen höhere Potenzen der Unbekannten sogar im Rahmen formelähnlicher Abkürzungen auftauchen, wissen wir nicht.

Da Omar Chayyām nur positive Koeffizienten bei kubischen Gleichungen berücksichtigt, muss er einschließlich der Sonderfälle wie „Eine Zahl ist gleich einem Quadrat" ($d = bx^2$) insgesamt 25 Fälle berücksichtigen wie „Eine Zahl und ein Quadrat sind gleich einem Kubus" ($d + bx^2 = ax^3$) und „Ein Kubus und ein Quadrat und eine Wurzel sind gleich einer Zahl" ($ax^3 + bx^2 + cx = d$). Omar Chayyām führt die Lösung kubischer Gleichungen, die nicht auf Gleichungen niedrigerer Grade reduziert werden können, auf geometrische Konstruktionen zurück. Dabei ergibt sich die

---

[19] Übersetzungen: Sebastian Linden, *Die Algebra des Omar Chayyam*, 2. Auflage, Berlin 2017. F. Woepcke, *L'Algèbre d'Omar Alkhayyâmî*, Paris 1851.

[20] Linden (Fn 19), S. 106.

[21] Sebastian Linden, Autor der kommentierten deutschen Übersetzung (Fn 19), S. 33.

Lösung als Länge einer Strecke, die auf einer Seite durch den Schnittpunkt von zwei Kegelschnitten, also Kreis, Ellipse, Parabel oder Hyperbel, begrenzt wird. Dass dies prinzipiell funktioniert, ist unter Nutzung
negativer Zahlen und kartesischer Koordinaten für uns heute einfach einzusehen. Sucht man nämlich den Schnittpunkt der Parabel und der Hyperbel zu den beiden Gleichungen

$$y = ax^2 + bx + c \text{ und } y = -d \,/\, x,$$

dann führt die Gleichsetzung der beiden rechten Seiten sofort zur kubischen Gleichung, mit der die x-Koordinate des Schnittpunkts bestimmt
werden kann:

$$ax^3 + bx^2 + cx + d = 0$$

Selbstverständlich kann ebenso umgekehrt die Lösung einer kubischen
Gleichung auf ein geometrisches Problem zurückgeführt werden. Es muss
allerdings ausdrücklich betont werden, dass Omar Chayyām von einer
solchen Argumentation weit entfernt war, da ihm kartesische Koordinaten
und negative Zahlen unbekannt waren. Wie für den Griechen Apollonios
(ca. 265–190 v. Chr.), dessen Resultate er mehrfach zitiert, sind Parabel
und Hyperbel für Chayyām Kegelschnitte, das heißt aus Kegelmantel und
einer Ebene entstehende Schnittlinien. Demgemäß verwendet Chayyām
geometrische Sätze, etwa im Fall von Hyperbeln mit rechtwinkelig aufei-
nander stehenden Asymptoten die Eigenschaft, dass die durch die
Asymptoten und die Hyperbel eingegrenzten Rechtecke alle flächengleich sind (siehe Faksimile in Bild 9). Bei Verwendung kartesischer Koordinaten und einer Hyperbelgleichung der Form $y = t/x$ ist diese Invarianz für uns heute offensichtlich: $x \cdot y = x \cdot t/x = t$.

Wir wollen uns Chayyāms Überlegungen am Beispiel des Problems „Ein
Kubus plus Seiten plus eine Zahl sind gleich Quadraten" ansehen, was in
heutiger Notation der Gleichung $x^3 + bx + c = ax^2$ entspricht. Dazu untersucht Chayyām die Schnittpunkte einer Hyperbel mit einem Kreis. Dabei
sind, wie man im linken Teil von Bild 9 erkennen kann, je nach relativer
Lage zueinander bis zu vier Schnittpunkte möglich.

Chayyām argumentiert rein geometrisch, und zwar im Wesentlichen ausgehend von zwei Sätzen. Dabei handelt es sich einerseits um die bereits
erwähnte Flächengleichheit von Rechtecken, die durch die Hyperbel und

ihre Asymptoten eingegrenzt werden, und andererseits um den für rechtwinklige Dreiecke geltenden Höhensatz, mit dem die Kreispunkte $(x, \ y)$, wie in Bild 9 zu sehen, charakterisiert werden können. Rechnerisch entspricht der Höhensatz der Identität

$$(x+C)(A-x) = (y+B)^2.$$

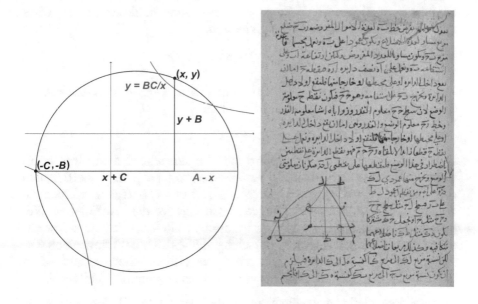

Bild 9   Die älteste bekannte Version von Chayyāms Algebra-Buch ist das im 13. Jahrhundert in Lahore entstandene Manuskript Smith Oriental MS 45 (Columbia University Libraries). Die beiden durch eine Hyperbel und ihre Asymptoten eingegrenzten Rechtecke sind flächengleich. Links eine äquivalente Konstruktion, die mit heutiger Methodik eine starke Vereinfachung erlaubt.

Speziell für die Schnittpunkte des Kreises mit den beiden Hyperbel-Ästen zur Gleichung $y = BC/x$ muss die Gleichung

$$(x+C)(A-x) = \left(\tfrac{BC}{x}+B\right)^2$$

erfüllt sein. Diese Bedingung lässt sich direkt umformen zur Identität

$$x^2(x+C)(A-x) = B^2(C+x)^2.$$

Offenkundig ist diese Gleichung für $x = -C$ erfüllt, was genau dem angesichts der Konstruktion offensichtlichen Schnittpunkt entspricht, nämlich dem Punkt $(-C, -B)$, der auf dem waagrechten Kreisdurchmesser liegt. Blendet man diesen einen Punkt aus, kann man beide Seiten der Gleichung durch den Faktor $(x + C)$ dividieren:

$$x^2(A-x) = B^2(x+C).$$

Insgesamt folgt damit, dass die vom Punkt $(-C, -B)$ verschiedenen Schnittpunkte durch die kubische Gleichung

$$x^3 + B^2 x + B^2 C = Ax^2$$

charakterisiert werden. Umgekehrt können ausgehend von einer kubischen Gleichung der Form $x^3 + bx + c = ax^2$ mit positiven Koeffizienten a, b und c entsprechende positive Werte A, B und C berechnet werden, zu denen dann Strecken dieser Längen konstruiert werden. Auf diesem Wege ergeben sich die Lösungen der kubischen Gleichungen als x-Koordinaten der Schnittpunkte. Geometrisch handelt es sich um Längen von Katheten zu Dreiecken, die aus dem jeweiligen Schnittpunkt, dem Mittelpunkt der Hyperbel und der waagrechten Asymptote gebildet sind.

Anzumerken bleibt, dass alle Summanden der letzten Gleichung jeweils gleich dem Produkt von drei Längen sind. Das erlaubt eine geometrische Argumentation auf Basis von Volumenverhältnissen.[22]

1.4. Die eingangs gestellte Aufgabe aus dem Jahr 1535 fällt in eine erneute Zeitenwende. Fundamentale Fortschritte hatte die Algebra in den sieben Jahrhunderten seit al-Chwarizmi nicht gemacht, weder im islamischen Raum, noch in Europa, wo man gerade erst begonnen hatte, die wissenschaftlichen Erkenntnisse der vorangegangenen Blüteperioden des

---

[22] Eine didaktisch besonders gelungene Darlegung einer geometrisch fundierten Argumentation von Chayyāms Ansatz geben Deborah A. Kent, David J. Muraki, *A geometric solution of a cubic by Omar Khayyam . . . in which coloured diagrams are used instead of letters for the greater ease of learners*, American Mathematical Monthly, **123** (2016), S. 149–160.

islamisch-arabischen sowie des hellenistischen Kulturkreises zu er-
schließen. Begünstigt wurde diese *Renaissance*, wenn auch indirekt,
durch die osmanische Eroberung Konstantinopels im Jahr 1453, womit
nicht nur der letzte Teil des römischen Reiches sein Ende fand, sondern
auch die verbliebenen Reste der in Kontinuität gepflegten hellenistischen
Wissenschaft. Der dadurch ausgelöste Exodus griechischer Gelehrter unter Mitnahme vieler von ihnen gesammelter Schriften – auch aus dem
arabischen Raum – wirkte als gewaltiger Wissenstransfer nach Westen.
Bei seiner Verbreitung half eine neue Errungenschaft, nämlich die um
1450 von Gutenberg (um 1400–1468) eingeführte, maschinelle Druck-
technik mit beweglichen metallenen Lettern, für die Gutenberg eine bestens geeignete Legierung entdeckt hatte. Auf Basis dieser Technologie
entstanden allein in den 50 Folgejahren an über 200 Orten Druckereien,
die es gestatteten, Wissen und Ideen in einer zuvor nie dagewesenen
Breite und Geschwindigkeit weiterzugeben – Bücher mit einer Gesamt-
auflage von mehreren Millionen Exemplaren wurden allein in dieser An-
fangszeit gedruckt,[23] darunter auch solche, die weitere gesellschaftliche
Aufbrüche wie Reformation, Aufklärung und Alphabetisierung sowie
Bildung für breite Bevölkerungsschichten beflügeln sollten.[24] Sprach-
grenzen wurden mit Latein, der Sprache der römischen Kirche, überwun-
den, das bis ins neunzehnte Jahrhundert als allgemeine Sprache der Wissenschaft fungierte und noch heute in medizinischen, pharmazeutischen
und biologischen Fachtermini präsent ist.

---

[23] Spätestens mit religiös-dogmatischen Vorbehalten gegenüber gedruckten Büchern in
arabischer Schrift, die 1483 zu einem über 200 Jahre währenden Verbot des Buchdrucks mit arabischen Lettern führten, und zwar unter Androhung der Todesstrafe,
verlor die islamische Welt den Anschluss an die wissenschaftlich-technische Fortent-
wicklung, nicht zuletzt mangels einer nur langsam fortschreitenden Alphabetisierung
der Bevölkerung. Dabei hatten zu Beginn der islamischen Epoche gerade auch die gu-
ten Randbedingungen für die Buchherstellung die wissenschaftliche Blüte ermöglicht:
Eine weit verbreitete Sprache, deren Zeichen relativ schnell geschrieben werden können, ausreichend Papyrus beziehungsweise später Papier und eine beständige Tinte.
Zu den letztgenannten Faktoren siehe Fuat Sezgin, *Wissenschaft und Technik im Islam*, Frankfurt/M. 2003, Band I, S. 169 f.

[24] Leider wurde mit dem bereits 1486 erstmals erschienenen *Hexenhammer* auch eine
Tradition schlimmster Machwerke begründet, mit denen die Verfolgung von Men-
schen vermeintlich legitimiert wurde. Ihren grausamen Höhepunkt erreichten solche
Publikationen in Form der Propagandaschriften der Massenmörder des zwanzigsten
Jahrhunderts, ihre Fortsetzung fanden sie im Internet.

Ein frühes Zentrum des Buchdrucks war Nürnberg. Dort druckte 1543 Johannes Petreius (Hans Peterlein, um 1497–1550) das Buch *De revolutionibus orbium coelestium* (Über die Umschwünge der himmlischen Kreise) von Nikolaus Kopernikus (1473–1543) und zwei Jahre später *Artis Magnæ, Sive de Regulis Algebraicis Liber Unus* (Die große Kunst oder ein Buch über die Regeln der Algebra), kurz *Ars magna*. Autor des Buches war der italienische Arzt und Mathematiker Geronimo Cardano, heute in erster Linie bekannt durch seine nach ihm benannten Erfindungen wie Kardanwelle und Kardanaufhängung. Von Cardano stammen mit dem erst posthum 1663 erschienen Werk *De ludo aleæ* (Das Würfelspiel) ebenso die ersten Überlegungen, Gewinnchancen in Glücksspielen quantitativ gegeneinander abzuwägen.[25] Sein Werk *Ars magna* widmete Cardano dem Reformator Andreas Osiander (1498–1552), der maßgeblich dafür gesorgt hatte, dass Kopernikus' Buch in Nürnberg hatte gedruckt werden können. Allerdings erwähnt Cardano diesen Sachverhalt in seiner Widmung, deren überschwängliche Worte eine Seite einnehmen, nicht.

Zu Beginn des ersten Kapitels seiner *Ars magna* verweist Cardano ausdrücklich darauf hin, dass diese Kunst auf „Mohammed, Sohn des Moses, dem Araber" als Übersetzung von „Muhammad ibn Musa", gemeint ist al-Chwarizmi, zurückgehe. Hauptgegenstand des Buches sind revolutionäre Neuerungen der Algebra, darunter die Beschreibung des Lösungswegs für kubische Gleichungen und ebenso für biquadratische Gleichungen, also Gleichungen vierten Grades (siehe Kapitel 3). Obwohl die Lösungsformeln für kubische Gleichungen heute als *Cardanische Formeln* bezeichnet werden, gehen sie nicht auf Cardano zurück, wie er auch selber schreibt. Auf Grundlage seiner Ausführungen[26] und Widerreden, die dazu im Rahmen eines heftigen Disputs erfolgten,[27] hat die Vorge-

---

[25] Kubische Gleichungen spielen in Werken über Cardano, seine Autobiografie eingeschlossen, keine große Rolle: G. Cardano, *Des von Girolamo Cardano von Mailand eigene Lebensbeschreibung*, Übersetzung von Hermann Hefele, München 1969, S. 189; Markus Fierz, *Girolamo Cardano, Arzt, Naturphilosoph, Mathematiker, Astronom und Traumdeuter*, Basel 1977, S. 23 f.

[26] Cardano, *Ars Magna*, DOI: 10.3931/e-rara-9159, Caput I, XI. Es gibt auch eine von T. Richard Witmer erstellte englische Übersetzung der Ausgabe von 1545 mit Ergänzungen der Ausgaben von 1570 und 1663: Girolamo Cardano, *The great art or the rules of algebra*, Cambridge (Massachusetts) 1968.

[27] Nicolo Tartaglia, *Quesiti et inventioni diverse de Nicolo Tartaglia*, 1546 (DOI: 10.3931/e-rara-9183), insbesondere *Libro nono* (Buch IX). Enrica Giordani, *I sei car-*

schichte der *Ars magna* anscheinend den im Folgenden beschriebenen Verlauf genommen. Bedingt durch die subjektiven Darstellungen der Beteiligten sind allerdings nicht alle Details gesichert.

Anzumerken ist noch, dass Cardano wie seine Zeitgenossen keine negativen Zahlen verwendeten, obwohl die gehobenen Ansprüche des kaufmännischen Rechnungswesens eine wesentliche Anwendung der Mathematik darstellten. Für die Durchführung der Berechnungen kaufmännischer und anderer Art gab es damals einen eigenen, zum Schreiber analogen Berufsstand, nämlich so genannte Rechenmeister. Der bekannteste Rechenmeister in Deutschland war übrigens Adam Ries (1492–1559), der seine bis heute reichende, sprichwörtliche Bekanntheit – „das macht nach Adam Riese" – seinen in Deutsch geschriebenen Rechenbüchern verdankt. Mit diesen Büchern machte Ries das Rechnen mit den arabisch-indischen Dezimalzahlen populär, die in den Jahrhunderten zuvor die schwerfälligen römischen Zahlen abgelöst hatten. Auch eine mathematische Symbolik begann sich erst langsam herauszubilden. So verwendete man im 15. Jahrhundert die Schreibweise R3 V31 m R16 für den Wurzelausdruck

$$\sqrt[3]{31 - \sqrt{16}}\,.$$

Die Vorgeschichte der *Ars magna* beginnt damit, dass es Scipione del Ferro (1465?–1526), der an der Universität von Bologna lehrte, zu Beginn des 16. Jahrhunderts als Erstem gelang, kubische Gleichungen aufzulösen, und zwar solche vom Typ $x^3 + px = q$. Ohne es zu veröffentlichen gab del Ferro sein Lösungsverfahren später unter anderem an seinen Schüler Antonio Fior sowie an seinen Schwiegersohn und Nachfolger Annibale della Nave weiter. Zu dieser Zeit untersuchte auch

---

telli di matematica disfida, Mailand 1876, DOI: 10.3931/e-rara-9184, wobei es sich um eine kommentierte Wiedergabe von Flugschriften zu einem Disput zwischen dem Cardano-Schüler Ferrari und Tartaglia aus den Jahren 1547/48 handelt. Siehe auch: Renato Acampora, *Die „Cartelli di matematica disfida". Der Streit zwischen Nicolò Tartaglia und Ludovico Ferrari*, Institut für die Geschichte der Naturwissenschaften (Reihe Algorismus, **35**), München 2000. Friedrich Katscher, *Die kubischen Gleichungen bei Nicolo Tartaglia: die relevanten Textstellen aus seinen „Quesiti et inventioni diverse" auf deutsch übersetzt und kommentiert*, Wien 2001. Katscher gibt auf S. 1–4 eine chronologische Übersicht der Ereignisse.

Nicolo Tartaglia kubische Gleichungen. Tartaglia, dessen Nachname Stotterer bedeutet, gehörte damals zu den besten Mathematikern Italiens und war in Venedig als Rechenmeister tätig.[28]

Tartaglia behauptete, für kubische Gleichungen des Typ $x^3 + px^2 = q$ ein Lösungsverfahren gefunden zu haben. Allerdings dürfte es sich dabei weniger um eine allgemein gültige Lösungsmethode gehandelt haben als um ein Verfahren, spezielle Gleichungen aufzustellen, zu denen die Lösungen leicht gefunden werden können. Die Vermutung stützt sich auf unsere Kenntnis über den bereits eingangs erwähnten Wettstreit, der zwischen Fior und Tartaglia Anfang des Jahres 1535 ausgetragen wurde. Jeder der beiden Kontrahenten stellte dem anderen 30 mathematische Aufgaben, die bei einem Notar hinterlegt wurden. Gewinner sollte derjenige sein, der in der vereinbarten Dauer des Wettstreits die größere Zahl an Aufgaben hätte lösen können. Fiors Aufgaben beziehen sich einzig auf kubische Gleichungen des Typs $x^3 + px = q$, die alle in einer später von Tartaglia in seinem 1546 erschienen Buch *Quesiti et inventioni diverse* (Verschiedene Aufgaben und Erfindungen) vorgenommenen Veröffentlichung aufgeführt sind.[29]

Die 30 Aufgaben, die Tartaglia stellte, sind nicht alle überliefert. Immerhin hat Tartaglia in seinem Buch *Quesiti et inventioni diverse* dazu einige Angaben gemacht.[30] Demzufolge führte die erste seiner Aufgaben zu einer Gleichung

---

28 Siehe dazu den im Detail fiktiven Roman von Dieter Jörgensen, *Der Rechenmeister*, Berlin 1999. Ein großer Teil des Romans handelt von der Entdeckung der Lösungsformel für kubische Gleichungen und dem darüber entbrannten Streit. Dazu: Friedrich Katscher, *Boekbespreking De rekenmeester*, *Dichtung und Wahrheit* (in Englisch), Nieuw Archief voor Wiskunde, **5/3** nr. 4 (2002), S. 350–352.
In der Literatur wird Tartaglias richtiger Name meist als Niccolo Fontana angegeben. Grund ist, dass in Tartaglias Testament sein Bruder Zampiero Fontana genannt ist. Demgegenüber wird Tartaglia an anderer Stelle dahingehend zitiert, dass er den Nachnamen seines Vaters nicht gekannt habe: Acampora (Fn 27), S. 2.

29 Tartaglia (Fn 27), Libro IX, Quesito XXXI. Katscher (Fn 27), S. 29–31. Acampora (Fn 27), S. 41–44. Tartaglia schreibt, dass er diese Aufgaben bereits 1539 Zuan Antonio da Bassano, einem im Auftrag von Cardano handelnden Buchhändler, brieflich mitgeteilt habe.

30 Tartaglia (Fn 27), Libro IX, Quesiti XXV, XXVI und XXVIII. Katscher (Fn 27), S. 13–24. Acampora (Fn 27), S. 29–34.

$$x^3 + 40x^2 = 2888.$$

Allerdings war die Aufgabenstellung dahingehend flexibel, dass der Wert der rechten Gleichungsseite beliebig gewählt werden konnte, um für die so entstehende Gleichung eine irrationale Lösung zu finden. Für den Fall des Wertes 2888 gab Tartaglia eine Lösung an:

$$x = \sqrt{77} - 1.$$

Anzumerken bleibt, dass auch die Zahl $x = -38$ die Gleichung löst, wobei allerdings zu Zeiten von Cardano und Tartaglia negative Zahlen noch nicht verwendet wurden, und zwar weder als Koeffizienten einer gegebenen Gleichung noch als deren Lösung. Immerhin weist die Existenz einer ganzen Zahl als Lösung darauf hin, dass die von Tartaglia gestellte Aufgabe einem speziellen Konstruktionsprinzip entspringt. Die Gleichung ist damit im Vergleich zum Regelfall einer kubischen Gleichungen deutlich einfacher, was die bereits formulierten Zweifel begründen, ob Tartaglia wirklich im Besitz einer allgemein gültigen Lösungsformel für kubische Gleichungen der Form $x^3 + px^2 = q$ war.

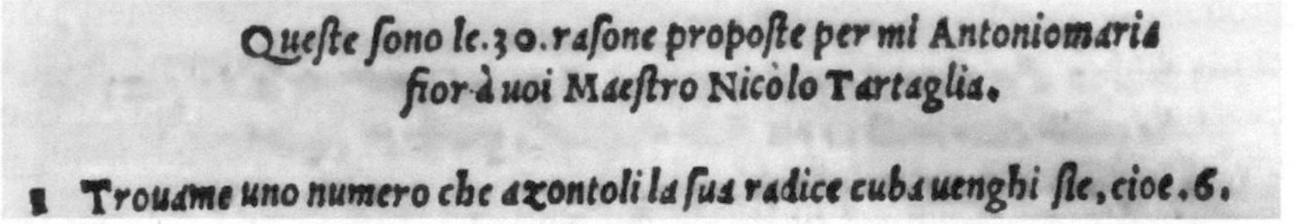

Queſte ſono le.30.raſone propoſte per mi Antoniomaria fior à uoi Maeſtro Nicolo Tartaglia.

▮ Trouàme uno numero che aʒontoli la ſua radice cuba uenghi ſte,cioe.6.

Bild 10   Die erste der 30 Aufgaben von Fior. Auszug aus Tartaglias *Quesiti et inventioni diverse*, Libro IX, Quesito XXXI.

Im Zuge des Wettstreits mit Fior gelang es Tartaglia am 13. Februar 1535 und damit kurz vor dem Ablauf des Wettkampfs, für alle ihm vorgelegten Gleichungen der Form $x^3 + px = q$ ein Lösungsverfahren zu finden. Wie schon zuvor del Ferro und Fior, der selbst keine von Tartaglias Aufgaben lösen konnte, behielt Tartaglia die Methode für sich.

In Resonanz auf den von Tartaglia gewonnenen Wettstreit trat nun Cardano an Tartaglia heran. Für sein in Vorbereitung befindliches Buch über Algebra zeigte Cardano sich daran interessiert, Tartaglias Entdeckung zu veröffentlichen. Nach einigem Zögern und einem Schwur Cardanos, das Mitgeteilte nicht weiterzugeben, gab schließlich Tartaglia seine Lösungsmethode 1539 Cardano in Form eines Verses, den er in einem späteren Brief an Beispielen erläuterte, bekannt.[31] Dass Cardano dann doch die Lösungsmethode, allerdings unter ausdrücklichem Verweis auf die Urheberschaft von del Ferro und Tartaglia veröffentlichte, ließ er später seinen Schüler Ludovico Ferrari (1522–1569) rechtfertigen. Sie beide seien 1543 gemeinsam nach Bologna gereist, um im Hause von Annibale della Nave die hinterlassene Schrift von dessen Schwiegervater Scipione del Ferro einzusehen, in der die Lösung der kubischen Gleichung beschrieben worden sei.[32] Um seinen Ausführungen Glaubwürdigkeit zu verleihen, machte Ferrari den Vorschlag, man könne della Nave als Zeuge befragen.

Unabhängig von diesem Disput ist es auf jeden Fall das Verdienst Cardanos, die Lösungsverfahren für kubische Gleichungen einer allgemeinen und vollständigen Darlegung zugeführt zu haben, womit insbesondere die von Tartaglia gelösten Fälle weit übertroffen wurden. Da Cardano keine negativen Zahlen verwendete, musste er Gleichungen wie $x^3 + px = q$, $x^3 = px + q$ und $x^3 + q = px$ getrennt lösen, wenn auch mit ähnlichen Methoden. Insgesamt ergeben sich derart 13 Typen von kubischen Gleichungen, deren Lösung Cardano jeweils ein eigenes Kapitel widmet: Er beginnt in den Kapiteln XI bis XIII mit den drei gerade genannten Gleichungstypen, fährt dann im nächsten Kapitel fort mit einer Beschreibung eines Lösungsverfahrens für Gleichungen der Form $x^3 = px^2 + q$ am Beispiel der Gleichung $x^3 = 6x^2 + 20$, um schließlich mit der Aufgabe *Cubus, 6 quadrata et 4 aequalia 41 rebus,* das heißt der Gleichung $x^3 + 6x^2 + 4 = 41x$, in Kapitel XXIII den Fall *De cubo, quadratis et numero aequalibus rebus* (Dritte Potenz, Quadrat und Zahl sind gleich der Unbekannten) zu behandeln.

Wie aber sah Cardanos Argumentation aus? Seine Lösung der kubischen Gleichung stützt sich auf die kubische Binomialformel

---

[31] Tartaglia (Fn 27), Libro IX, Quesito XXXIIII. Katscher (Fn 27), S. 42 f. Acampora (Fn 27), S. 56–58. Heinz Lüneburg, *Von Zahlen und Größen. Dritthalbtausend Jahre Theorie und Praxis,* Basel 2008, S. 414–415. Zu Cardanos nachfolgenden Erläuterungen siehe Tartaglia (Fn 27), Quesito XXXV; Katscher (Fn 27), S. 44–46; Acampora (Fn 27), S. 59–61.

[32] Giordani (Fn 27), II. Cartello. Acampora (Fn 27), S. 89–90.

$$(u+v)^3 = 3uv(u+v)+(u^3+v^3),$$

die Cardano, ähnlich wie es schon al-Khwarizmi für die quadratische Gleichung getan hatte, mit geometrischen Mitteln herleiten konnte, wobei er natürlich mit dreidimensionalen Figuren und Rauminhalten argumentieren musste (siehe Bild 11). Die Identität kann aber auch als kubische Gleichung interpretiert werden, wobei die Summe $u+v$ eine Lösung x der kubischen Gleichung

$$x^3 + px + q = 0$$

ergibt, wenn die beiden Bedingungen

$$3uv = -p$$
$$u^3 + v^3 = -q$$

erfüllt sind. Die kubische Gleichung $x^3 + px + q = 0$ kann also gelöst werden, sofern es gelingt, geeignete Größen u und v zu finden. Dies ist aber relativ einfach möglich. Da nämlich von den beiden Größen u^3 und v^3 sowohl die Summe als auch das Produkt bekannt ist, können sie wie beim Problem des Tontafel BM 34568 als die beiden Lösungen der quadratischen Gleichung

$$w^2 + qw - \left(\frac{p}{3}\right)^3 = 0$$

berechnet werden. Konkret führt das zu den beiden Werten

$$u^3 \text{ bzw. } v^3 = -\frac{q}{2} \pm \sqrt{\left(\frac{q}{2}\right)^2 + \left(\frac{p}{3}\right)^3},$$

so dass die Größen u und v durch die beiden Gleichungen

$$u = \sqrt[3]{-\frac{q}{2} + \sqrt{\left(\frac{q}{2}\right)^2 + \left(\frac{p}{3}\right)^3}} \text{ und } v = \sqrt[3]{-\frac{q}{2} - \sqrt{\left(\frac{q}{2}\right)^2 + \left(\frac{p}{3}\right)^3}}$$

bestimmt werden können. Schließlich erhält man für die gesuchte Lösung x der kubischen Gleichung $x^3 + px + q = 0$ die so genannte **Cardanische Formel**

$$x = \sqrt[3]{-\frac{q}{2} + \sqrt{\left(\frac{q}{2}\right)^2 + \left(\frac{p}{3}\right)^3}} + \sqrt[3]{-\frac{q}{2} - \sqrt{\left(\frac{q}{2}\right)^2 + \left(\frac{p}{3}\right)^3}}\; .$$

Angewendet auf das zu Beginn gestellte Problem $x^3 + x - 6 = 0$ findet man

$$x = \sqrt[3]{3 + \frac{2}{3}\sqrt{\frac{61}{3}}} + \sqrt[3]{3 - \frac{2}{3}\sqrt{\frac{61}{3}}}\; ,$$

was als Dezimalwert ungefähr 1,634365 ergibt.

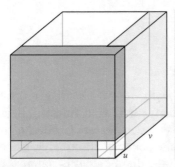

Bild 11   Geometrische Begründung der binomischen Gleichung $(u + v)^3 = 3uv(u + v) + (u^3 + v^3)$. Rechts in der Original-darstellung der *Ars magna*:[33] Der Gesamtwürfel kann zerlegt werden in die beiden Teilwürfel sowie in drei gleich große Quader, von denen jeder die Seitenlängen u, v und $u + v$ aufweist.

1.5. Cardano löste in seiner *Ars magna* ebenfalls kubische Gleichungen, die auch quadratische Glieder enthielten.[34] Ein Beispiel für eine solche Gleichung mit quadratischem Term haben wir schon in der Einführung kennen gelernt:

$$x^3 - 3x^2 - 3x - 1 = 0$$

Um auch solche Gleichungen zu lösen, formte Cardano sie mit einem all-gemein anwendbaren Verfahren um, wobei stets eine Gleichung des Typs

---

[33] Cardano (Fn 26), Caput VI.

[34] Cardano (Fn 26), Caput XXIII.

$y^3 + py + q = 0$ entsteht: Geht man von einer kubischen Gleichung in der allgemeinen Form

$$x^3 + ax^2 + bx + c = 0$$

aus, so besteht die Transformation daraus, zur gesuchten Lösung x den Summanden $a/3$ zu addieren, da dann das quadratische und das kubische Glied zusammengefasst werden können:

$$x^3 + ax^2 = \left(x + \frac{a}{3}\right)^3 - \frac{a^2}{3}x - \frac{a^3}{27} = \left(x + \frac{a}{3}\right)^3 - \frac{a^2}{3}\left(x + \frac{a}{3}\right) + \frac{2}{27}a^3$$

Um die vollständige Transformation der Gleichungskoeffizienten zu erhalten, ersetzt man im Rahmen einer so genannten **Substitution** die Unbekannte x innerhalb der gesamten Gleichung durch

$$x = y - \frac{a}{3}$$

und erhält, nachdem man die Terme nach Potenzen von y sortiert hat, die Identität

$$x^3 + ax^2 + bx + c = y^3 + py + q$$

mit

$$p = -\frac{1}{3}a^2 + b$$

$$q = \frac{2}{27}a^3 - \frac{1}{3}ab + c$$

Hat man nun die reduzierte kubische Gleichung $y^3 + py + q = 0$ mit der Cardanischen Formel gelöst, kann die Lösung der ursprünglichen Gleichung mittels der Transformation $x = y - a/3$ berechnet werden. Im Beispiel der konkreten Gleichung $x^3 - 3x^2 - 3x - 1 = 0$ findet man zur Transformation $x = y + 1$ die Gleichung

$$y^3 - 6y - 6 = 0,$$

deren mit der Cardanischen Formel berechenbare Lösung

$$y = \sqrt[3]{2} + \sqrt[3]{4}$$

schließlich die Lösung der Ausgangsgleichung liefert:

$$x = 1 + \sqrt[3]{2} + \sqrt[3]{4} \,.$$

Abgesehen von dem rechentechnischen Fortschritt, der sich in Cardanos *Ars magna* findet, zeichnen sich dort bereits zwei fundamentale Entwicklungen ab, welche die Mathematik in der Folgezeit beflügeln sollten, nämlich die Erweiterung des Zahlbereichs um die negativen und sogar die nochmalige Erweiterung zu den komplexen Zahlen. Zwar verwendet Cardano in seiner *Ars magna* die negativen Zahlen nicht, um die 13 verschiedenen Typen von kubischen Gleichungen, die er wie zum Beispiel $x^3 + px = q$ und $x^3 = px + q$ einzeln untersucht, gemeinsam zu lösen. Dafür ist Cardano für negative Zahlen in anderen Situationen aufgeschlossener, nämlich dann, wenn es um Lösungen von Gleichungen geht. Beispielsweise spricht Cardano in seinem Überblick im ersten Kapitel bei der Gleichung $x^2 = 9$ von den beiden Lösungen 3 und m.3. In Bezug auf Details bleibt er vage, auch wenn er die Zahl m.3 als *debitum*, also Schuld, charakterisiert und beispielhaft Regeln erläutert, wie man solche Zahlen multipliziert.

Negative Lösungen einer Gleichung führen Cardano auch zu Lösungen für andere, korrespondierende Gleichungen. Beispielsweise spricht Cardano in Bezug auf die Zahl –4 von einer „falschen" (*ficta*) Lösung der Gleichung $x^3 + 16 = 12x$, weil es sich bei der Zahl 4 um eine „wahre" (*vera*) Lösung der Gleichung $x^3 = 12x + 16$ handelt.[35] Er bemerkt außerdem, dass die letztgenannte Gleichung weiterhin die Lösung 2 besitzt.

Mit seinen Gedanken über negative Zahlen steht Cardano zu seiner Zeit keineswegs allein. Auch andere zeitgenössische Gelehrte wie der deutsche Mathematiker und Theologe Michael Stifel (circa 1487–1567), wie der erwähnte Osiander ein Weggefährte Martin Luthers (1483–1546), arbeiten vorsichtig mit negativen Zahlen, die er *numeri absurdi* nennt.

---

[35] Cardano (Fn 26), Caput I, 5.

Weiterführende Literatur zu quadratischen und kubischen Gleichungen:

H.-W. Alten (u.a.), *4000 Jahre Algebra*, Berlin 2003.

Erhard Scholz (Hrsg.), *Geschichte der Algebra*, Mannheim 1990.

Jacqueline Stedall, *From Cardano's great art to Lagrange's reflections*, Zürich 2011.

Bartel Leenert van der Waerden, *History of algebra*, Berlin 1985.

Aufgaben

1. Berechnen Sie eine Lösung der kubischen Gleichung

$$x^3 + 6x^2 + 9x - 2 = 0.$$

2. Die kubische Gleichung

$$x^3 + 6x - 20 = 0$$

besitzt $x = 2$ als Lösung. Wie ergibt sich diese Lösung aus der Cardanischen Formel?

2 Casus irreducibilis – die Geburtsstunde der komplexen Zahlen

Versucht man, die kubische Gleichung $x^3 = 8x + 3$ mit Hilfe der Cardanischen Formel zu lösen, so scheint die Formel zu versagen. Dies liegt aber keineswegs daran, dass die Gleichung unlösbar ist, denn $x = 3$ ist offensichtlich eine Lösung.

2.1. Wie schon die Aufgabenstellung des ersten Kapitels ist auch diese Gleichung als „klassisch" zu bezeichnen, da sie aus Cardanos Buch *Ars magna* stammt[36]. Allerdings geht Cardano, der einfach 3 als Lösung angibt und dann noch zwei weitere Lösungen berechnet, auf die Schwierigkeiten, die bei einer Verwendung der Cardanischen Formel entstehen, nicht näher ein – sie dürften ihm aber kaum verborgen geblieben sein[37]. Schauen wir uns die Details an:

Aus den Koeffizienten der Gleichung $p = -8$ und $q = -3$ erhält man nicht wie erwartet die Lösung $x = 3$, sondern

$$x = \sqrt[3]{\frac{3}{2} + \frac{19}{6}\sqrt{-\frac{5}{3}}} + \sqrt[3]{\frac{3}{2} - \frac{19}{6}\sqrt{-\frac{5}{3}}},$$

wobei ein Weiterrechnen aufgrund der Quadratwurzeln mit negativem Radikanden zu Cardanos Zeit im höchsten Maße aussichtslos war. Dies, obwohl Cardano an anderer Stelle in seiner *Ars magna* sogar mit solchen Quadratwurzeln aus negativen Zahlen versuchsweise rechnete, als er analog zum neunten Problem von Tontafel BM 34568 versuchte, zwei Zahlen mit Summe 10 und Produkt 40 zu finden. Natürlich wusste Cardano, wie man solche Zahlen findet, wenn es sie überhaupt gibt. Am einfachsten ist es, nach den beiden Lösungen der quadratischen Gleichung

$$x^2 - 10x + 40 = 0$$

---

[36] Cardano (Fn 26), Chapter XIII.

[37] So wies Cardano in einem Brief an Tartaglia 1539, also sechs Jahre vor dem Erscheinen der *Ars magna* auf diese Problematik hin. Siehe Acampora (Fn 27), S. 62 f. Übrigens konnten aufgrund der damals nicht üblichen Verwendung von negativen Zahlen entsprechende Situationen bei Gleichungen des Typs $x^3 + px = q$ nicht entstehen.

© Springer Fachmedien Wiesbaden GmbH, ein Teil von Springer Nature 2019
J. Bewersdorff, *Algebra für Einsteiger,*

zu suchen. Im Fall einer Summe 10 und einer Fläche 16 führt dies analog zu den Lösungen 5 ± 3, also 8 und 2. Ausgehend von einer Summe 10 und einer Fläche 40 erhält man aber die folgenden beiden Zahlen:

$$5 + \sqrt{-15} \quad \text{und} \quad 5 - \sqrt{-15}$$

Obwohl die beiden gefundenen Werte kaum dem entsprachen, was man sich zu Zeiten Cardanos unter Zahlen vorstellte, „wagte" Cardano die Rechnung

$$(5 + \sqrt{-15})(5 - \sqrt{-15}) = 25 + 15 = 40,$$

womit er wohl zum ersten Mal mit etwas rechnete,[38] was wir heute komplexe Zahlen nennen (siehe Bild 12).

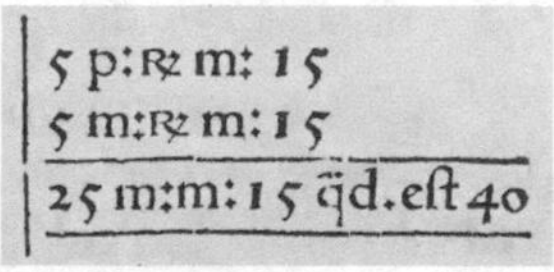

Bild 12   Zwei nicht reelle Zahlen in Cardanos *Ars magna*, deren Produkt 40 ergibt. Die Symbole p und m stehen für plus und minus. R2 steht für die Quadratwurzel.

Mit Berechnungen, die unter Verwendung der üblichen Rechengesetze zu sinnvollen Endergebnissen führen, haben die Mathematiker nach Cardano zweifellos ihre entscheidende Motivation erhalten, Quadratwurzeln aus negativen Zahlen zuzulassen – zunächst nur als Zwischenwerte, später auch als mathematische Objekte, für die sich zunehmend ein eigenständiges Interesse entwickelte. Eine wichtige Rolle bei der Ergründung dieser Zahlbereichserweiterung spielte anfänglich der so genannte **casus irreducibilis**, mit dem bei kubischen Gleichungen der Fall bezeichnet wird, wenn innerhalb der Cardanischen Formeln Quadratwurzeln mit negativen Radikanden auftreten. Konkret tritt dieser Fall bei der reduzierten kubischen Gleichung

$$x^3 + px + q = 0$$

---

[38]   Cardano (Fn 26), Chapter XXXVII, Rule II.

ein, wenn der Radikand der Quadratwurzel negativ ist:

$$\left(\frac{q}{2}\right)^2 + \left(\frac{p}{3}\right)^3 < 0$$

Kann man aber mit solchen Quadratwurzeln aus negativen Zahlen weiterrechnen und dabei die richtigen Ergebnisse finden? Erste Schritte in dieser Richtung wagte Rafael Bombelli (1526–1572) in seinem erstmals 1572 erschienenen Buch *L'Algebra*. Dort löste er die Gleichung

$$x^3 = 15x + 4\,,$$

wobei er mit dem Wurzelausdruck, den die Cardanische Formel für die Lösung liefert, mutig weiterrechnete (siehe Bild 13):[39]

$$x = \sqrt[3]{2+\sqrt{-121}} + \sqrt[3]{2-\sqrt{-121}} = \sqrt[3]{2+11\sqrt{-1}} + \sqrt[3]{2-11\sqrt{-1}}$$

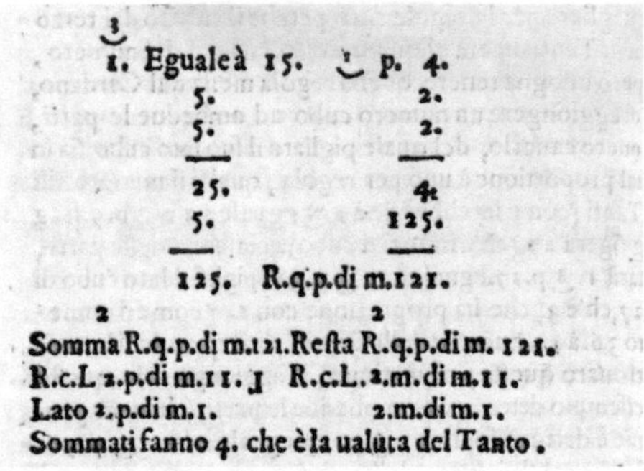
1. Egualeà 15. p. 4.
5. 2.
5. 2.
25. 4
5. 125.
125. R.q.p.di m.121.
2 2
Somma R.q.p.di m.121.Resta R.q.p.di m. 121.
R.c.L 2.p.di m.11. R.c.L.2.m.di m.11.
Lato 2.p.di m.1. 2.m.di m.1.
Sommati fanno 4. che è la ualuta del Tanto.

Bild 13 Die Lösung der kubischen Gleichung $x^3 = 15x + 4$ bei Bombelli. In der ersten Zeile steht die Gleichung in Bombellis Notation, darunter finden sich die Zwischenwerte, die sich bei Anwendung der Cardanischen Formel ergeben: $(4/2)^2 - (15/3)^3 = 4 - 125 = -121$. Im Weiteren stehen p. für plus, m. für minus, p.di m.1 und m.di m.1 bezeichnen die beiden Quadratwurzeln von –1 sowie R.c.L. eine kubische Wurzel.

[39] Rafael Bombelli, *L'Algebra*, Bologna 1579, DOI: 10.3931/e-rara-3918, S. 294.

Und schließlich fand er – das ihm bekannte Endergebnis $x = 4$ gewiss vor Augen – sogar Werte für die beiden kubischen Wurzeln. Dazu rechnete er

$$(2 + \sqrt{-1})^3 = 8 + 12\sqrt{-1} - 6 - \sqrt{-1} = 2 + 11\sqrt{-1} \; ,$$

$$(2 - \sqrt{-1})^3 = 8 - 12\sqrt{-1} - 6 + \sqrt{-1} = 2 - 11\sqrt{-1}$$

und erhielt wie gewünscht $x = 2 + \sqrt{-1} + 2 - \sqrt{-1} = 4$.

Damit schien der komplizierte Wurzelausdruck tatsächlich gleich 4 zu sein. Bombelli kommentierte: „Ein ausschweifender Gedanke nach Meinung vieler. Ich selbst war lange Zeit der gleichen Ansicht. Die Sache schien mir auf Sophismen mehr als auf Wahrheit zu beruhen, aber ich suchte so lange, bis ich den Beweis fand"[40]. Die gewagten Berechnungen hatten damit eine Erklärung für ein bereits vorher bekanntes Ergebnis geliefert, so wie es entwicklungsgeschichtlich sicher ähnlich der Fall gewesen sein dürfte, als negative Zahlen erstmals als zweckmäßige Erweiterung des Zahlbereichs in Betracht gezogen wurden. Im Vergleich zu den negativen Zahlen setzt der Gebrauch von Quadratwurzeln aus negativen Zahlen natürlich eine deutlich höhere Abstraktion voraus, da es keine naheliegenden Äquivalente in unserem täglichen Erfahrungsbereich gibt – vergleichbar einer durch einen negativen Kontostand dokumentierten Verbindlichkeit. Und so dauerte es noch über zwei Jahrhunderte, bis die von Bombelli zaghaft in Betracht gezogenen Objekte unter der Bezeichnung **komplexe Zahlen** zum mathematischen Allgemeingut wurden. Voraussetzung dafür war eine Klärung ihrer prinzipiellen Natur, um so die Zweifel bei ihrer Verwendung beseitigen zu können. Gelingen konnte dies letztlich nur dadurch, dass man die mehr oder minder philosophischen Betrachtungen darüber, *was* komplexe Zahlen eigentlich sind, beendete und stattdessen komplexe Zahlen schlicht auf der Basis ihrer Eigenschaften definierte. Der Erste, der diesen Weg konsequent beschritt, war 1797 Caspar Wessel (1745–1818).

---

[40] Bombelli (Fn 39), S. 293; Übersetzung nach Moritz Cantor, *Vorlesungen über Geschichte der Mathematik*, Band 2, Berlin 1900, S. 625, DOI: 10.3931/e-rara-17756 (1892, S. 573)

Allerdings waren mit Wessels formaler Definition noch längst nicht alle Zweifel ausgeräumt, zumal seine Schrift kaum Verbreitung fand. So dauerte es noch etwa ein halbes Jahrhundert, während dessen „imaginäre", „unmögliche" oder gar „eingebildete" Größen ein ähnliches Dasein fristeten wie die damals (noch!) gebräuchlichen und „Infinitesimale" genannten, unendlich kleinen Größen in der Analysis: Mathematiker konnten erfolgreich mit ihnen arbeiten, elegant und schnell „richtige" Ergebnisse finden, die man dann aber oft nochmals lieber ohne Verwendung suspekter Zwischenschritte auf anderem Weg bewies. So formulierte 1796 selbst Carl Friedrich Gauß (1777–1855) anlässlich seines Beweises des Fundamentalsatzes der Algebra, obwohl gerade dieser Satz eine entscheidende Bestätigung der Nützlichkeit von komplexen Zahlen liefert (und uns in Kapitel 4 beschäftigen wird):

> Meinen Beweis werde ich ohne jede Benutzung imaginärer Größen durchführen, obschon auch ich mir dieselbe Freiheit gestatten könnte, deren sich alle neueren Analytiker bedient haben.[41]

Vielleicht den Kern vieler Vorbehalte – selbst Leibniz (1646–1716) hatte 1702 von einem „Wunder der Analysis, einer Missgeburt der Ideenwelt" gesprochen – traf Gauß 36 Jahre später, nachdem er sich zwischenzeitlich mehrfach genötigt gesehen hatte, die „Metaphysik" der komplexen Zahlen erörtern zu müssen:

> Die Schwierigkeiten, mit denen man die Theorie der imaginären Größen umgeben glaubt, haben ihren Grund größtenteils in den wenig schicklichen Benennungen. Hätte man ... die positiven Größen direkt, die negativen inverse und die imaginären laterale Größen genannt, so wäre Einfachheit statt Verwirrung, Klarheit anstatt Dunkelheit die Folge gewesen.[41]

Die Anmerkung von Gauß sollte ganz allgemein als Empfehlung dahingehend verstanden werden, mathematische Definitionen zunächst völlig isoliert und losgelöst von der später angestrebten Interpretation und der gegebenenfalls daran orientierten Benennung zu betrachten: Ein mathematisches Objekt „lebt" eben allein aufgrund seiner Widerspruchsfreiheit,

---

[41] Die Zitate sind entnommen aus Herbert Pieper, *Die komplexen Zahlen*, Frankfurt /M. 1999. Das letzte Kapitel dieses Buchs bietet eine ausführliche Darstellung der Geschichte der komplexen Zahlen.

es wird „gezeugt", sofern eine sinnvolle Verwendung absehbar ist, und es wird „gehegt", wenn sich diese bestätigt.

2.2. Der Zahlbereich der komplexen Zahlen umfasst per Definition alle Paare (a, b), wobei die beiden Koordinaten a und b reelle Zahlen sind. Geometrisch kann man sich die Menge aller komplexen Zahlen damit als Ebene vorstellen, ganz analog dazu, wie der Zahlenstrahl ein geometrisches Äquivalent zur Menge der reellen Zahlen bildet. Die Idee vor Augen, dass ein Zahlenpaar (a, b) nach Abschluss der Definitionen als

$$a + b\sqrt{-1}$$

interpretiert werden soll, *definiert* man die mathematischen Operationen folgendermaßen:

$$(a,b) + (c,d) = (a + c, b + d)$$
$$(a,b) \cdot (c,d) = (ac - bd, bc + ad)$$

Die Umkehroperationen werden auf Basis der so genannten inversen Elemente erklärt, das heißt, die Subtraktion ist als Addition mit dem negierten Wert definiert und die Division als Multiplikation mit dem Kehrwert. Dabei sind die inversen Elemente *definiert* durch:

$$-(a,b) = (-a,-b)$$
$$(a,b)^{-1} = \left(\frac{a}{a^2 + b^2}, \frac{-b}{a^2 + b^2} \right)$$

Für die letzte Definition wird natürlich $(a,b) \neq (0,0)$ vorausgesetzt.

Tatsächlich erfüllen diese Definitionen den gewünschten Zweck, da abgesehen von den Lücken, die durch das Fehlen einer Größer-Beziehung bedingt sind, praktisch alle von den reellen Zahlen her vertrauten Rechengesetze gelten. Wir wollen die folgende Aufzählung der Gesetzmäßigkeiten, die man unschwer auf Basis der Definitionen nachrechnen kann, damit verbinden, einige weitere Vereinbarungen zur Sprachregelung und Notation zu treffen:

- Es gelten alle von den reellen Zahlen her wohlvertrauten Rechengesetze wie Assoziativ-, Kommutativ- und Distributivgesetz. Und auch die Null (0, 0) sowie die Eins (1, 0) besitzen die gewohnte Eigenschaft, bei der Addition beziehungsweise Multiplikation keine Veränderung hervorzurufen und somit jeweils als – so die Bezeichnung – neutrales Element zu fungieren. Und schließlich erweisen sich Subtraktion und Division tatsächlich als Umkehroperationen[42].

- Die Teilmenge der Zahlen mit der Form $(a, 0)$ verhält sich bei den Operationen wie die Menge der reellen Zahlen, kann also mit dieser identifiziert werden – ganz entsprechend so, wie die ganzen Zahlen mit den Brüchen mit 1 als Nenner identifiziert werden können. Und erst damit werden die komplexen Zahlen wie gewünscht zu einer Erweiterung des Zahlbereichs der reellen Zahlen. Zur Vereinfachung schreiben wir daher für komplexe Zahlen der Form $(a, 0)$ einfach a; bei einer komplexen Zahl (a, b) nennen wir a den **Realteil**.

- Es ist $(0, 1)\cdot(0, 1) = (0, -1)\cdot(0, -1) = (-1, 0)$, ein Ergebnis, das wie gerade bemerkt der reellen Zahl -1 entspricht. Damit können wir die beiden komplexen Zahlen $(0, 1)$ und $(0, -1)$ wie angestrebt als Quadratwurzeln von -1 interpretieren. Der Zahl $(0, 1)$ geben wir noch einen spezielle Bezeichnung, nämlich $i = (0, 1)$, auch imaginäre Einheit genannt. Bei einer komplexen Zahl (a, b) heißt b der **Imaginärteil**.

- Es gilt die Gleichung $(a, b)(a, -b) = a^2 + b^2$, wobei $(a, -b)$ die zur komplexen Zahl (a, b) **konjugierte** Zahl genannt wird, die mit $\overline{(a,b)}$ bezeichnet wird. Bei $\sqrt{a^2 + b^2}$ spricht man vom **Betrag** der Zahl (a, b). Innerhalb der **komplexen Zahlenebenen**, wie die geometrische Darstellung des Zahlbereichs der komplexen Zahlen auch genannt wird, entspricht der Betrag einer komplexen Zahl dem Abstand der Zahl zum Nullpunkt[43]. Ein Beispiel ist in Bild 14 dargestellt. Schließlich besitzt die Konjugation komplexer Zahlen die Eigenschaft $\overline{((a,b)\cdot(c,d))} = \overline{(a,b)}\,\overline{(c,d)}$.

---

[42] In ihrer Gesamtheit wird eine Menge mit zwei Operationen, welche die aufgezählten Eigenschaften erfüllt, als **Körper** bezeichnet. Wir werden diesen Begriff in den Kapiteln 9 und 10 noch genauer erläutern.

[43] Der als Betrag der Differenz definierbare Abstand zwischen zwei komplexen Zahlen erlaubt es sogar, eine als Funktionentheorie oder komplexe Analysis bezeichnete Infinitesimalrechnung aufzubauen Dabei werden Begriffe wie Konvergenz, Stetigkeit, Ableitung und Integral definiert, die ganz ähnliche Eigenschaften haben wie die entsprechenden Begriffe der klassischen Analysis.

Alle diese Eigenschaften zusammen geben uns die Gewissheit, dass wir mit den Paaren (a, b) in der Form $(a, b) = (a, 0) + (b, 0) \cdot (0, 1) = a + bi$ mit $i^2 = -1$ tatsächlich solche mathematische Objekte definiert haben, die sich wunschgemäß wie $a + b\sqrt{-1}$ verhalten. Die somit erfolgte Erweiterung des Zahlbereichs der reellen Zahlen erfolgte dabei bewusst gänzlich ohne Verwendung des a priori überhaupt nicht definierten Ausdrucks $\sqrt{-1}$, dessen Verwendung zudem nicht immer ganz unproblematisch ist, da er leicht zu fehlerhaften Berechnungen wie zum Beispiel $\sqrt{-1}\sqrt{-1} = \sqrt{(-1)(-1)} = \sqrt{1} = 1$ verleitet.

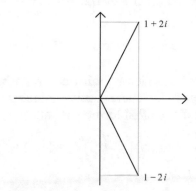

Bild 14   Die komplexe Zahlenebene mit der Zahl $1 + 2i$ und der dazu konjugierten Zahl $1 - 2i$. Der Betrag der beiden Zahlen ist gleich $\sqrt{5}$.

Eine für uns im Weiteren sehr wichtige Eigenschaft komplexer Zahlen hat eine enge Beziehung zur geometrischen Darstellung. Zunächst bemerken wir, dass jede auf dem Einheitskreis, das heißt auf dem Kreis mit Radius 1 um den Nullpunkt, gelegene komplexe Zahl mittels der trigonometrischen Funktionen Sinus und Kosinus darstellbar ist. Konkret besitzt eine solche komplexe Zahl eine Darstellung der Form

$$\cos\varphi + i \cdot \sin\varphi ,$$

wobei φ der Winkel ist, der durch die positive Halbachse einerseits und die vom Ursprung zur komplexen Zahl hinführende Gerade andererseits eingeschlossen wird (siehe Bild 15). Multipliziert man nun zwei auf dem Einheitskreis gelegene komplexe Zahlen miteinander, so sind die zugehörigen Winkel zu addieren. Ein Beweis ist leicht unter Verwendung der für die trigonometrischen Funktionen gültigen Additionsgesetze möglich:

$$(\cos\varphi + i \cdot \sin\varphi)(\cos\psi + i \cdot \sin\psi)$$
$$= (\cos\varphi \, \cos\psi - \sin\varphi \, \sin\psi) + i(\cos\varphi \, \sin\psi + \sin\varphi \, \cos\psi)$$
$$= \cos(\varphi + \psi) + i \cdot \sin(\varphi + \psi)$$

Mit einem zusätzlichen Faktor für den Betrag ist außerdem eine Verallgemeinerung auf beliebige, von Null verschiedene komplexe Zahlen möglich, sofern diese in einer Polarkoordinaten-ähnlichen Form vorliegen:[44]

$$e^s(\cos\varphi + i \cdot \sin\varphi) \cdot e^t(\cos\psi + i \cdot \sin\psi) = e^{s+t}(\cos(\varphi + \psi) + i \cdot \sin(\varphi + \psi))$$

Der Sonderfall einer Potenzierung wird meist als **Moivre'sche Formel** bezeichnet, auch wenn der Namensgeber Abraham de Moivre (1667–1754) diese Formeln nie explizit formuliert hat:

$$\left(e^s(\cos\varphi + i \cdot \sin\varphi)\right)^n = \left(e^s\right)^n(\cos(n\varphi) + i \cdot \sin(n\varphi))$$

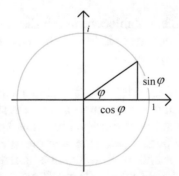

Bild 15   Darstellung einer auf dem Einheitskreis gelegenen komplexen Zahl der Form $\cos\varphi + i \cdot \sin\varphi$.

---

[44] Die tiefere Ursache dieser Gleichung wird deutlich, wenn die Potenzreihen für die Sinus-, Kosinus- und Exponentialfunktion auf komplexe Zahlen erweitert werden, wie es erstmals 1748 Leonhard Euler (1707–1783) tat. Dann erkennt man nämlich die für beliebige komplexe Zahlen $x + yi$ geltende Identität $e^{x+yi} = e^x(\cos y + i \cdot \sin y)$.

2.3. Bevor wir zum *casus irreducibilis* zurückkehren, wollen wir die zuletzt gesammelten Erkenntnisse auf die Gleichung

$$x^3 - 1 = 0$$

anwenden. Im Bereich der reellen Zahlen ist offensichtlich $x_1 = 1$ die einzige Lösung der Gleichung. Für den Bereich der komplexen Zahlen folgt aus der Moivre'schen Formel, dass die Gleichung noch zwei weitere Lösungen haben muss: Beide liegen, wie in Bild 16 dargestellt, auf dem Einheitskreis und bilden zur positiven Halbachse einen Winkel von $2\pi/3$ beziehungsweise $4\pi/3$, so dass insgesamt ein gleichseitiges Dreieck entsteht. Damit erkennt man, dass die beiden zusätzlichen Lösungen gleich

$$x_{2,3} = -\frac{1}{2} \pm \frac{\sqrt{3}}{2} i$$

sind. Alle drei Lösungen zusammen werden auch die dritten **Einheitswurzeln** genannt. Gleichungen des Typs $x^n - 1 = 0$, die Gegenstand von Kapitel 7 sind, werden aufgrund ihrer geometrischen Deutung als **Kreisteilungsgleichungen** bezeichnet.

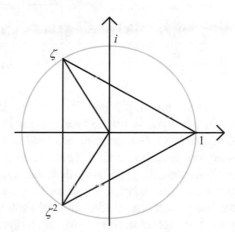

Bild 16   Die drei Lösungen 1, ζ und ζ^2 der Kreisteilungsgleichung $x^3 - 1 = 0$.

2.4. Für die allgemeine kubische Gleichung kommt den dritten Einheitswurzeln die Bedeutung zu, dass mit ihrer Hilfe die Cardanische Formel derart erweitert werden kann, dass stets drei Lösungen berechnet werden können. Dazu wählt man zunächst zur Abkürzung die Bezeichnung

$$\zeta = -\frac{1}{2} + \frac{\sqrt{3}}{2}\, i$$

und erkennt dann, dass die beiden der Cardanischen Formel zugrunde liegenden Gleichungen (siehe Seite 23)

$$3uv = -p$$
$$u^3 + v^3 = -q$$

außer dem bereits in Kapitel 1 angeführten Lösungspaar (u, v) zwei weitere Lösungspaare $(\zeta u, \zeta^2 v)$ und $(\zeta^2 u, \zeta v)$ besitzen, so dass man insgesamt die folgenden drei Lösungen für die reduzierte kubische Gleichung $x^3 + px + q = 0$ erhält:

$$x_1 = \sqrt[3]{-\frac{q}{2} + \sqrt{\left(\frac{q}{2}\right)^2 + \left(\frac{p}{3}\right)^3}} + \sqrt[3]{-\frac{q}{2} - \sqrt{\left(\frac{q}{2}\right)^2 + \left(\frac{p}{3}\right)^3}}$$

$$x_2 = \zeta \sqrt[3]{-\frac{q}{2} + \sqrt{\left(\frac{q}{2}\right)^2 + \left(\frac{p}{3}\right)^3}} + \zeta^2 \sqrt[3]{-\frac{q}{2} - \sqrt{\left(\frac{q}{2}\right)^2 + \left(\frac{p}{3}\right)^3}}$$

$$x_3 = \zeta^2 \sqrt[3]{-\frac{q}{2} + \sqrt{\left(\frac{q}{2}\right)^2 + \left(\frac{p}{3}\right)^3}} + \zeta \sqrt[3]{-\frac{q}{2} - \sqrt{\left(\frac{q}{2}\right)^2 + \left(\frac{p}{3}\right)^3}}$$

Die Formel für die drei Lösungen gilt ganz allgemein, da bei ihrer Herleitung keinerlei Einschränkungen gemacht wurden. Im Fall des *casus irreducibilis* ist allerdings zu beachten, dass zu den beiden komplexen Zahlen u^3 und v^3, die konjugiert zueinander sind, solche Paare von dritten Wurzeln u und v ausgewählt werden, die ebenfalls zueinander konjugiert sind – nur so können nämlich die beiden Bestimmungsgleichungen für die Zahlen u und v befriedigt werden. Und damit erhalten nicht nur die von Bombelli durchgeführten Berechnungen ihre nachträgliche Bestätigung. Darüber hinaus erkennt man für den allgemeinen Fall, dass die drei Lösungen x_1, x_2 und x_3 wegen

$$\overline{x_j} = \overline{\zeta^{(j-1)}u + \zeta^{-(j-1)}v} = \zeta^{-(j-1)}\overline{u} + \zeta^{(j-1)}\overline{v} = \zeta^{-(j-1)}v + \zeta^{(j-1)}u = x_j$$

(für j = 1, 2, 3) alle reell sind. Das heißt, bei der Cardanischen Formel entsteht die Notwendigkeit zum Rechnen mit komplexen Zahlen, wenn die drei Lösungen der Gleichung allesamt reell (und voneinander verschieden) sind.

Für die eingangs aus Cardanos *Ars magna* zitierte Aufgabe $x^3 = 8x + 3$ erhält man die Lösung

$$x_1 = \sqrt[3]{\frac{3}{2} + i\frac{19}{6}\sqrt{\frac{5}{3}}} + \sqrt[3]{\frac{3}{2} - i\frac{19}{6}\sqrt{\frac{5}{3}}} = \frac{1}{2}\left(3 + i\sqrt{\frac{5}{3}}\right) + \frac{1}{2}\left(3 - i\sqrt{\frac{5}{3}}\right) = 3 \,.$$

Die anderen beiden Lösungen, die schon Cardano erkannte, sind

$$x_{2,3} = \frac{1}{4}\left(-1 \pm i\sqrt{3}\right)\left(3 + i\sqrt{\frac{5}{3}}\right) + \frac{1}{4}\left(-1 \mp i\sqrt{3}\right)\left(3 - i\sqrt{\frac{5}{3}}\right) = \frac{1}{2}\left(-3 \mp \sqrt{5}\right)$$

Hat sich nun der ganze Aufwand gelohnt? Auf jeden Fall ermöglicht die Erweiterung des zugrunde gelegten Zahlbereichs hin zu den komplexen Zahlen eine einheitliche Betrachtungsweise des Lösungsprozesses. Auch nimmt uns die Zahlbereichserweiterung die Unsicherheit, bei Berechnungen mit nicht reellen Zwischenergebnissen falsche Endresultate zu erhalten. Allerdings bleibt bei praktischen Berechnungen eine Lücke, da es uns noch an einem Verfahren fehlt, einen Wurzelausdruck wie

$$\sqrt[3]{\frac{3}{2} + i\frac{19}{6}\sqrt{\frac{5}{3}}}$$

effektiv zu vereinfachen oder auch nur numerisch zu berechnen. Zumindest Letzteres ist allerdings relativ einfach möglich,[45] wenn man von einer in Polarkoordinaten vorliegenden Zahl ausgeht. Im Fall des *casus irreducibilis*, das heißt im Fall

$$\left(\frac{q}{2}\right)^2 + \left(\frac{p}{3}\right)^3 < 0 \,,$$

---

[45] Dagegen kann die zuerst angesprochene Lücke, dritte Wurzeln aus komplexen Zahlen algebraisch zu vereinfachen, das heißt Real- und Imaginärteil durch Wurzelausdrücke darzustellen, nicht geschlossen werden: Hat eine kubische Gleichung mit rationalen Koeffizienten drei reelle Lösungen, von denen keine rational ist, wie zum Beispiel
$$x^3 - 6x + 2 = 0,$$
so gibt es für diese reellen Lösungen keine geschachtelten Wurzelausdrücke mit rationalen Radikanden, deren Zwischenwerte alle reell sind. Siehe: B. L. van der Waerden, *Algebra I*, Berlin 1971, § 64.

wobei insbesondere der Koeffizient p negativ sein muss, sind die beiden Zahlen u^3 und v^3 zueinander konjugiert komplexe Zahlen der Form

$$-\frac{q}{2} \pm i \sqrt{-\left(\frac{q}{2}\right)^2 - \left(\frac{p}{3}\right)^3}\ .$$

Der Betrag dieser beiden Zahlen ist gleich

$$\sqrt{\left(\frac{q}{2}\right)^2 - \left(\frac{q}{2}\right)^2 - \left(\frac{p}{3}\right)^3} = \left(\sqrt{-\frac{p}{3}}\right)^3\ .$$

Der Winkel, den die beiden Zahlen innerhalb der komplexen Zahlenebene zur positiven Halbachse hin bilden, ergibt sich aus dem Quotienten von Realteil und dem Betrag. Konkret ist der „obere" Winkel gleich

$$\varphi = \arccos\left(\frac{-\frac{q}{2}}{\left(\sqrt{-\frac{p}{3}}\right)^3}\right) = \arccos\left(\frac{3q}{2p}\frac{1}{\sqrt{-\frac{p}{3}}}\right),$$

so dass man für die drei Lösungen der reduzierten kubischen Gleichung $x^3 + px + q = 0$ die Formeln

$$x_{j+1} = 2\sqrt{-\frac{p}{3}}\cos(\tfrac{1}{3}\varphi + j\tfrac{2\pi}{3}) \qquad \text{(für } j = 0,\, 1,\, 2)$$

erhält.

Mit Algebra hat eine solche Lösung auf der Basis von trigonometrischen Funktionen eigentlich nichts zu tun. Allerdings ist die Fragestellung, nämlich die Lösung einer kubischen Gleichung, zweifellos ein fundamentales algebraisches Problem. Darüber hinaus ist der beschriebene Lösungsweg des *casus irreducibilis* hervorragend dazu geeignet, den praktischen Umgang mit komplexen Zahlen zu erlernen.

Erstmals gefunden wurden die gerade beschriebenen Formeln von François Viète (1540–1603) im Jahr 1591; die posthume Veröffentlichung erfolgte 1615. Allerdings hat Viète in seiner Herleitung keine komplexen Zahlen verwendet, sondern auf direktem Weg die Gleichung für den Kosinus eines verdreifachten Winkels

$$\cos 3\psi = 4\cos^3\psi - 3\cos\psi$$

verwendet. Damit kann bei einer Gleichung der Form

$$y^3 - \tfrac{3}{4}y - \tfrac{1}{4}\cos 3\psi = 0$$

eine Lösung mittels $y = \cos \psi$ berechnet werden. Um auf dieser Basis eine kubische Gleichung der reduzierten Form $x^3 + px + q = 0$ zu lösen, nimmt man zunächst eine Transformation $x = sy$ vor, wobei der Parameter s so gewählt wird, dass die entstehende Gleichung

$$y^3 + \frac{p}{s^2}y + \frac{q}{s^3} = 0$$

die gewünschte Form annimmt. Dies ist für $s = 2\sqrt{-\tfrac{p}{3}}$ der Fall:

$$y^3 - \frac{3}{4}y - \frac{3q}{8p}\frac{1}{\sqrt{-\tfrac{p}{3}}} = 0$$

Eine Lösung der reduzierten kubischen Gleichung $x^3 + px + q = 0$ erhält man damit ausgehend von einem Winkel ψ mit

$$\cos 3\psi = \frac{3q}{2p}\frac{1}{\sqrt{-\tfrac{p}{3}}}$$

durch

$$x = 2\sqrt{-\tfrac{p}{3}}\cos \psi \, ,$$

wobei diese Vorgehensweise freilich nur funktioniert, sofern die Bedingungen

$$p < 0 \quad \text{und} \quad \left| \frac{3q}{2p}\frac{1}{\sqrt{-\tfrac{p}{3}}} \right| \le 1$$

erfüllt sind. Dabei ist die zweite Ungleichung äquivalent zu

$$\left(\tfrac{q}{2}\right)^2 + \left(\tfrac{p}{3}\right)^3 \le 0 \, .$$

Weiterführende Literatur zur Geschichte der komplexen Zahlen:

Paul J. Nahin, *An imaginary tale: The story of* $\sqrt{-1}$, Princeton 1998.

Lutz Führer, *Kubische Gleichungen und die widerwillige Entdeckung der komplexen Zahlen*, Praxis der Mathematik, **43** (2001), S. 57–67

Aufgaben

1. Leiten Sie Formeln her für den Real- und Imaginärteil der Quadratwurzel einer komplexen Zahl $a + bi$. Versuchen Sie außerdem, entsprechende Formeln für den Real- und Imaginärteil der dritten Wurzel einer komplexen Zahl zu finden. Erläutern Sie das dabei auftretende Problem.

2. Zeigen Sie, dass bei einer Polynomgleichung mit reellen Koeffizienten die zu einer Lösung konjugiert komplexe Zahl ebenfalls eine Lösung ist.

3. Welche der drei folgenden komplexen Zahlen sind Einheitswurzeln und welche nicht:

$$\tfrac{3}{11}\sqrt{7} + i\tfrac{2}{5}\sqrt{3}, \quad \tfrac{5}{7} + i\tfrac{2}{7}\sqrt{6}, \quad \tfrac{1}{2}\sqrt{2-\sqrt{3}} - i\tfrac{1}{2}\sqrt{2+\sqrt{3}}$$

3 Biquadratische Gleichungen

Gesucht ist eine Lösung der Gleichung $x^4 + 6x^2 + 36 = 60x$.

3.1. Auch die dritte Problemstellung ist klassisch und entstammt Cardanos Buch *Ars magna*.[46] Allerdings bereitete es Cardano Schwierigkeiten, solche biquadratischen Gleichungen überhaupt zu behandeln, da sie ihm keine geometrische Interpretation boten. Dazu bemerkte er im Vorwort: „Da *positio* auf eine Linie, *quadratum* auf eine Fläche und *cubum* auf einen Körper hinweisen, wäre es sehr töricht, über dieses hinauszugehen. Die Natur erlaubt es nicht".[47]

Dank seines Schülers Ludovico Ferrari (1522–1569) konnte Cardano aber in seiner *Ars magna* auch ein Verfahren zur Lösung biquadratischer Gleichungen beschreiben. Ferrari war es nämlich gelungen, biquadratische Gleichungen der Form

$$x^4 + px^2 + qx + r = 0$$

durch Addition zwei weiterer Terme zu den Potenzen x und x^2 so umzuformen, dass auf beiden Seiten ein Quadrat entsteht. Geringfügig abweichend von dem Weg, den Cardano in seinem Buch beschreibt, addiert man dazu am einfachsten unter Verwendung eines später noch geeignet auszuwählenden Wertes z auf beiden Seiten der Gleichung $2zx^2 + z^2$ und erhält dadurch

$$x^4 + 2zx^2 + z^2 = (2z - p)x^2 - qx + (z^2 - r).$$

Während die linke Seite bereits wie gewünscht die Form eines Quadrates $(x^2 + z)^2$ aufweist, ist das für die rechte Seite nicht zwangsläufig der Fall.

---

46 Cardano (Fn 26), Chapter XXXIX, Problem V. Die dort formulierte, auf Zuanne de Tonini da Coi (um 1530) zurückgehende Problemstellung lautet (siehe Bild 17): Teile 10 in drei proportionale Teile, von denen die ersten beiden das Produkt 6 ergeben. Wir bezeichnen mit x die zweite Zahl, die erste ist dann gleich $6/x$. Das Verhältnis der beiden ersten Zahlen, das gleich $x^2/6$ ist, gilt auch für die beiden letzten Zahlen, nämlich x und $x^3/6$. Dabei ist die Summe der drei Zahlen gleich 10: $6/x + x + x^3/6 = 10$.

47 Cardano (Fn 26), Chapter I, S. 9.

© Springer Fachmedien Wiesbaden GmbH, ein Teil von Springer Nature 2019
J. Bewersdorff, *Algebra für Einsteiger*,
https://doi.org/10.1007/978-3-658-26152-8_3

Allerdings kann die Größe z immer geeignet gewählt werden, wobei konkret die Bedingung

$$2\sqrt{2z-p}\,\sqrt{z^2-r} = -q$$

erfüllt sein muss. Durch beidseitiges Quadrieren erhält man aus dieser Bedingung zunächst

$$(2z-p)(z^2-r) = \frac{q^2}{4}$$

und damit schließlich die kubische Gleichung

$$z^3 - \frac{p}{2}z^2 - rz + \frac{pr}{2} - \frac{q^2}{8} = 0.$$

Hat man für diese Gleichung eine Lösung z, die so genannte **kubische Resolvente**, bestimmt, so ergeben sich die Lösungen der ursprünglichen biquadratischen Gleichung aus

$$x^2 + z = \pm\left(\sqrt{2z-p}\,x + \sqrt{z^2-r}\right).$$

Dabei sind die Vorzeichen der beiden Wurzeln so zu wählen, dass ihr Produkt entsprechend der formulierten Anforderung $-q/2$ ergibt. Die bestens vertraute Lösungsformel für quadratische Gleichungen liefert dann für jede der beiden Vorzeichenvarianten je zwei Lösungen. Insgesamt erhält man also die folgenden vier Lösungen:

$$x_{1,2} = \tfrac{1}{2}\sqrt{2z-p} \pm \sqrt{-\tfrac{1}{2}z - \tfrac{1}{4}p + \sqrt{z^2-r}}$$

$$x_{3,4} = -\tfrac{1}{2}\sqrt{2z-p} \pm \sqrt{-\tfrac{1}{2}z - \tfrac{1}{4}p - \sqrt{z^2-r}}$$

Anzumerken bleibt, dass Cardano in seiner *Ars magna* Ferraris Verfahren anhand von Beispielen auf Basis einer geometrischen Argumentation erläuterte, wobei seine Ergebnisse im späteren Verlauf der Berechnung fehlerhaft sind. Für die eingangs gestellte Aufgabe erhält man die kubische Resolvente mittels der Gleichung

$$z^3 - 3z^2 - 36z - 342 = 0,$$

die sich mit Hilfe der Transformation $z = y + 1$ in eine reduzierte kubische Gleichung überführen lässt:

$$y^3 - 39y - 380 = 0$$

Auf Basis der Resolvente

$$z = 1 + \sqrt[3]{190 + 3\sqrt{3767}} + \sqrt[3]{190 - 3\sqrt{3767}}$$

lassen sich schließlich Türme von Wurzelausdrücken finden, welche die ursprüngliche biquadratische Gleichung lösen.

De Arithmetica Lib. x. 74

Q*væstio v.

Exemplum. Fac ex 10 tres partes proportionales, ex quarum ductu primæ in secundam, producantur 6. Hanc proponebat Ioannes Colla, & dicebat solui non posse, ego uero dicebam, eam posse solui, modum tamē ignorabam, donec Ferrarius eum inuenit. Pones igitur mediam 1 positionem prima erit $\frac{6}{1\,pos.}$, & tertia erit $\frac{1}{6}$ cubi, quare hæc æquantur 10, ducendo omnia in 6 positiones, habebimus 60 positiones, æquales 1 qd'qdrato p: 6 quadratis p: 36, adde ex quinta regula, 6 quadrata utriqȝ parti, habebis 1 qd'qdratum p: 12 quadratis p: 36, æqualia 6 quadratis p: 60 positionibus, nam si æqualibus æqualia addatur, tota fient æqualia, habent autem 1 qd'qdratum p: 12 quadra-tis p: 36, radicem & est, 1 quadratū p: 6, quā si habe-rent 6 quadrata p: 60 positionibȝ' iam haberemus negocium, sed non habent, addendi igitur sunt tot qua-drati & numerus idem ex utracȝ parte, ut in priore relinquatur trino-mium habens radicem, in altero autem fiat, sit igitur numerus quadra-torum

| 1 qd'qd.p: 6 qd.p: 36 | æqualia 60 pos. |
| 6 qd. | 6 qd. |
| 1 qd'qd.p: 12 qd.p: 36 æqlia 6 qd. p: 60 pos. |
| 2 pos. | 1 qd.p: 12 pos. |

rorum 1 positio, & quia, ut uides in figura tertiæ regulæ, c l & m k, fiunt ex duplo g c in a b, & g c est 1 positio, ponam numerum qua-dratorum addendorum semper 2 positiones, id est duplū g c, & quia numerus addendus ad 36, est l n m, & ideo quadratum g c cum eo quod fit ex g c duplicato in c b, seu ex g c in duplum c b, & est 12, nu merus quadratorum priorum, ducam igitur 1 positionem, dimidium numeri qdratorum additorū, semper in numerum qdratorū priorū, & in se, & fient 1 qdratum p: 12 positionibus addenda ex alia parte, & etiam 2 positiones pro numero quadratorum, habemus igitur ite-rum ex communi animi sententia, quantitates infrascriptas, inuicem æquales, & utracȝ habent radicem, prima ex regula tertia, sed secun-da quantias ex suppo-sito, igitur ducta prima parte trinomij in ter-tiam, fit quadratum di-midiæ partis secundæ trinomij, quia igitur ex dimidio secundæ in se, fiunt 900, quadrata, & ex prima in tertiam, fiunt 2 cubi p: 30 quadratis p: 72 positionibus quadratorum, similiter erit deprimendo per alia æqualia per æqualia diuisa, producunt æqualia, ut 2 cu. p: 30 quadratis p: 72 positionibus æquantur 900, quare 1 cubus p: 15 quadratis p: 36 posi tionibus æquantur 450.

| 1 qd'qd.p: 2 pof.p: 12. qd* p: 1 qd.p: 12 | pof. additi numeri p: 36 æqualia. |
| 2 pof. 6 qdratorū.p: 60 pof.p: 1 qd. p: 12 | pof. numeri additi. |

Bild 17   Cardanos *Ars magna*: Der erste Teil der Lösung der Gleichung $x^4 + 6x^2 + 36 = 60x$ (siehe Fußnote 46 zur Aufgabenstellung links oben). Für die kubische Resolvente findet Cardano die Gleichung $u^3 + 15u^2 + 36u = 450$ (unten
rechts). Es ist $u = y + 5 = z + 4$.

Spätestens nun bestätigt sich das, was schon in der Einführung erläutert wurde, nämlich dass die hier hergeleiteten algebraischen Lösungsformeln völlig unzweckmäßig sind, wenn es nur darum geht, numerische Werte zu berechnen. Denn diese lassen sich mit universellen Iterationsverfahren deutlich schneller und einfacher berechnen: Für die eingangs angeführte

Gleichung erhält man dabei 3,09987..., 0,64440... sowie das Paar der zueinander konjugierten Zahlen $-1{,}87214... \pm i \cdot 3{,}81014...$

Im mathematischen Sinn ist das erzielte Ergebnis trotzdem irgendwie beeindruckend. Wer hätte schon a priori vermutet, dass dritte Wurzeln in der Lösungsformel für eine Gleichung vierten Grades auftauchen? Richtig betrachtet ist diese Tatsache aber doch nicht so überraschend, wie sie auf den ersten Blick erscheinen mag. So haben wir bereits bei kubischen Gleichungen eine vergleichbare Situation kennen gelernt: Ganz entsprechend so, wie die Cardanische Formel außer dritten Wurzeln auch Quadratwurzeln beinhaltet, so muss eine allgemeine Auflösungsformel für biquadratische Gleichungen angelegt sein. Anders könnte nämlich die allgemeine Lösungsformel eine spezielle Gleichung wie $x^4 - 2x = 0$ mit der Lösung $x_1 = \sqrt[3]{2}$ überhaupt nicht abdecken.

3.2. Da Ferraris Verfahren in der hier beschriebenen Version nur für biquadratische Gleichungen verwendet werden kann, bei denen die Unbekannte x nicht in der dritten Potenz auftaucht, muss noch ein Weg beschrieben werden, mit der eine allgemeine biquadratische Gleichung der Form

$$x^4 + ax^3 + bx^2 + cx + d = 0$$

in eine Gleichung der reduzierten Form

$$y^4 + py^2 + qy + r = 0$$

transformiert werden kann. Ganz ähnlich wie im Fall der kubischen Gleichung ist das dadurch möglich, dass man die Unbekannte x durch

$$x = y - \frac{a}{4}$$

substituiert, wobei sich die beiden entstehenden Terme zur Potenz y^3 gegenseitig aufheben:

$$x^4 + ax^3 + bx^2 + cx + d = y^4 + py^2 + qy + r$$

Dabei sind – wie schon bei der entsprechenden Substitution für kubische Gleichungen – die Koeffizienten der reduzierten Gleichung aus denen der ursprünglichen Gleichung mittels polynomialer Ausdrücke berechenbar.

Im Vergleich zu kubischen Gleichungen werden die biquadratischen Gleichungen von Cardano deutlich kürzer abgehandelt. Ein Grund für diese Tatsache dürfte sein, dass die ausschließliche Verwendung von positiven Koeffizienten zu einer Fallunterscheidung von 20 von Cardano aufgelisteten Typen von biquadratischen Gleichungen führt (siehe Bild 18). Abgesehen davon sind, wie bereits angemerkt, die Ergebnisse derart kompliziert, dass sie für praktische Anwendungen kaum nutzbar sind.

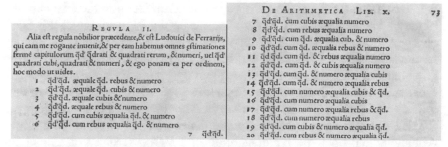

Bild 18   Die nach Cardano notwendigen 20 Fallunterscheidungen bei biquadratischen Gleichungen.

Weiterführende Literatur zum Thema biquadratische Gleichungen:

Ludwig Matthiessen, *Grundzüge der antiken und modernen Algebra der litteralen Gleichungen*, Leipzig 1896.

Heinrich Dörrie, *Kubische und biquadratische Gleichungen*, München 1948.

Aufgaben

1. Bestimmen Sie alle vier Lösungen der in der Einführung als Beispiel angeführten Gleichung

$$x^4 - 8x + 6 = 0.$$

2. Bestimmen Sie die vier Lösungen der Gleichung

$$x^4 + 8x^3 + 24x^2 - 112x + 52 = 0.$$

4 Gleichungen n-ten Grades und ihre Eigenschaften

Gesucht ist eine Gleichung, welche die Zahlen 1, 2, 3, 4 und 5 als Lösungen besitzt.

4.1. Historisch weckten die Erfolge bei der Auflösung der kubischen und biquadratischen Gleichung fast zwangsläufig den Wunsch, auch für Gleichungen höherer Grade Lösungsformeln zu finden. Damit verbunden entwickelte sich ein Interesse dafür, die prinzipiellen Eigenschaften von Gleichungen noch besser und vor allem systematischer zu studieren. In diesem Zusammenhang wurde auch die hier wiedergegebene Aufgabe gestellt und gelöst. Sie ist zu finden in dem 1615 posthum erschienenen Werk *De aequationum recognitione et emendatione Tractatus duo* (Zwei Abhandlungen über die Untersuchung und Verbesserung von Gleichungen) von François Viète.

Neben der Schaffung einer bereits zweckmäßigeren Symbolik legte Viète in seinem Buch ausführlich dar, welche Transformationen bei Gleichungen zulässig sind, ohne dass die Lösungen verändert werden. Auch fand Viète einen Weg, wie man Gleichungen konstruieren kann, die vorgegebene Zahlen $x_1, x_2, ..., x_n$ als Lösungen besitzen. Im Fall von zwei vorgegebenen Lösungen x_1 und x_2 reicht dazu eine quadratische Gleichung, nämlich

$$x^2 - (x_1 + x_2)x + x_1 x_2 = 0 \, .$$

Bei drei vorgegebenen Lösungen x_1, x_2 und x_3 erfüllt die kubischen Gleichung

$$x^3 - (x_1 + x_2 + x_3)x^2 + (x_1 x_2 + x_1 x_3 + x_2 x_3)x - x_1 x_2 x_3 = 0$$

die gewünschten Anforderungen. Entsprechend sind die vier Zahlen x_1, x_2, x_3 und x_4 Lösungen der folgenden biquadratischen Gleichung:

© Springer Fachmedien Wiesbaden GmbH, ein Teil von Springer Nature 2019
J. Bewersdorff, *Algebra für Einsteiger*,

$$x^4 - (x_1 + x_2 + x_3 + x_4)x^3$$
$$+ (x_1x_2 + x_1x_3 + x_2x_3 + x_1x_4 + x_2x_4 + x_3x_4)x^2$$
$$- (x_1x_2x_3 + x_1x_2x_4 + x_1x_3x_4 + x_2x_3x_4)x + x_1x_2x_3x_4 = 0$$

CAPVT XIV.

Collectio quarta.

THEOREMA I.

SI B̄+D in A—A quad., æquetur B in D: A explicabilis eſt de qualibet il-larum duarum B vel D.

3N —1Q, *æquetur* 2. *fit* 1 N 1, *vel* 2.

THEOREMA II.

Si A cubus —B—D—G in A quad. ⊣ B in D ⊣ B in G ⊣ D in G in A , æque-tur B in D in G: A explicabilis eſt de qualibet illarum trium B, D, vel G.

1C—6Q+ 11N, *æquatur* 6. *Fit* 1 N 1, 2, *vel* 3.

THEOREMA III.

Si B̄ in D in G ⊣ B in D in H ⊣ B in G in H ⊣ D in G in H in A —B in D—B in G —B in H—D in G— D in H— G in H in A quad. ⊣ B ⊣ D ⊣ G ⊣ H in A cu-bum—A quad.quad.,æquetur B in D in G in H: A explicabilis eſt de qualibet illarum quatuor B, D, G H.

50N—35Q+ 10C—1Q Q. *æquatur* 24. *fit* 1N 1, 2, 3, *vel* 4.

THEOREMA IV.

Si A quadrato-cubus —B—D—G—H—K in A quad. quad. ⊣ B in D ⊣ B in G ⊣ B in H ⊣ B in K ⊣ D in G ⊣ D in H ⊣ D in K ⊣ G in H ⊣ G in K ⊣ H in K in A cubum —B in D in G—B in D in H—B in D in K — B in G in H—B in G in K —B in H in K—D in G in H —D in G in K— D in H in K—G in H in K in A quad. ⊣ B in D in G in H ⊣ B in D in G in K ⊣ B in D in H in K⊣ B in G in H in K ⊣ D in G in H in K in A , æquetur B in D in G in H in K: A explicabilis eſt de qualibet il-larum quinque B, D, G, H, K.

1QC—15QQ+85C—225Q+174N, *æquatur* 120. *Fit* 1 N 1, 2, 3, 4, *vel* 5.

Atque hæc elegans & perpulchræ ſpeculationis ſylloge, tractatui alioquin effuſo, finem aliquem & Coronida tandem imponito.

Bild 19 Auszug aus *De aequationum recognitione et emendatione Tractatus duo*, hier in der Version der 1646 erschienenen Werke von Viète, DOI: 10.3931/e-rara-9151. Die Buch-staben B, D, G, H und K stehen für die Lösungen; A steht für die Unbekannte. Die Gleichung zu den Lösungen 1, 2, 3, 4 und 5, nämlich 1QC − 15QQ + 85C − 225Q + 274N, equatur 120, findet sich in der drittletzten Zeile. Die No-tation verwendet bereits Plus- und Minuszeichen.

Schließlich führte Viète noch an, wie man eine Gleichung fünften Grades passend zu den vorgegebenen Lösungen x_1, x_2, x_3, x_4 und x_5 findet:

$$x^5 - (x_1 + x_2 + x_3 + x_4 + x_5)x^4$$
$$+ (x_1 x_2 + x_1 x_3 + x_2 x_3 + x_1 x_4 + x_2 x_4$$
$$+ x_3 x_4 + x_1 x_5 + x_2 x_5 + x_3 x_5 + x_4 x_5)x^3$$
$$- (x_1 x_2 x_3 + x_1 x_2 x_4 + x_1 x_3 x_4 + x_2 x_3 x_4 + x_1 x_2 x_5$$
$$+ x_1 x_3 x_5 + x_2 x_3 x_5 + x_1 x_4 x_5 + x_2 x_4 x_5 + x_3 x_4 x_5)x^2$$
$$+ (x_1 x_2 x_3 x_4 + x_1 x_2 x_3 x_5 + x_1 x_2 x_4 x_5 + x_1 x_3 x_4 x_5 + x_2 x_3 x_4 x_5)x$$
$$- x_1 x_2 x_3 x_4 x_5 = 0$$

Viètes Beispiel zur letzten Aussage ist die eingangs gestellte Aufgabe. Für sie gibt er die Gleichung

$$x^5 - 15x^4 + 85x^3 - 225x^2 + 274x - 120 = 0$$

an, wobei er aber das Absolutglied auf die rechte Gleichungsseite schreibt (siehe Bild 19).

Einzig die offenkundig auszumachende Symmetrie verhindert, dass man bei Viètes Formeln jeglichen Überblick verliert. Zwar ist eine Nachprüfung des **Vieta'schen Wurzelsatzes**, wie die aufgelisteten Gesetzmäßigkeiten auch genannt werden (der Begriff Wurzel wird häufig als Synonym für Lösung gebraucht), durch simples Einsetzen der vorgegebenen Lösungen möglich. Viel interessanter aber ist die Frage, wie man solche Aussagen – auch für mehr als fünf vorgegebene Lösungen – erhält. Auch dies ist keinesfalls schwer und wurde erstmals zu Beginn des siebzehnten Jahrhunderts beschrieben, und zwar zunächst von Albert Girard (1595–1632) und Thomas Harriot (1560–1621), deren Darlegungen allerdings kaum beachtet wurden. Mehr Verbreitung fand allerdings die Darstellung von René Descartes (1596–1650) in seinem 1637 erschienen Werk *La Géometrie*:[48] Ist zu den vorgegebenen Zahlen x_1, x_2, ..., x_n eine Glei-

---

48   Als Teil des anonymen Werks *Discours de la méthode pour bien conduire sa raison, et chercher la vérité dans les sciences*, Leiden 1637. Siehe Bild 20. Spätere Ausgabe: *La géométrie de René Descartes*, Paris 1664, DOI: 10.3931/e-rara-21163.

chung gesucht, die diese Zahlen als Lösungen besitzt, so kann man einfach die Gleichung

$$(x - x_1)(x - x_2)...(x - x_n) = 0$$

nehmen. Für diese Gleichung ist es natürlich offensichtlich, dass die Zahlen $x_1, x_2, ..., x_n$ Lösungen sind und dass es keine anderen Lösungen gibt. Man braucht also nur die Terme auszumultiplizieren und erhält dann eine Gleichung mit der gewünschten Eigenschaft.

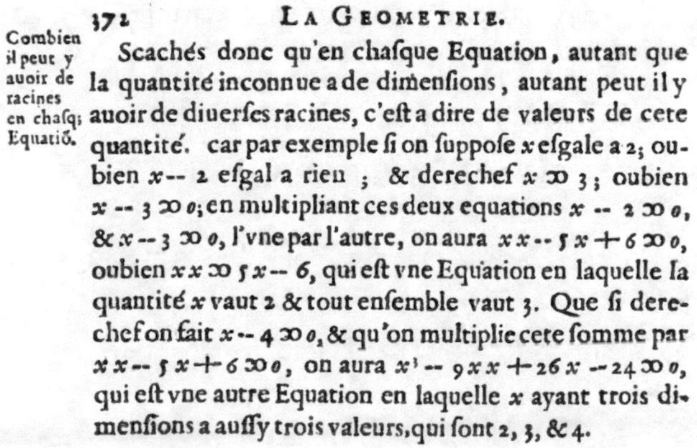

> **372**   LA GÉOMETRIE.
>
> Combien il peut y auoir de racines en chafq; Equatió.
>
> Scachés donc qu'en chafque Equation, autant que la quantité inconnue a de diménfions, autant peut il y auoir de diuerfes racines, c'eft a dire de valeurs de cete quantité. car par exemple fi on fuppofe *x* efgale a 2; oubien *x* -- 2 efgal a rien ; & derechef *x* ∞ 3; oubien *x* -- 3 ∞ *o*; en multipliant ces deux equations *x* -- 2 ∞ *o*, & *x* -- 3 ∞ *o*, l'vne par l'autre, on aura *x x* -- 5 *x* + 6 ∞ *o*, oubien *x x* ∞ 5 *x* -- 6, qui eft vne Equation en laquelle la quantité *x* vaut 2 & tout enfemble vaut 3. Que fi derechef on fait *x* -- 4 ∞ *o*, & qu'on multiplie cete fomme par *x x* -- 5 *x* + 6 ∞ *o*, on aura *x*¹ -- 9 *x x* + 26 *x* -- 24 ∞ *o*, qui eft vne autre Equation en laquelle *x* ayant trois diménfions a auffy trois valeurs,qui font 2, 3, & 4.

Bild 20   Descartes' *La Géometrie* (siehe Fußnote 48): S. 372 bzw. S. 78: Gleichung mit den Lösungen 2, 3 und 4.

Insbesondere erklärt der Vieta'sche Wurzelsatz auch eine bereits von Cardano in seiner *Ars magna* niedergeschriebene Beobachtung. Dieser hatte für einige Gleichungen der Form $x^3 + bx = ax^2 + c$ drei Lösungen gefunden und bemerkt, dass die Summe der Lösungen jeweils mit dem Koeffizienten a des quadratischen Terms übereinstimmen.[49] Eine Erklärung für diese Tatsache dürfte für Cardano allerdings schwierig gewesen sein, da dies letztlich den Gebrauch von negativen Zahlen voraussetzt, um die Gleichung in eine Form zu bringen, bei der auf der rechten Gleichungsseite nur die Null steht.

4.2 Descartes erörterte auch das Problem, ob und unter welchen Umständen die linke Seite einer Gleichung

---

[49] Cardano (Fn 26), Chapter I, Gleichung $x^3 + 72 = 11x^2$.

$$x^n + a_{n-1}x^{n-1} + \ldots + a_1 x + a_0 = 0$$

in ein Produkt der Form $(x - x_1)(x - x_2)\ldots(x - x_n)$ zerlegt werden kann. Liegt eine solche Zerlegung in so genannte **Linearfaktoren** vor, sind offensichtlich alle Lösungen bekannt. Aber auch umgekehrt, so Descartes, erhält man mit jeder Lösung einen Teilschritt hin zu einer Zerlegung in Linearfaktoren. Ist beispielsweise eine Lösung x_1 bekannt, so kann man innerhalb des auf der linken Gleichungsseite stehenden Polynoms die Unbekannte x durch $x_1 + (x - x_1)$ ersetzen. Entwickelt man nun die Potenzen $(x_1 + (x - x_1))^k$ nach Potenzen von x_1 und $(x - x_1)$, so findet man, dass sich der Faktor $(x - x_1)$ abspalten lässt:

$$x^n + a_{n-1}x^{n-1} + \ldots + a_1 x + a_0$$
$$= (x - x_1)^n + b_{n-1}(x - x_1)^{n-1} + \ldots + b_1(x - x_1) + b_0$$

mit $\qquad\qquad b_0 = x_1^n + a_{n-1}x_1^{n-1} + \ldots + a_1 x_1 + a_0 = 0$.

Daher ergibt sich nun wie gewünscht:

$$x^n + a_{n-1}x^{n-1} + \ldots + a_1 x + a_0$$
$$= (x - x_1)\Big((x - x_1)^{n-1} + b_{n-1}(x - x_1)^{n-2} + \ldots + b_1\Big)$$
$$= (x - x_1)(x^{n-1} + c_{n-2}x^{n-2} + \ldots + c_0)$$

Letztlich ist uns damit nichts anderes als eine Polynomdivision durch den Faktor $(x - x_1)$ gelungen, wobei alle Koeffizienten $c_0, c_1, \ldots, c_{n-2}$ des entstehenden Polynoms aus denen der ursprünglichen Gleichung und der Lösung x_1 mittels Addition und Multiplikation berechnet werden können.

Findet man weitere Lösungen, kann der beschriebene Prozess der Abspaltung von Linearfaktoren fortgesetzt werden. Bei einer Gleichung n-ten Grades ist aber spätestens nach der n-ten Lösung keine weitere Abspaltung mehr möglich. Daher kann, wie schon Descartes formulierte, eine Gleichung n-ten Grades höchstens n Lösungen haben.

4.3. Wenn die Zahl der Lösungen bei einer Gleichung n-ten Grades höchstens gleich n sein kann, dann stellt sich natürlich sofort die Frage, wie klein diese Anzahl unter Umständen sein kann. Dabei ist klarzustellen, dass damit nicht etwa die Anzahl der *verschiedenen* Lösungen gemeint ist, denn offensichtlich hat eine Gleichung wie zum Beispiel $x^n = 0$ nur eine einzige Lösung, nämlich 0. Mit der „Anzahl der Lösungen" ist vielmehr die Anzahl der Linearfaktoren gemeint. Wir fragen also nach der Anzahl von Linearfaktoren, die sich bei einer Gleichung n-ten Grades mindestens abspalten lassen, wobei durchaus einige der Linearfaktoren identisch sein können – man spricht dann von so genannten **mehrfachen Lösungen**.[50]

Die Möglichkeit, Linearfaktoren zu gefundenen Lösungen abzuspalten, erlaubt auch eine Aussage über ihre Mindestanzahl: Sollte es keine Gleichung n-ten Grades ohne Lösung geben, dann kann bei jeder Gleichung ein Linearfaktor abgespalten werden. Und da die verbleibende Gleichung, sofern ihr Grad mindestens gleich 1 ist, wiederum eine Lösung haben muss, kann der Prozess sogleich weiter fortgesetzt werden, und zwar so lange, bis die ganze Gleichung gänzlich in Linearfaktoren zerlegt ist. Das heißt: Kann bewiesen werden, dass jede Gleichung n-ten Grades mindestens eine Lösung besitzt, dann gibt es sogar stets n Lösungen, wobei jede mehrfache Lösung mit ihrer Vielfachheit gezählt wird.

Schon vor Descartes hatte Albert Girard 1629 vermutet, dass eine Gleichung mit komplexen Koeffizienten immer eine ihrem Grad entsprechende Anzahl von komplexen Lösungen besitzt. Trotz mehrfacher Versuche von verschiedenen Mathematikern gelang ein lückenloser Beweis dieses so genannten **Fundmentalsatzes der Algebra** aber erst 1799 Carl Friedrich Gauß. Mit diesem Nachweis bestätigt sich – zumindest aus algebraischer Sicht – zugleich die Zweckmäßigkeit der komplexen Zahlen, da die Notwendigkeit einer nochmaligen Erweiterung des Zahlbereichs nicht gegeben ist.

Die Bezeichnung „Fundamentalsatz der Algebra" ist übrigens historisch zu verstehen und aus heutiger Sicht eher missverständlich. Denn eigentlich ist dieser Satz in seiner Natur überhaupt nicht algebraisch, das heißt, er basiert nur zu einem geringen Teil auf denjenigen Eigenschaften, welche die vier (Grundrechen-)Operationen im Bereich der komplexen Zahlen besitzen. Viel entscheidender sind dagegen die Eigenschaften der komplexen Zahlen, die auf dem Abstandsbegriff aufbauen – gemeint sind Thematiken wie Konvergenz, Stetigkeit und so weiter. Ein Vergleich mit

---

[50] Bereits Cardano hat solche mehrfache Lösungen behandelt. Siehe Cardano (Fn 26), Chapter I, Gleichung $x^3 + 16 = 12x$.

einer ähnlichen Erscheinung im Bereich der reellen Zahlen mag dies erläutern:

Der Graph des als reellwertige Funktion aufgefassten Polynoms $x^3 - 2$ verläuft im Koordinatensystem von „links unten" nach „rechts oben". Daher „muss" er die x-Achse zwangsläufig an mindestens einer Stelle schneiden. Das heißt, das untersuchte Polynom – und entsprechend jedes andere Polynom mit ungeradem Grad – hat mindestens eine Nullstelle. Was so einfach und selbstverständlich aussieht, ist in der Infinitesimalrechnung Gegenstand sehr grundlegender Überlegungen, die im so genannten Zwischenwertsatz ihre Zusammenfassung finden. Dabei sind zwei Eigenschaften der beteiligten Objekte entscheidend:

- Zum einen ist die durch das Polynom definierte Funktion stetig, besitzt also keine Sprungstelle, sondern verändert ihren Wert überall weniger als jede vorgegebene Obergrenze, sofern die Änderung des Arguments x entsprechend eingegrenzt wird.

- Zum anderen besitzt der Zahlbereich der reellen Zahlen keine „Lücken", wie es beispielsweise bei den rationalen Zahlen der Fall ist: Zwar können durchaus zu jeder Position auf dem Zahlenstrahl unendlich viele rationale Zahlen gefunden werden, die beliebig nahe bei dieser vorgegebenen Zahl liegen, jedoch gibt es trotzdem Grenzwertprozesse, die aus dem Bereich der rationalen Zahlen herausführen. Einfache Beispiele erhält man, wenn man aus der Dezimalzifferndarstellung einer irrationalen Zahl wie $\sqrt{2}$ eine Folge

$$1; \quad 1{,}4; \quad 1{,}41; \quad 1{,}414; \quad 1{,}4142; \quad ...$$

bildet. Wichtig ist nun, dass vergleichbare Konstruktionen im Zahlbereich der reellen Zahlen nicht möglich sind.

Ein Beweis des Fundamentalsatzes der Algebra basiert nun abgesehen von der Stetigkeit polynomialer Funktionen auf den beiden entscheidenden Eigenschaften der komplexen Zahlen, nämlich der Vollständigkeit genannten „Lückenlosigkeit" sowie der Existenz einer Zahl i, welche die Gleichung $i^2 = -1$ erfüllt. Im Kasten „Der Fundamentalsatz der Algebra: Plausibilität und Beweis" (siehe Seite 55) wird sowohl eine Plausibilitätsbetrachtung als auch die Skizze eines exakten Beweises beschrieben.

Der Fundamentalsatz der Algebra: Plausibilität und Beweis

Wie im Haupttext dargelegt, reicht es, die folgende Aussage zu beweisen:

> SATZ. Ein Polynom mit komplexen Koeffizienten, dessen Grad mindestens gleich 1 ist, hat mindestens eine komplexe Nullstelle.

Wir beginnen mit einer Plausibilitätsbetrachtung, die entscheidenden Gebrauch macht von den Eigenschaften der Betragsfunktion für komplexe Zahlen $|a + bi| = \sqrt{a^2 + b^2}$: Für zwei beliebige komplexe Zahlen z_1 und z_2 gilt einerseits die so genannte Dreiecksungleichung $|z_1 + z_2| \leq |z_1| + |z_2|$ sowie andererseits die Identität $|z_1 z_2| = |z_1| \, |z_2|$. Das hat zur Folge, dass bei einem mit den komplexen Koeffizienten $a_{n-1}, \ldots, a_1, a_0$ gegebenen Polynom

$$f(z) = z^n + a_{n-1} z^{n-1} + \ldots + a_1 z + a_0$$

der Funktionswert $f(z)$ für betragsmäßig genügend große Argumente z im Wesentlichen durch den Summanden z^n bestimmt wird. Konkret gilt für eine komplexe Zahl z mit

$$|z| \geq R := 1 + 2\left(|a_{n-1}| + \ldots + |a_1| + |a_0|\right)$$

die Ungleichung

$$\left|a_{n-1} z^{n-1} + \ldots + a_1 z + a_0\right|$$

$$\leq |a_{n-1}| \, |z|^{n-1} + \ldots + |a_1| \, |z| + |a_0|$$

$$\leq \left(|a_{n-1}| + \ldots + |a_1| + |a_0|\right) |z|^{n-1} \leq \left(\tfrac{1}{2} R\right) |z|^{n-1} \leq \tfrac{1}{2} |z|^n = \tfrac{1}{2} |z^n|.$$

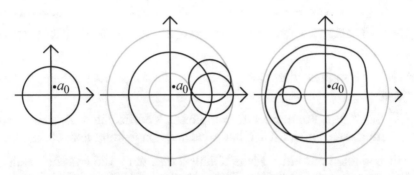

Bild 21   Ein Umlauf auf einem Kreis mit genügend großem Radius um den Nullpunkt (links) wird durch ein Polynom n-ten Grades in einen n-maligen Umlauf innerhalb eines Kreisrings mit 0 im Zentrum abgebildet (rechts). Das mittlere Teilbild zeigt die Kurve zur höchsten Potenz z^n und an zwei beispielhaften Stellen deren maximale „Störung" durch die Polynomterme zu den niedrigeren Potenzen.

Wir wollen uns nun überlegen, wie die Bewegung einer komplexen Zahl z auf einem Kreis mit Radius R um den Nullpunkt durch das Polynom $f(z)$ transformiert wird. Bei dem Anteil z^n ist alles klar, da aufgrund der Moivre'schen Formel ein Umlauf auf dem Kreis mit Radius R in n Umläufe auf dem Kreis mit dem Radius R^n um den Nullpunkt abgebildet wird (im mittleren Teil von Bild 21 ist dieser Kreis durchgezogen dargestellt). Die restlichen Terme des Polynoms verändern dieses Ergebnis, wie wir eben gesehen haben, vergleichweise wenig, so dass es beim Funktionswert $f(z)$ zu einem n-maligen Umlauf innerhalb eines Kreisrings mit 0 als Zentrum und dem Innenradius $\frac{1}{2}R^n$ sowie dem Außenradius $\frac{3}{2}R^n$ kommt (im mittleren Teil von Bild 21 sind beispielhaft zwei Begrenzungskreise für die restlichen Terme dargestellt; der begrenzende Kreisring ist sowohl im mittleren wie im rechten Teilbild grau eingezeichnet).

Was passiert aber nun, wenn der Radius des Ausgangskreises variiert wird? Unabhängig von Details ist es für uns einzig wichtig, dass „alles stetig ist". Da wir auf eine Präzisierung im Rahmen der Plausibilitätsbetrachtung bewusst verzichten wollen, beschränken wir uns auf eine verbale Beschreibung der Konsequenzen: Unabhängig vom Radius des Ausgangskreises, den der Punkt z durchläuft, bilden die entsprechenden Bildpunkte $f(z)$ stets eine geschlossene Kurve, die nirgends eine „Lücke" aufweist. Außerdem können die Änderungen, welche die Kurve bei einer Veränderung des Radius des Ausgangskreises erfährt, beliebig klein gehalten werden, wenn die Veränderung des Radius nur genügend beschränkt wird.

Und noch eine Tatsache ist offenkundig: Bei einem Radius 0 ergibt sich nur ein einziger Bildpunkt, nämlich a_0, der nach Konstruktion innerhalb des Innenkreises mit Radius $\frac{1}{2} R^n$ liegt.

Und nun kommt schließlich, ähnlich wie beim entsprechenden Satz für reelle Polynome ungeraden Grades, das entscheidende Stetigkeitsargument: Zieht man den Kreis, auf dem sich z bewegt, ausgehend vom Radius R langsam auf den Nullpunkt zusammen, so zieht sich die Bildkurve ausgehend von einer n-fachen Umrundung des Nullpunktes auf den Punkt a_0 zusammen. Dabei muss der Nullpunkt irgendwann einmal getroffen werden. Daher besitzt das Polynom $f(z)$ im Kreis mit Radius R mindestens eine – und damit sogar n – komplexe Nullstellen.

Da es gar nicht so einfach ist, die gerade erläuterte, plausibel erscheinende Argumentation wirklich „wasserdicht" zu machen, werden wir bei der angekündigten Präsentation eines exakten Beweises einen ganz anderen Weg beschreiten, der erstmals 1815 von Jean Robert Argand (1768–1822) beschritten wurde und wenige Jahre später von Augustin-Louis Cauchy (1789–1857) vereinfacht wurde.

Wir haben bereits gesehen, dass die Funktionswerte $f(z)$ des Polynoms außerhalb eines genügend großen Kreises betragsmäßig den Wert $|f(0)| = |a_0|$ übersteigen. Das Minimum der reellwertigen Funktion $|f(z)|$ ist daher innerhalb des Kreises zu finden und wird dort – so ein Satz über die Extremwerte von stetigen, reellwertigen Funktionen (mehrerer Veränderlicher) – an einer Stelle angenommen, die wir mit z_0 bezeichnen. Eine Entwicklung des Polynoms nach z_0 besitzt die Form

$$f(z) = b_0 + b_m (z - z_0)^m + b_{m+1}(z - z_0)^{m+1} + \ldots + b_n (z - z_0)^n,$$

wobei der Index $m \geq 1$ so gewählt ist, dass $b_m \neq 0$ ist. Außerdem können wir $b_0 \neq 0$ annehmen, da ansonsten bereits eine Nullstelle gefunden ist.

Man bestimmt nun – beispielsweise mit der Moivre'schen Formel – eine komplexe Zahl w mit der Eigenschaft

$$w^m = -\frac{b_0}{b_m}$$

und bildet dann auf Basis einer noch später zu wählenden positiven, kleinen Zahl $0 < \varepsilon < 1$ das Argument $z_1 = z_0 + \varepsilon w$. Für den zugehörigen Funktionswert $f(z_1)$ findet man nun:

$$f(z_1) = b_0 - b_m \varepsilon^m \frac{b_0}{b_m} + b_{m+1} \varepsilon^{m+1} w^{m+1} + \ldots + b_n \varepsilon^n w^n$$

$$= (1 - \varepsilon^m) b_0 + b_{m+1} \varepsilon^{m+1} w^{m+1} + \ldots + b_n \varepsilon^n w^n$$

Diese Gleichung erlaubt nun eine Abschätzung für den Betrag $|f(z_1)|$:

$$\left| f(z_1) \right| \leq (1 - \varepsilon^m) \left| b_0 \right| + \varepsilon^{m+1} \left(\left| b_{m+1} w^{m+1} \right| + \ldots + \left| b_n w^n \right| \right)$$

$$= \left| b_0 \right| \left((1 - \varepsilon^m (1 - \varepsilon B)) \right),$$

wobei der Quotient $B = (|b_{m+1} w^{m+1}| + \ldots + |b_n w^n|)/|b_0|$ nur von den Koeffizienten $b_0, b_m, \ldots, b_n$ und der darauf aufbauenden Wahl der Zahl w abhängt. Dabei kann der Wert $\varepsilon > 0$ offensichtlich so klein gewählt werden, dass $1 - \varepsilon B$ positiv ist. Und bei einer solchen Wahl wird zugleich das vermeintlich in z_0 erreichte Minimum nochmals unterboten: $|f(z_1)| < |b_0| = |f(z_0)|$. Der Widerspruch löst sich erst auf, wenn die Annahme $b_0 \neq 0$ aufgegeben wird.

Es bleibt noch anzumerken, dass die schönsten und kürzesten Beweise des Fundamentalsatzes der Algebra auf grundlegenden Sätzen der so genannten Funktionentheorie, wie die Infinitesimalrechnung für den Bereich der komplexen Zahlen bezeichnet wird, beruhen.

Weiterführende Literatur zu Gleichungen *n*-ten Grades und ihren Eigenschaften:

H.-W. Alten (u.a.), *4000 Jahre Algebra*, Berlin 2003.

Erhard Scholz (Hrsg.), *Geschichte der Algebra*, Mannheim 1990.

Jacqueline Stedall, *From Cardano's great art to Lagrange's reflections*, Zürich 2011.

Aufgaben

1. Zeigen Sie, dass die nicht-reellen Nullstellen eines Polynoms mit reellen Koeffizienten jeweils paarweise zueinander konjugiert komplexe Zahlen sind.

2. Konstruieren Sie ein Polynom *n*-ten Grades, das an *n* vorgegebenen, voneinander verschiedenen Stellen x_1, ..., x_n die beliebig vorgegebenen Werte y_1, ..., y_n annimmt.

Hinweis: Man untersuche für $j = 1$, ..., n zunächst die Polynome der Form

$$g_j(x) = \prod_{\substack{i=1,\dots,n \\ i \neq j}} \frac{(x - x_i)}{(x_j - x_i)}$$

an den Stellen $x = x_1$, ..., x_n. Die darauf aufbauende Lösung der gestellten Aufgabe wird übrigens auch als **Lagrange'sche Interpolationsformel** bezeichnet.

5 Die Suche nach weiteren Auflösungsformeln

Gibt es einen gemeinsamen „Bauplan" für die Lösungsformeln der Gleichungen bis zum vierten Grad?

5.1. Die von Cardano veröffentlichten Verfahren zur Auflösung von kubischen und biquadratischen Gleichungen markieren den Beginn einer historischen Periode, in der es vielfältige Versuche gegeben hat, eine allgemeine Formel zur Lösung von Gleichungen fünften Grades zu finden. Für dieses Ziel war es natürlich naheliegend, nach Gemeinsamkeiten der bereits gefundenen Lösungsverfahren zu suchen. Dabei konnten im Fall der biquadratischen Gleichung sogar diverse Alternativen zu Ferraris Lösungsmethode mit einbezogen werden, die mit anderen Äquivalenzumformungen und anderen Zwischenergebnissen zu letztlich übereinstimmenden Resultaten führen.[51]

Zwar garantiert der Fundamentalsatz der Algebra bei einer gegebenen Gleichung n-ten Grades die Existenz von n komplexen Lösungen, allerdings gibt er keinerlei Anhaltspunkte dafür, wie die Lösungen berechnet werden können. Immerhin kann aber auf Basis des Fundamentalsatzes der Algebra das Ziel, eine allgemeine Lösungsformel für die Gleichung n-ten Grades zu finden, derart umformuliert werden, dass ein systematischer Ansatz möglich wird: Da bei jeder Gleichung der Form

$$x^n + a_{n-1}x^{n-1} + \ldots + a_1 x + a_0 = 0$$

die linke Seite in Linearfaktoren

$$x^n + a_{n-1}x^{n-1} + \ldots + a_1 x + a_0 = (x - x_1)(x - x_2)\ldots(x - x_n)$$

zerlegbar ist, kann die gegebene Gleichung n-ten Grades in ein äquivalentes Gleichungssystem transformiert werden, das dem Vieta'schen Wurzelsatz entspricht. Konkret sind zu gegebenen komplexen Koeffizienten

---

[51] Die wohl umfassendste Zusammenstellung solcher Verfahren gibt Ludwig Matthiessen, *Grundzüge der antiken und modernen Algebra der litteralen Gleichungen*, Leipzig 1896.

© Springer Fachmedien Wiesbaden GmbH, ein Teil von Springer Nature 2019
J. Bewersdorff, *Algebra für Einsteiger*,

a_{n-1}, ..., a_1, a_0 komplexe Zahlen x_1, x_2, ..., x_n gesucht, welche das Gleichungssystem

$$x_1 + x_2 + \cdots + x_n = -a_{n-1}$$
$$x_1 x_2 + x_1 x_3 + \cdots + x_{n-1} x_n = a_{n-2}$$
$$\cdots$$
$$x_1 x_2 \cdots x_{n-1} x_n = (-1)^n a_0$$

erfüllen. Dabei werden die in den Lösungen x_1, x_2, ..., x_n symmetrischen Ausdrücke auf der linken Seite der Gleichungen **elementarsymmetrische Polynome** genannt. Da es keine natürlich vorgegebene Nummerierung der Lösungen gibt, ist das n-Tupel der Lösungen (x_1, x_2, ..., x_n) nicht eindeutig bestimmt. Aber nicht nur die Lösungen konkret gegebener Gleichungen mit explizit bekannten Koeffizienten lassen sich auf Basis des Vieta'schen Wurzelsatzes neu interpretieren. Man kann sogar die Lösungen x_1, x_2, ..., x_n allesamt als Variablen ansehen! Die Suche nach einer allgemeinen Lösungsformel entspricht bei dieser *völlig neuen* Sichtweise der Aufgabe, die *Variablen* x_1, x_2, ..., x_n aus den elementarsymmetrischen *Polynomen* a_{n-1}, ..., a_1, a_0 zu bestimmen. Diese Interpretation wird meist als **allgemeine Gleichung** n-ten Grades bezeichnet.

Da dieser komplett symmetrische Ansatz, bei dem grundsätzlich alle Lösungen gleichberechtigt im Fokus stehen, eine absolut neue Interpretation unseres Problems darstellt, beginnen wir mit dem einfachsten nicht trivialen Fall einer quadratischen Gleichung. Das Gleichungssystem $x_1 + x_2 = 14$ und $x_1 x_2 = 48$ ist uns bereits im ersten Kapitel auf der babylonischen Tontafel BM 34568 begegnet. Geht man zur allgemeinen Gleichung über, so erhält die wohlbekannte Auflösungsformel für quadratische Gleichungen eine neue Interpretation:

$$x_{1,2} = \tfrac{1}{2}(x_1 + x_2) \pm \tfrac{1}{2}(x_1 - x_2)$$
$$= \tfrac{1}{2}(x_1 + x_2) \pm \tfrac{1}{2}\sqrt{(x_1 + x_2)^2 - 4 x_1 x_2}$$

Bemerkenswert ist, dass für die Quadratwurzel, die sicherlich der entscheidende Zwischenwert im Rahmen der Gleichungsauflösung ist, ein einfacher Ausdruck, nämlich ($x_1 - x_2$), auf der Basis der Lösungen gefunden werden kann.

5.2. Auch bei der allgemeinen kubischen sowie der allgemeinen biquadratischen Gleichung lassen sich für die Zwischenwerte, die bei den beschriebenen Auflösungsformeln zu berechnen sind, entsprechende Ausdrücke auf Basis der Lösungen finden. Natürlich sind die notwendigen Berechnungen deutlich komplizierter. Wir beginnen mit der kubischen Gleichung, für deren reduzierte Form $x^3 + px + q = 0$ die drei Lösungen mittels der Cardanischen Formel unter Verwendung der Werte

$$u = \sqrt[3]{-\frac{q}{2} + \sqrt{\left(\frac{q}{2}\right)^2 + \left(\frac{p}{3}\right)^3}} \qquad v = \sqrt[3]{-\frac{q}{2} - \sqrt{\left(\frac{q}{2}\right)^2 + \left(\frac{p}{3}\right)^3}}$$

berechnet werden können:

$$
\begin{aligned}
x_1 &= u + v \\
x_2 &= \zeta u + \zeta^2 v \\
x_3 &= \zeta^2 u + \zeta v
\end{aligned}
$$

Aus diesen drei Gleichungen findet man nun unter Berücksichtigung der Identität $\zeta^2 + \zeta + 1 = 0$, die sich übrigens sofort aus der bei der Kreisteilungsgleichung dritten Grades möglichen Produktzerlegung $z^3 - 1 = (z^2 + z + 1)(z - 1)$ ergibt, für die Größen u und v Formeln auf Basis der Lösungen:

$$
\begin{aligned}
u &= \tfrac{1}{3}(x_1 + \zeta^2 x_2 + \zeta x_3) \\
v &= \tfrac{1}{3}(x_1 + \zeta x_2 + \zeta^2 x_3)
\end{aligned}
$$

Und auch für die in der Cardanischen Formel auftauchende Quadratwurzel ergibt sich ein prägnanter Ausdruck auf Basis der drei Lösungen x_1, x_2 und x_3:

$$
\begin{aligned}
\sqrt{\left(\frac{q}{2}\right)^2 + \left(\frac{p}{3}\right)^3} &= \tfrac{1}{2}\left(u^3 - v^3\right) = \tfrac{1}{54}(x_1 + \zeta^2 x_2 + \zeta x_3)^3 - \tfrac{1}{54}(x_1 + \zeta x_2 + \zeta^2 x_3)^3 \\
&= \tfrac{1}{18}(\zeta^2 - \zeta)(x_1^2 x_2 - x_1 x_2^2 + x_2^2 x_3 - x_2 x_3^2 + x_1 x_3^2 - x_1^2 x_3) \\
&= -\tfrac{1}{18} i\sqrt{3}(x_1 - x_2)(x_2 - x_3)(x_1 - x_3)
\end{aligned}
$$

Wie man sieht, ist der Radikand der Quadratwurzel für den Spezialfall mit drei reellen Lösungen stets negativ. In prinzipieller Hinsicht weit wichtiger ist die Eigenschaft, dass der Ausdruck genau dann gleich 0 ist, wenn es eine mehrfache Lösung gibt: Auch für die allgemeine Gleichung jedes anderen Grades lässt sich das entsprechende Produkt definieren, bei denen alle Differenzen von je zwei Lösungen miteinander multipliziert werden. Ein solches Differenzenprodukt, dessen Quadrat **Diskriminante** genannt wird, ist – unabhängig vom Grad der Gleichung – genau dann gleich 0, wenn es eine mehrfache Lösung gibt.

Ist eine kubische Gleichung mit quadratischem Glied

$$x^3 + ax^2 + bx + c = 0$$

gegeben, so beginnt man deren Auflösung wie in Kapitel 1 dargelegt mit der Substitution

$$x = y - \frac{a}{3},$$

um so eine reduzierte kubische Gleichung zu erhalten. Die bei deren Auflösung innerhalb der Cardanischen Formel auftretedenden Zwischenwerte u, v und $\sqrt{(q/2)^2 + (p/3)^3}$ können dabei offensichtlich auch aus den Lösungen der ursprünglichen Gleichung bestimmt werden. Dazu ist in den drei gerade hergeleiteten Formeln lediglich jede Lösung x_j (für $j = 1$, 2, 3) durch

$$x_j + \tfrac{1}{3}a = x_j - \tfrac{1}{3}\left(x_1 + x_2 + x_3\right)$$

zu ersetzen, wobei die drei Formeln sogar unverändert bleiben. Die Formeln für die drei Zwischwerte u, v und $\sqrt{(q/2)^2 + (p/3)^3}$ gelten damit auch unverändert für die allgemeine kubische Gleichung.

5.3. Bei Ferraris Verfahren zur Lösung der reduzierten biquadratischen Gleichung $x^4 + px^2 + qx + r = 0$ ist der entscheidende Schritt die Bestimmung der kubischen Resolventen z mittels der Gleichung

$$z^3 - \frac{p}{2}z^2 - rz + \frac{pr}{2} - \frac{q^2}{8} = 0,$$

auf deren Basis die vier Lösungen paarweise aus zwei quadratischen Gleichungen bestimmt werden können:

$$x^2 \mp \sqrt{2z - p}\, x \mp \sqrt{z^2 - r} + z = 0$$

Aus diesen beiden Gleichungen ergeben sich – unter Beachtung des Vieta'schen Wurzelsatzes für quadratische Gleichungen – zunächst die folgenden Werte für die Produkte der beiden Lösungspaare:

$$x_1 x_2 = z + \sqrt{z^2 - r}$$
$$x_3 x_4 = z - \sqrt{z^2 - r}$$

In Folge erhält man sofort

$$z = \tfrac{1}{2}\left(x_1 x_2 + x_3 x_4\right).$$

Der Vollständigkeit halber ist dabei anzumerken, dass die kubische Resolvente $z = z_1$ einer möglichen, aber keineswegs zwangsweise vorgegebenen Nummerierung der Lösungen x_1, x_2, x_3 und x_4 entspricht. Da Ferraris Verfahren aus einer Folge von Äquivalenzumformungen besteht, die im Hinblick auf den Wert z einzig auf der durch die kubische Resolventengleichung vorgegebenen Bedingung beruht, führt die Auswahl einer anderen Lösung dieser kubischen Gleichung ebenso zu den richtigen Lösungen der Ursprungsgleichung und kann damit einzig eine Umnummerierung von deren Lösungen bewirken. Das hat zur Konsequenz, dass die beiden anderen Lösungen der Resolventengleichung folgendermaßen aus den Lösungen x_1, x_2, x_3 und x_4 bestimmt werden können:

$$z_2 = \tfrac{1}{2}\left(x_1 x_3 + x_2 x_4\right)$$
$$z_3 = \tfrac{1}{2}\left(x_1 x_4 + x_2 x_3\right)$$

Damit kann auch die bei der Lösung der kubischen Resolventengleichung innerhalb der Cardanischen Formel auftretende Quadratwurzel durch die Lösungen x_1, x_2, x_3 und x_4 der ursprünglichen Gleichung ausgedrückt werden. Abgesehen von einem konstanten Faktor ist diese Quadratwurzel gleich $(z_1 - z_2)(z_2 - z_3)(z_1 - z_3)$. Dabei ist ein einzelner Faktor dieses Differenzenprodukts gleich

$$\left(z_1 - z_2\right) = \tfrac{1}{2}\left(x_1 x_2 + x_3 x_4 - x_1 x_3 - x_2 x_4\right) = \tfrac{1}{2}\left(x_1 - x_4\right)\left(x_2 - x_3\right),$$

so dass man für das gesamte Differenzenprodukt

$$(z_1 - z_2)(z_2 - z_3)(z_1 - z_3)$$
$$= \tfrac{1}{8}(x_1 - x_4)(x_2 - x_3)(x_1 - x_2)(x_3 - x_4)(x_1 - x_3)(x_2 - x_4),$$

erhält. Bis auf einen konstanten Faktor stimmt damit die Diskriminante der ursprünglichen Gleichung mit der Diskriminante der kubischen Resolvente überein.

Für biquadratische Gleichungen, die nicht in der reduzierten Form vorliegen, kann wieder wie bei der kubischen Gleichung vorgegangen werden: Zunächst wird eine biquadratische Gleichung mit kubischem Glied

$$x^4 + ax^3 + bx^2 + cx + d = 0$$

mit der Substitution

$$x = y - \frac{a}{4}$$

in eine reduzierte biquadratische Gleichung transformiert. Um für die bei der weiteren Auflösung auftretenden Zwischenwerte Formeln auf Basis der Lösungen der ursprünglichen Gleichung zu finden, ist in den gerade hergeleiteten Formeln jede Lösung x_j (für $j = 1, 2, 3, 4$) durch

$$x_j + \tfrac{1}{4}a = x_j - \tfrac{1}{4}(x_1 + x_2 + x_3 + x_4)$$

zu ersetzen. Die Polynome, die sich auf diesem Weg finden lassen, decken dann den Fall der allgemeinen biquadratischen Gleichung ab. Dabei ergibt sich insbesondere die „erste" Lösung der kubischen Resolvente durch

$$z_1 = \tfrac{1}{2}(x_1 x_2 + x_3 x_4) - \tfrac{1}{16}(x_1 + x_2 + x_3 + x_4)^2.$$

5.4. Wo liegen nun die Gemeinsamkeiten der drei Methoden zur Lösung von quadratischen, kubischen und biquadratischen Gleichungen? In allen drei Fällen sind die entscheidenden Zwischenwerte, also die in den Auflösungsformeln auftauchenden Wurzelausdrücke, durch „einfache" Formeln, das heißt durch polynomiale Ausdrücke in den Lösungen x_1, x_2, ... darstellbar. Dabei ist die konkrete Form solcher Ausdrücke natürlich von der Nummerierung der Lösungen abhängig, die keineswegs zwangsweise vorgegeben, sondern rein willkürlich ist.

Ist diese Möglichkeit, Zwischenwerte polynomial auf Basis der Lösungen x_1, x_2, ... ausdrücken zu können, wirklich so überraschend, wie es vielleicht zunächst scheinen mag? Da eine Lösungsmethode stets mit den Koeffizienten der Gleichung, das heißt in Bezug auf die allgemeine Gleichung mit den elementarsymmetrischen Polynomen der Lösungen, startet, ist es eigentlich selbstverständlich, dass sich alle Zwischenwerte mittels arithmetischer Operationen *und* verschachtelter Wurzeln durch die Lösungen ausdrücken lassen. A priori keineswegs selbstverständlich ist es allerdings, dass dazu sogar – wie soeben für die Fälle der Gleichungen bis zum vierten Grad erläutert – Polynome reichen. Es bedarf zur Darstellung der Zwischenwerte also *keiner* Ausdrücke wie zum Beispiel

$$\sqrt{x_1 + x_2^3 x_4} \ .$$

Permutationen

Eine Vertauschung einer endlichen Anzahl von Elementen wird **Permutation** genannt. Da es letztlich keine Rolle spielt, wie die vertauschten Elemente bezeichnet werden, geht man standardmäßig von den Zahlen 1, 2, ..., n als den zu vertauschenden Objekten aus.

Zunächst lässt sich leicht die Anzahl der insgesamt existierenden Permutationen von n Objekten bestimmen, sie beträgt nämlich $n!$, gesprochen „n **Fakultät**": $n! = 1 \cdot 2 \cdot 3 \cdot ... \cdot n$. Grund ist, dass die Zahl „1" auf einen von n Plätzen getauscht werden kann, während für die Zahl „2" nur noch $n-1$ Plätze zur Verfügung stehen und so weiter. Insgesamt kombinieren sich diese Möglichkeiten zu der angegebenen Anzahl $n \cdot (n-1) \cdot ... \cdot 3 \cdot 2 \cdot 1$.

Die Notation einer Permutation σ erfolgt am einfachsten mittels einer Aufzählung ihrer Bilder, das heißt den nach der Vertauschung erreichten Plätzen $\sigma(1)$, $\sigma(2)$, ..., $\sigma(n)$. Symbolisch notiert man dafür

$$\begin{pmatrix} 1 & 2 & & n \\ \sigma(1) & \sigma(2) & \cdots & \sigma(n) \end{pmatrix} .$$

In speziellen Fällen kann es durchaus angebracht sein, die allgemeine Notation durch eine plakativere zu ersetzen. Wie werden dies bei den so genannten **zyklischen Permutationen**, die alle Zahlen von 1 bis n in irgendeiner Reihenfolge reihum vertauschen, praktizieren und beispielsweise $1 \to 2 \to 3 \to 4 \to 1$ statt $\begin{pmatrix} 1 & 2 & 3 & 4 \\ 2 & 3 & 4 & 1 \end{pmatrix}$ schreiben.

Eine wesentliche Eigenschaft von Permutationen besteht darin, dass man je zwei von ihnen hintereinander ausführen kann, wobei man wieder eine Permutation erhält. Wie bei anderen Abbildungen und Funktionen notiert man diese auch **Komposition** genannte **Hintereinanderschaltung** als eine mit dem Symbol „∘" abgekürzte **Verknüpfung**. Beispielsweise ist

$$\begin{pmatrix} 1 & 2 & 3 & 4 \\ 1 & 3 & 4 & 2 \end{pmatrix} \circ \begin{pmatrix} 1 & 2 & 3 & 4 \\ 2 & 3 & 1 & 4 \end{pmatrix} = \begin{pmatrix} 1 & 2 & 3 & 4 \\ 3 & 4 & 1 & 2 \end{pmatrix},$$

wobei die Reihenfolge – wie bei Abbildungen und Funktionen üblich – „umgekehrt" zu lesen ist.[52] Das heißt, die Zahl „1" wird zunächst, nämlich von der rechts im „Produkt" stehenden Permutation, auf die „2" getauscht und dann weiter, das heißt von der im „Produkt" links stehenden Permutation, auf den Platz, den ursprünglich die Ziffer „3" innehatte.

Die Gesamtheit aller $n!$ Permutationen wird übrigens **symmetrische Gruppe** genannt und mit S_n bezeichnet. Zu ihr gehört immer auch die alles auf ihrem Platz belassende **identische Permutation**, oft einfach auch als **Identität** bezeichnet.

Die Erkenntnis, dass alle Zwischenwerte der bekannten Lösungsformeln für die allgemeinen Gleichungen bis zum vierten Grade Polynomen in den Lösungen x_1, x_2, ... entsprechen, verdanken wir Joseph Louis Lagrange (1736–1813). Lagrange, der Dank der Förderung durch Friedrich II. ab 1766 immerhin 20 Jahre seines Wirkens in Berlin verbrachte, veröffentlichte 1771 eine Untersuchung über allgemeine Lösungsansätze für Gleichungen n-ten Grades.

---

[52] Diese auf den ersten Blick vielleicht etwas gewöhnungsbedürftige Reihenfolge erklärt sich durch die eine einfache Handhabung bewirkende Identität $(\sigma \circ \tau)(j) = \sigma(\tau(j))$.

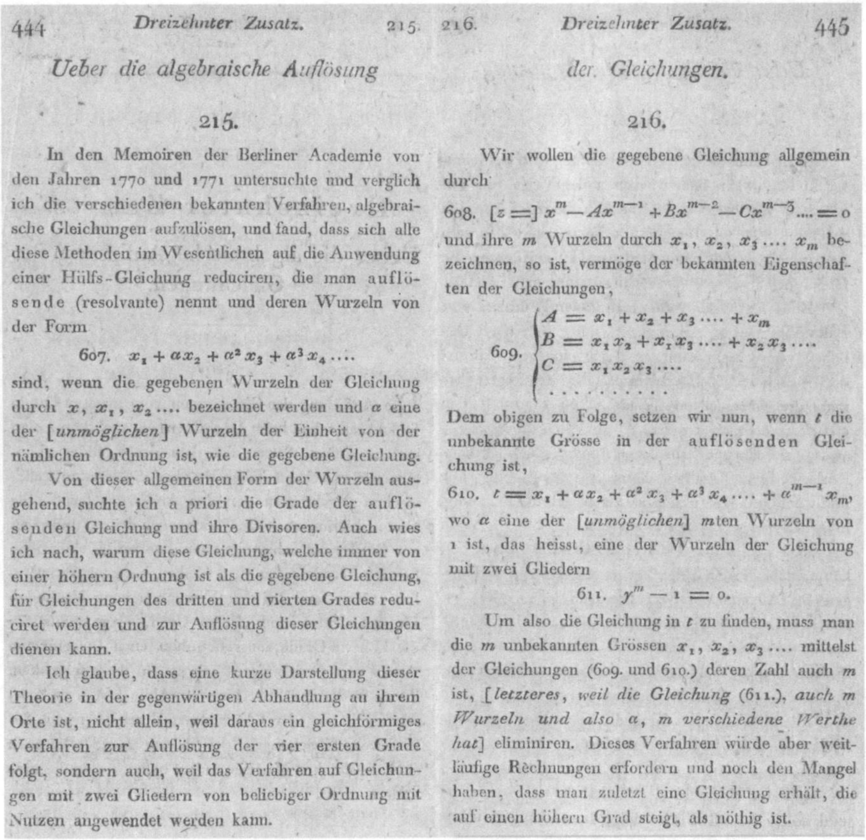

444   *Dreizehnter Zusatz.*   215. 216.   *Dreizehnter Zusatz.*   445

Ueber die algebraische Auflösung   *der Gleichungen.*

215.

In den Memoiren der Berliner Academie von den Jahren 1770 und 1771 untersuchte und verglich ich die verschiedenen bekannten Verfahren, algebraische Gleichungen aufzulösen, und fand, dass sich alle diese Methoden im Wesentlichen auf die Anwendung einer Hülfs-Gleichung reduciren, die man auflösende (resolvante) nennt und deren Wurzeln von der Form

607. $x_1 + a x_2 + a^2 x_3 + a^3 x_4 \ldots$

sind, wenn die gegebenen Wurzeln der Gleichung durch x, x_1, $x_2 \ldots$ bezeichnet werden und a eine der [*unmöglichen*] Wurzeln der Einheit von der nämlichen Ordnung ist, wie die gegebene Gleichung.

Von dieser allgemeinen Form der Wurzeln ausgehend, suchte ich a priori die Grade der auflösenden Gleichung und ihre Divisoren. Auch wies ich nach, warum diese Gleichung, welche immer von einer höhern Ordnung ist als die gegebene Gleichung, für Gleichungen des dritten und vierten Grades reduciret werden und zur Auflösung dieser Gleichungen dienen kann.

Ich glaube, dass eine kurze Darstellung dieser Theorie in der gegenwärtigen Abhandlung an ihrem Orte ist, nicht allein, weil daraus ein gleichförmiges Verfahren zur Auflösung der vier ersten Grade folgt, sondern auch, weil das Verfahren auf Gleichungen mit zwei Gliedern von beliebiger Ordnung mit Nutzen angewendet werden kann.

216.

Wir wollen die gegebene Gleichung allgemein durch

608. $[z =] x^m - A x^{m-1} + B x^{m-2} - C x^{m-3} \ldots = 0$

und ihre m Wurzeln durch x_1, x_2, $x_3 \ldots x_m$ bezeichnen, so ist, vermöge der bekannten Eigenschaften der Gleichungen,

609. $\begin{cases} A = x_1 + x_2 + x_3 \ldots + x_m \\ B = x_1 x_2 + x_1 x_3 \ldots + x_2 x_3 \ldots \\ C = x_1 x_2 x_3 \ldots \\ \ldots\ldots\ldots\ldots \end{cases}$

Dem obigen zu Folge, setzen wir nun, wenn t die unbekannte Grösse in der auflösenden Gleichung ist,

610. $t = x_1 + a x_2 + a^2 x_3 + a^3 x_4 \ldots + a^{m-1} x_m$,

wo a eine der [*unmöglichen*] $m$ten Wurzeln von 1 ist, das heisst, eine der Wurzeln der Gleichung mit zwei Gliedern

611. $y^m - 1 = 0$.

Um also die Gleichung in t zu finden, muss man die m unbekannten Grössen x_1, x_2, $x_3 \ldots$ mittelst der Gleichungen (609. und 610.) deren Zahl auch m ist, [*letzteres, weil die Gleichung (611.), auch m Wurzeln und also a, m verschiedene Werthe hat*] eliminiren. Dieses Verfahren würde aber weitläufige Rechnungen erfordern und noch den Mangel haben, dass man zuletzt eine Gleichung erhält, die auf einen höhern Grad steigt, als nöthig ist.

Bild 22   Langranges 1771 erschienenes Werk in der deutschen Übersetzung[53]

Lagranges Ausgangspunkt bildet die systematische Untersuchung der allgemeinen Lösungsformeln für die Gleichungen bis zum vierten Grade. Wenn die Zwischenwerte bei der Auflösung der allgemeinen Gleichung bis zum vierten Grade allesamt Polynome in den Lösungen x_1, x_2, ... sind,

---

[53] *Réflexions sur la résolution algébrique des équations*, 1771, In: *Traité de la résolution des équations numériques de tous les degrés, avec des notes sur plusieurs points de la théorie des équations algébriques*. Paris 1808, 3. Auflage 1826, S. 242–272, DOI: 10.3931/e-rara-4825. Übersetzung: *J. L. Lagrange's mathematische Werke*, Bd. 3, *Die Theorie der Gleichungen*, Berlin 1824, S. 444–494, DOI: 10.3931/e-rara-60010

was liegt dann näher, als nach Methoden zu suchen, beliebige Polynome in den als Variablen aufgefassten Lösungen x_1, x_2, ... zu untersuchen. Konkret stellt sich die Frage, wie irgendein gegebenes Polynom $h(x_1, x_2, ..., x_n)$ in den Lösungen x_1, x_2, ... aus den Koeffizienten der allgemeinen Gleichung, das heißt aus den elementarsymmetrischen Polynomen, bestimmt werden kann. Konkreter: Wie lässt sich eine möglichst einfache Gleichung finden, bei der $h(x_1, x_2, ..., x_n)$ eine der Lösungen ist und deren Koeffizienten aus den elementarsymmetrischen Polynomen bestimmt werden können?

Lagrange erkannte nun, dass eine solche Gleichung immer mittels einer Konstruktion der Form

$$\left(z - h(x_1, x_2, ..., x_n)\right)\left(z - h(x_{\sigma(1)}, x_{\sigma(2)}, ..., x_{\sigma(n)})\right) \; ... \; = 0$$

gefunden werden kann, wobei das Produkt auf Basis einer geeigneten Auswahl der insgesamt $n!$ **Permutationen**, das heißt Vertauschungen, der Variablen-Indizes 1, 2, ... gebildet wird. Konkret werden die Permutationen σ derart ausgewählt, dass jedes mögliche Polynom, das durch Vertauschung der Variablen x_1, x_2, ... aus $h(x_1, ..., x_n)$ entstehen kann, genau einmal im Produkt auftaucht. Damit wird nämlich, wie wir gleich sehen werden, erreicht, dass die Koeffizienten der für die Unbekannte z entstehenden Gleichung aus den Koeffizienten der allgemeinen Gleichungen, also den elementarsymmetrischen Polynomen, mittels der Grundrechenarten berechenbar sind. Für das Polynom $h(x_1, ..., x_n)$ ist damit wie gewünscht eine Gleichung gefunden!

Dass dies komplizierter klingt, als es in Wahrheit ist, verdeutlicht ein Beispiel: Das Polynom

$$h(x_1, x_2, x_3, x_4) = \tfrac{1}{2}\left(x_1 x_2 + x_3 x_4\right) - \tfrac{1}{16}\left(x_1 + x_2 + x_3 + x_4\right)^2$$

wurde bereits in Abschnitt 5.3 anlässlich der Untersuchung der kubischen Resolvente bei Ferraris Verfahren zur Lösung der biquadratischen Gleichung erörtert. Lagranges universelle Konstruktion führt für dieses Beispiel zur Gleichung

$$\left(z - \tfrac{1}{2}(x_1 x_2 + x_3 x_4) + s\right)\left(z - \tfrac{1}{2}(x_1 x_3 + x_2 x_4) + s\right)\left(z - \tfrac{1}{2}(x_1 x_4 + x_2 x_3) + s\right) = 0,$$

wobei zur Abkürzung

$$s(x_1, x_2, x_3, x_4) = \tfrac{1}{16}(x_1 + x_2 + x_3 + x_4)^2$$

gesetzt wurde. Multipliziert man die drei Linearfaktoren miteinander, erhält man – nun aber auf einem allgemein beschreitbaren Weg – wieder die schon aus Kapitel 3 bekannte kubische Resolventengleichung.

Nicht nur in diesem speziellen Fall, sondern auch allgemein findet man mit Lagranges Konstruktion eine Gleichung für die Unbekannte z, bei der die Koeffizienten Polynome in den Variablen x_1, x_2, ... sind. Noch bedeutsamer ist: Da eine beliebige Permutation der Variablen x_1, x_2, ... nur eine Vertauschung der Linearfaktoren bewirkt, bleiben die Polynome, welche die Koeffizienten der für die Unbekannte z konstruierten Gleichung bilden, unverändert. Alle Koeffizienten sind damit so genannte **symmetrische Polynome** in den Variablen x_1, x_2, ... Und solche symmetrischen Polynome sind immer aus den elementarsymmetrischen Polynomen, also den Koeffizienten der allgemeinen Gleichung n-ten Grades, mittels Addition, Subtraktion und Multiplikation berechenbar. Konkret besagt der so genannte **Hauptsatz über symmetrische Polynome**:

> SATZ. Jedes in den Variablen x_1, x_2, ... symmetrische Polynom ist ein Polynom in den elementarsymmetrischen Polynomen.

Erstmals formuliert wurde der Satz von Lagrange. Allerdings ist der Satz anscheinend schon hundert Jahre vorher dem vor allem als Physiker und Begründer der Infinitesimalrechnung bekannten Isaac Newton (1643–1727) vertraut gewesen, und zwar einschließlich eines Verfahrens, entsprechende Darstellungen für symmetrische Polynome wie zum Beispiel

$$x_1^2 + x_2^2 + x_3^2 + \ldots = (x_1 + x_2 + x_3 + \ldots)^2 - 2(x_1 x_2 + x_1 x_3 + x_2 x_3 + \ldots)$$

und

$$x_1^2 x_2 + x_2^2 x_1 + x_1^2 x_3 + x_3^2 x_1 + x_2^2 x_3 + x_3^2 x_2 + \ldots$$
$$= (x_1 + x_2 + x_3 + \ldots)(x_1 x_2 + x_1 x_3 + x_2 x_3 + \ldots)$$
$$- 3(x_1 x_2 x_3 + x_1 x_2 x_4 + x_1 x_3 x_4 + x_2 x_3 x_4 + \ldots)$$

konkret zu bestimmen. Wie sich der Satz auf Basis eines konkreten Verfahrens beweisen lässt, wird im Kasten „Der Hauptsatz über symmetrische Polynome" (Seite 72) erläutert. Eine ganz spezielle Anwendung von Lagranges Hauptsatz über symmetrische Polynome ergibt sich übrigens für die Diskriminante

$$\prod_{i<j}\left(x_i - x_j\right)^2 = \left(x_1 - x_2\right)^2 \left(x_1 - x_3\right)^2 \left(x_2 - x_3\right)^2 \ldots,$$

für die es aufgrund ihrer Symmetrie für jeden Grad n der zugrunde liegenden Gleichung eine polynomiale Formel auf Basis der Koeffizienten geben muss.

Ein weiteres Polynom in den Variablen x_1, x_2, ..., für das Lagrange unabhängig vom Grad der Gleichung eine zentrale Bedeutung erkannte, ist die heute so genannte **Lagrange-Resolvente**[54]

$$h(x_1, x_2, \ldots, x_n) = x_1 + \zeta x_2 + \zeta^2 x_3 + \cdots + \zeta^{n-1} x_n,$$

wobei ζ eine n-te Einheitswurzel ist. Wegen

$$h(x_1, x_2, \ldots, x_n) = \zeta \cdot h(x_2, x_3, \ldots, x_1) = \ldots = \zeta^{n-1} \cdot h(x_n, x_1, \ldots, x_{n-1})$$

und damit

$$h(x_1, x_2, \ldots, x_n)^n = h(x_2, x_3, \ldots, x_1)^n = \ldots = h(x_n, x_1, \ldots, x_{n-1})^n$$

erhält man mit Lagranges universellem Verfahren für $h(x_1, x_2, \ldots, x_n)^n$ eine Resolventen-Gleichung vom Grad $(n-1)!$, deren Koeffizienten sich aus denen der ursprünglichen Gleichung berechnen lassen. Wäre diese Gleichung mittels einer allgemeinen Formel lösbar, so könnte wegen

$$x_1 = \tfrac{1}{n}(x_1 + \ldots + x_n + h(x_1, x_2, x_3, \ldots, x_n) + h(x_1, x_3, x_4, \ldots, x_2) + \ldots$$
$$+ h(x_1, x_n, x_2, \ldots, x_{n-1}))$$

und entsprechenden Gleichungen für die anderen Lösungen auch die ursprüngliche Gleichung aufgelöst werden. Obwohl für $n \geq 5$ keine allgemeine Lösung für Lagranges Resolvente erkennbar ist, lässt sich Lagranges Ansatz sehr wohl in speziellen Fällen erfolgreich anwenden. Als Erster praktizierte dies Alexandre Théophile Vandermonde (1735–

---

[54] Vor Lagrange wurden solche Ausdrücke allerdings schon von Bézout (1730–1783) und Euler (1707–1783) im Rahmen ihrer Bemühungen, Lösungsformeln für die allgemeine Gleichung n-ten Grades zu finden, verwendet.

1796), der 1770 unabhängig von Lagrange „dessen" Resolvente untersuchte. Wir werden darauf in Kapitel 7 noch näher eingehen.

Der Hauptsatz über symmetrische Polynome

SATZ. Jedes in den Variablen x_1, x_2, ... symmetrische Polynom ist ein Polynom in den elementarsymmetrischen Polynomen.

Ein Beweis lässt sich am einfachsten mittels vollständiger Induktion erbringen. Dabei orientiert sich die Reihenfolge, der die Induktionsschritte folgen, an einer ganz speziellen Sortierung von Polynomen, die an die lexikographische Ordnung von Wörtern angelehnt ist:

Zunächst gilt – per Definition – ein so genanntes **Monom** $x_1^{j_1} \ldots x_n^{j_n}$ genau dann als „größer" als das Monom $x_1^{k_1} \ldots x_n^{k_n}$, wenn in der Aufzählung der Exponenten j_1, j_2, ... der erste Exponent j_s, der vom entsprechenden Exponenten k_s verschieden ist, größer als k_s ist. Beispielswiese gilt gemäß dieser Definition das Monom $x_1^2 x_2^5 x_3$ größer als das Monom $x_1^2 x_2^4 x_3^2 x_4$ entsprechend der lexikographischen Ordnung der Zeichenketten „251" und „2421".

Der Induktionsschritt geht nun von einem beliebigen symmetrischen Polynom

$$f(x_1, \ldots, x_n) = \sum_{j_1, \ldots, j_n} a_{j_1 \ldots j_n} x_1^{j_1} \ldots x_n^{j_n}$$

aus, dessen größtes Monom mit einem von 0 verschiedenen Koeffizienten $a_{m_1 \ldots m_n}$ das Monom $x_1^{m_1} \ldots x_n^{m_n}$ sei. Als Induktionsannahme wird unterstellt, dass der Satz bereits für alle symmetrischen Polynome bewiesen ist, deren Monome mit einem Koeffizienten ungleich 0 sämtlich kleiner als das Monom $x_1^{m_1} \ldots x_n^{m_n}$ sind. Da $f(x_1, \ldots, x_n)$ ein symmetrisches Polynom ist, besitzt jedes der Monome $x_1^{m_{\sigma(1)}} \ldots x_n^{m_{\sigma(n)}}$, wobei σ eine beliebige Permutation der Ziffern $1, \ldots, n$ ist, den gleichen Koeffizienten $a_{m_1 \ldots m_n}$. Damit folgt $m_1 \geq m_2 \geq \ldots \geq m_n$, denn andernfalls könnte man mit Hilfe einer geeigneten Permutation ein im Vergleich zu $x_1^{m_1} \ldots x_n^{m_n}$ größeres

Monom finden, dessen Koeffizient im Polynom $f(x_1, ..., x_n)$ ungleich 0 ist.

Nun wird ein ganz spezielles Polynom in den elementarsymmetrischen Polynomen gebildet, nämlich

$$g(x) = a_{m_1 \ldots m_n} \left(\sum_j x_j \right)^{m_1 - m_2} \left(\sum_{j < k} x_j x_k \right)^{m_2 - m_3} \ldots \left(x_1 x_2 \ldots x_n \right)^{m_n}.$$

Dessen größtes Monom mit einem von 0 verschiedenen Koeffizienten ist

$$x_1^{m_1 - m_2} \left(x_1 x_2 \right)^{m_2 - m_3} \ldots \left(x_1 x_2 \ldots x_n \right)^{m_n} = x_1^{m_1} x_2^{m_2} \ldots x_n^{m_n},$$

so dass für das Polynom $f - g$ die Induktionsannahme anwendbar ist.

Das für den Induktionsschritt beschriebene Verfahren kann auch praktisch verwendet werden, wenn für ein gegebenes symmetrisches Polynom ein Polynom in den elementarsymmetrischen Polynomen konkret berechnet werden soll: Nach einer endlichen Anzahl von Schritten endet das Verfahren nämlich beim Nullpolynom, das damit zugleich für den formalen Induktionsbeweis als Induktionsanfang geeignet ist.

Das beschriebene Verfahren zeigt übrigens auch, dass für symmetrische Polynome mit ganzzahligen Koeffizienten immer ganzzahlige Polynome der elementarsymmetrischen Polynome gefunden werden können.

Schließlich ist noch anzumerken, dass bei symmetrischen Polynomen die polynomiale Darstellung durch elementarsymmetrische Polynome sogar eindeutig ist. Grund ist der folgende **Eindeutigkeitssatz**, der sich auf den Fall des Nullpolynoms beschränkt. Im allgemeinen Fall, dass ein symmetrisches Polynom zwei solche Darstellungen besitzt, kann man dann deren Differenz untersuchen:

SATZ: Ein Polynom $f(y_1, ..., y_n)$, das beim Einsetzen der elementarsymmetrischen Polynome verschwindet, das heißt für das

$$f(\sum_j x_j, \sum_{j < k} x_j x_k, ..., x_1 x_2 \ldots x_n) = 0$$

gilt, ist selbst gleich 0.

Der Beweis wird indirekt geführt. Dazu geht man von einem Polynom $f(y_1, ..., y_n) \neq 0$ aus und sucht unter dessen Monomen $y_1^{m_1} ... y_n^{m_n}$ mit einem Koeffizienten $a \neq 0$ dasjenige Monom aus, für das sich beim zugeordneten n-Tupel $(m_1 + m_2 + ... + m_n, m_2 + ... + m_n, ..., m_n)$ das „größte" n-Tupel bezüglich der lexikographischen Sortierung ergibt. Das solchermaßen gefundene Monom ist eindeutig bestimmt, da bei zwei gleich großen n-Tupeln auch die Exponenten der beiden betreffenden Monome übereinstimmen. Es folgt

$$f(\sum_j x_j, \sum_{j<k} x_j x_k, ..., x_1 x_2 ... x_n)$$

$$= a\, x_1^{m_1+m_2+...+m_n}\, x_2^{m_2+...+m_n} ... x_n^{m_n} + g(x_1,...,x_n),$$

wobei im Polynom g nur Monome auftauchen, die lexikographisch kleiner als das zuerst angeführte Mononom sind. Als Summe ergibt sich damit insgesamt, aufgefasst als Polynom in den Variablen x_1, ..., x_n, ein vom Nullpolynom verschiedenes Polynom. Dies steht aber im Widerspruch zur Voraussetzung.

5.5. Wir wollen hier auf Lagranges Untersuchungen nicht weiter eingehen, da seine Ergebnisse abgesehen vom Hauptsatz über symmetrische Polynome für die weiteren Kapitel nicht benötigt werden. Zu würdigen bleibt aber in jedem Fall der große Einfluss, den Lagranges Arbeiten auf spätere Mathematiker wie Abel und Galois ausgeübt haben. Dabei ist es das große Verdienst von Lagrange, die Bedeutung von Vertauschungen der Lösungen einer Gleichung entdeckt zu haben. Auch ist Lagrange sicherlich der Erste gewesen, der die prinzipiellen Schwierigkeiten erkannte, die eine Lösung der allgemeinen Gleichung fünften Grades aufwirft. Zwar konnte Lagrange den universellen Ansatz für „seine" Resolvente im Fall der allgemeinen Gleichung fünften Grades noch vereinfachen, wobei sich allerdings als zu lösende Resolvente eine Gleichung sechsten Grades ergab, für die keine Vereinfachung abzusehen war. Einen ersten Versuch, wirklich die Unmöglichkeit einer Lösung für die allgemeine Gleichung fünften Grades auf der Basis verschachtelter Wurzelausdrücke – der so genannten **Auflösung mit Radikalen** – zu beweisen, unternahm aber erst der Italiener Paolo Ruffini (1765–1822), der an der Universität von Modena sowohl einen Lehrstuhl für Mathematik als auch einen für Medizin bekleidete. Auch wenn sein auf Lagranges

Arbeiten aufbauender Bewcisversuch lückenhaft ist, so reichen seine Argumente sehr wohl für den Nachweis aus, dass es für die allgemeine Gleichung fünften Grades – anders als bei den allgemeinen Gleichungen bis zum vierten Grad – keine Formel in Form eines geschachtelten Wurzelausdrucks existieren kann, bei der alle Zwischenwerte Polynome in den Variablen x_1, x_2, ... sind. Lagranges Bemühungen, eben auf solchem Weg eine Auflösung der allgemeinen Gleichung fünften Grades zu finden, konnten also gar nicht zum Erfolg führen (siehe Kasten „Ruffini und die allgemeine Gleichung fünften Grades", Seite 77).

Ruffinis Arbeiten über die Unmöglichkeit, die allgemeine Gleichung fünften Grades mit Radikalen aufzulösen, erschienen zwischen 1799 und 1813.[55] Ein vollständiger Beweis für diese Unmöglichkeit gelang – zunächst ohne Kenntnis der Arbeiten Ruffinis – erst 1826 dem damals 24-jährigen norwegischen Mathematiker Niels Henrik Abel. Abels Beweis enthält insbesondere einen Nachweis einer Annahme, die Ruffini stillschweigend voraussetzte: Im Fall, dass eine Auflösung der allgemeinen Gleichung fünften Grades mit Radikalen möglich sein sollte, kann man die Lösungsschritte immer so konstruieren, dass alle Zwischenwerte Polynome in den Variablen x_1, x_2, ... sind. Zwischenwerte wie zum Beispiel

$$\sqrt[5]{1 + x_3 + \sqrt{x_1 + x_2^3 x_4}}$$

sind also bei einer allgemeinen Lösungsformel mit Radikalen stets vermeidbar.

Abels Unmöglichkeitsbeweis bezieht sich nur auf die allgemeine Gleichung fünften oder höheren Grades, bei der die als Variablen interpretierten Lösungen x_1, x_2, ... im Sinne einer „allgemeinen Formel" aus den elementarsymmetrischen Polynomen zu bestimmen sind. Ob die Lösungen spezieller Gleichungen fünften Grades wie zum Beispiel

$$x^5 - x - 1 = 0$$

---

[55] *Teoria generale delle equazioni : in cui si dimostra impossibile la soluzione algebraica delle equazioni generali di grado superiore al quarto*, Bologna 1799, DOI: 10.3931/e-rara-15207; *Della soluzione delle equazioni algebriche determinate particolari di grado superiore al quarto*, Modena 1802, DOI: 10.3931/e-rara-12169; *Della insolubilità delle equazioni algebriche generali di grado superiore al quarto*, Modena 1803, DOI: 10.3931/e-rara-12170; *Riflessioni intorno alla soluzione delle equazioni algebriche generali*, Modena 1813, DOI: 10.3931/e-rara-12175

$$x^5 + 330x - 4170 = 0$$

nicht durch geschachtelte Wurzelausdrücke mit rationalen Radikanden
dargestellt werden können, wird durch Abels Beweis nicht beantwortet.
So sind zum Beispiel die Lösungen der ersten der beiden gerade angeführten Gleichungen nicht durch geschachtelte Wurzelausdrücke mit
rationalen Radikanden darstellbar, hingegen können bei der zweiten
Gleichung sehr wohl solche Wurzelausdrücke für die Lösungen gefunden
werden:

$$x_1 = \sqrt[5]{54} + \sqrt[5]{12} + \sqrt[5]{648} - \sqrt[5]{144}$$

8.

**Beweis der Unmöglichkeit algebraische Gleichungen von
höheren Graden als dem vierten allgemein aufzulösen.**

(Von Herrn N. H. *Abel.*)

Bekanntlich kann man algebraische Gleichungen bis zum vierten Grade allgemein auflösen, Gleichungen von höhern Graden aber nur in einzelnen Fällen, und irre ich nicht, so ist die Frage:

Ist es möglich, Gleichungen von höhern als dem vierten Grade allgemein aufzulösen?

noch nicht befriedigend beantwortet worden. Der gegenwärtige Aufsatz hat
diese Frage zum Gegenstande.

Eine Gleichung algebraisch auflösen heißt nichts anders, als ihre Wurzeln
durch eine algebraische Function der Coefficienten ausdrücken. Man muß also
erst die allgemeine Form algebraischer Functionen betrachten und alsdann untersuchen, ob es möglich sei, der gegebenen Gleichung auf die Weise genug
zu thun, daß man den Ausdruck einer algebraischen Function statt der unbekannten Größe setzt.

Bild 23   Abels Einleitung zu seinem Unmöglichkeitsbeweis in der
             ersten Ausgabe von „Crelles Journal" (siehe dazu Fußno-
             te 93 auf S. 148).

Wie man aus seinem Nachlass weiß, hat sich Abel 1828 im Anschluss an
seine Rückkehr von Forschungsreisen nach Berlin (1825) und Paris
(1826) auch mit der Frage der Auflösbarkeit spezieller Gleichungen n-ten
Grades mit Radikalen beschäftigt. Zu dieser Zeit war Abel aber bereits
schwer an Tuberkulose erkrankt. In bescheidenen Verhältnissen und ohne
eine seiner mathematischen Leistung entsprechenden Anstellung starb

Abel 1829 im Alter von nur 26 Jahren.[56] Das Problem, ob und unter welchen Bedingungen eine spezielle Gleichung mit Radikalen gelöst werden kann, wurde so erst wenige Jahre später durch Galois gelöst.

Ruffini und die allgemeine Gleichung fünften Grades

Ruffinis Argumente dafür, warum es für eine Gleichung vom fünften oder höheren Grades keine allgemeine, nur arithmetische Rechenoperationen und Wurzelausdrücke beinhaltende Auflösungsformel geben kann, waren im Detail unvollständig. Außerdem war Ruffinis Argumentation für seine Zeit, in der sich Mathematik noch sehr stark an konkreten Berechnungen orientierte, sehr ungewohnt. Insofern erlangte Ruffini keine Anerkennung durch zeitgenössische Mathematiker, so dass er versuchte, seine Argumentation nachzubessern und zu vereinfachen. Im Folgenden wird der zentrale Gedanke seines letzten Beweisversuchs von 1813 in leicht abgewandelter Form beschrieben[57].

Ruffinis Untersuchungen betreffen die Möglichkeiten, wie die Variablen eines vorliegenden Polynoms permutiert werden können, ohne dass sich das Polynom verändert. Beispielsweise bleibt das Polynom $xy - 3z^2$ bei einer Vertauschung der Variablen x und y unverändert; bei den anderen vier von der Identität verschiedenen Vertauschungen der drei Variablen hingegen nicht. Grundlage von Ruffinis Beweisversuch ist die folgende Aussage:

SATZ. Gegeben ist ein Polynom $g(x_1, ..., x_5)$ in den Variablen $x_1, ... x_5$ und die daraus gebildete m-te Potenz $f(x_1, ..., x_5) = g(x_1, ..., x_5)^m$, wobei m eine natürliche Zahl ist. Erfüllt nun das

---

[56] Zum Leben von Abel siehe Arild Stubhaug, *Ein aufleuchtender Blitz: Niels Henrik Abel und seine Zeit*, Berlin 2003 (norweg. Orig. 1996).

[57] Siehe Raymond G. Ayoub, *Paolo Ruffini's contributions to the quintic*, Archive for History Exact Sciences, **23** (1980), S. 253–277; Raymond G. Ayoub, *On the nonsolvability of the general polynomial*, American Mathematical Monthly, **89** (1982), S. 397–401; Christian Skau, *Gjensen med Abels og Ruffinis bevis for unmuligheten av å løse den generelle n' tegradsligningen algebraisk når n≥5*, Nordisk Matematisk Tidskrift (Normat), **38** (1990), S. 53–84, 192; Ivo Radloff, *Abels Unmöglichkeitsbeweis im Spiegel der modernen Galoistheorie*, Mathematische Semesterberichte, **45** (1998), S. 127–139.

Polynom f bezüglich der Vertauschung der Variablen $x_1, \ldots x_5$ die Identitäten

$$f(x_1, x_2, x_3, x_4, x_5) = f(x_2, x_3, x_1, x_4, x_5) = f(x_1, x_2, x_4, x_5, x_3),$$

so gelten die entsprechenden Identitäten auch für das Polynom g.

Ein Beweis beginnt mit der Feststellung, dass die Voraussetzung offensichtlich gleichbedeutend mit der Identität

$$g(x_1, x_2, x_3, x_4, x_5)^m = g(x_2, x_3, x_1, x_4, x_5)^m$$
$$= g(x_1, x_2, x_4, x_5, x_3)^m$$

ist. Damit muss es zwei m-te Einheitswurzeln ζ_1 und ζ_2 geben mit:

$$g(x_1, x_2, x_3, x_4, x_5) = \zeta_1\, g(x_2, x_3, x_1, x_4, x_5)$$
$$g(x_1, x_2, x_3, x_4, x_5) = \zeta_2\, g(x_1, x_2, x_4, x_5, x_3)$$

Indem man nun die der ersten Gleichung zugrunde liegende Permutation der Variablen – in beiden Gleichungen werden jeweils drei Variablen zyklisch vertauscht und die zwei anderen bleiben auf ihrem Platz – mehrfach anwendet, erhält man das folgende Resultat:

$$g(x_1, x_2, x_3, x_4, x_5) = \zeta_1\, g(x_2, x_3, x_1, x_4, x_5)$$
$$= \zeta_1^2\, g(x_3, x_1, x_2, x_4, x_5)$$
$$= \zeta_1^3\, g(x_1, x_2, x_3, x_4, x_5)$$

Insgesamt, das heißt zusammen mit der entsprechenden Berechnung für die zweite Permutation, erkennt man so

$$\zeta_1^3 = \zeta_2^3 = 1.$$

Nun werden die beiden Permutationen noch miteinander kombiniert. Konkret wird zunächst die erste und dann die zweite Permutation der Variablen ausgeführt:

$$g(x_1, x_2, x_3, x_4, x_5) = \zeta_1\, g(x_2, x_3, x_1, x_4, x_5)$$
$$= \zeta_1\zeta_2\, g(x_2, x_3, x_4, x_5, x_1)$$

Wird zuvor die erste Permutation nochmals durchgeführt, so erhält man

$$g(x_1, x_2, x_3, x_4, x_5) = \zeta_1\, g(x_2, x_3, x_1, x_4, x_5)$$
$$= \zeta_1^2\zeta_2\, g(x_3, x_1, x_4, x_5, x_2).$$

Bei den beiden Permutationen, die den zwei zuletzt hergeleiteten Gleichungen zugrunde liegen, werden die fünf Variablen zyklisch vertauscht (konkret handelt es sich dabei um die beiden Zyklen $x_1 \rightarrow x_2 \rightarrow x_3 \rightarrow x_4 \rightarrow x_5 \rightarrow x_1$, $x_1 \rightarrow x_3 \rightarrow x_4 \rightarrow x_5 \rightarrow x_2 \rightarrow x_1$). Entsprechend der bereits für die beiden Dreier-Zykel durchgeführten Argumentation findet man daher

$$\left(\zeta_1 \zeta_2\right)^5 = \left(\zeta_1^2 \zeta_2\right)^5 = 1.$$

Aus diesen beiden Identitäten folgt nun zunächst $\zeta_1^5 = 1$ und dann zusammen mit einer der bereits vorher gefundenen Gleichungen $\zeta_1 = \left(\zeta_1^3\right)^2 \left(\zeta_1^5\right)^{-1} = 1$. Darauf aufbauend ergibt sich nun auch $\zeta_2^5 = 1$ und $\zeta_2 = \left(\zeta_2^3\right)^2 \left(\zeta_2^5\right)^{-1} = 1$, woraus schließlich die behaupteten Identitäten für das Polynom g folgen.

Mit der so bewiesenen Eigenschaft über Polynome in fünf Variablen kann es nun umgehend plausibel gemacht werden, dass eine Auflösungsformel für die allgemeinen Gleichung fünften Grades nicht existieren kann – zumindest nicht in der Art und Weise, wie die Auflösungsformeln für die Gleichungen bis zum vierten Grade aufgebaut sind: Wie von Lagrange beschrieben, handelt es sich bei einer solchen Auflösung der allgemeinen Gleichung darum, ausgehend von den elementarsymmetrischen Polynomen schrittweise Polynome g_1, g_2, ... in den Variablen x_1, x_2, ... dadurch zu bestimmen, dass für jedes einzelne von ihnen eine Potenz gefunden wird, die aus bereits in vorangegangen Schritten bestimmten Polynomen mittels der vier Grundrechenarten bestimmt werden kann. Der j-te Schritt hat also die Gestalt

$$g_j(x_1, x_2, \ldots)^{m_j} = f_j(x_1, x_2, \ldots),$$

wobei die Funktion f_j nur auf Basis der elementarsymmetrischen Polynome sowie der in vorangegangenen Schritten bestimmten Polynome g_1, g_2, ..., g_{j-1} mittels der vier Grundrechenarten gebildet ist. Besitzt die gegebene allgemeine Gleichung einen Grad von fünf (oder höher), so lässt sich Ruffinis Argument induktiv dahingehend anwenden, dass jedes Polynom g_j die Eigenschaft

$$g_j(x_1, x_2, x_3, x_4, x_5) = g_j(x_2, x_3, x_1, x_4, x_5)$$
$$= g_j(x_1, x_2, x_4, x_5, x_3)$$

erfüllen muss. Keiner der Schritte kann daher zu einem dem letzten Auflösungsschritt entsprechenden Polynom wie zum Beispiel $g_j(x_1, x_2, ...) = x_1$ führen.[58]

Aufgaben

1. Stellen Sie zu einer gegebenen kubischen Gleichung

$$x^3 + ax^2 + bx + c = 0$$

diejenige kubische Gleichung auf, welche als Lösungen die Quadrate der Lösungen der vorgegebenen Gleichung besitzt.

2. Zeigen Sie, dass die Lösung der allgemeinen biquadratischen Gleichung

$$x^4 + ax^3 + bx^2 + cx + d = 0$$

auch direkt, das heißt ohne Transformation in eine reduzierte biquadratische Gleichung (das heißt ohne x^3), erfolgen kann, indem für die Resolvente

$$z = x_1 x_2 + x_3 x_4$$

---

[58] Natürlich stellt sich die Frage, in welchen Punkten Ruffinis Argumentation lückenhaft ist und wie diese Defizite geschlossen werden können:

Bereits erwähnt wurde, dass Abel einen Beweis dafür lieferte, dass eine Lösung der allgemeinen Gleichung mit Radikalen, sollte sie überhaupt möglich sein, immer auch so erfolgen kann, dass jeder Zwischenschritt einem Polynom in den Lösungen entspricht. Eine kommentierte Wiedergabe von Abels Beweis findet man bei Peter Pesic, *Abels Beweis*, Berlin 2005 (amerikan. Orig. 2003), S. 155–174.

Alternativ zu Abels Argumentation ist es aber auch möglich, Permutationen auf (formale) Ausdrücke, die geschachtelte Wurzeln beinhalten, wie beispielsweise

$$\sqrt[5]{1 + x_3 + \sqrt{x_1 + x_2^3 x_4}}$$

auszudehnen. Einen vollständigen Beweis, der auf diesem Ansatz basiert, findet man bei John Stillwell, *Galois theory for beginners*, American Mathematical Monthly, **101** (1994), S. 22–27.

Zugunsten der wesentlich allgemeineren Sicht, den Galois' Ansatz bietet, soll hier aber auf eine genauere Darlegung verzichtet werden.

eine kubische Gleichung konstruiert wird, um dann aus der Resolvente z die Lösungen der biquadratischen Gleichung zu berechnen.

3. Führen Sie die zu Aufgabe 2 entsprechenden Berechnungen für die Resolvente

$$z = (x_1 + x_2)(x_3 + x_4)$$

durch.

4. Für zwei Polynome mit den Linearfaktor-Zerlegungen

$$f(X) = (X - x_1) \dots (X - x_n) \quad \text{und} \quad g(X) = (X - y_1) \dots (X - y_m)$$

definiert man die so genannte **Resultante** durch

$$R(f, g) = \prod_{i=1}^{n} \prod_{j=1}^{m} (x_i - y_j).$$

Offensichtlich ist die Resultante genau dann gleich 0, wenn die beiden Polynome eine gemeinsame Nullstelle besitzen. Zeigen Sie, dass die Resultante mit einer polynomialen Formel aus den Koeffizienten der beiden Polynome f und g berechenbar ist. Geben Sie für den Fall $n = m = 2$ eine explizite Formel an.

5. Eine Permutation wird **Zykel** genannt, wenn sie k der n Zahlen 1, 2, ..., n zyklisch vertauscht und die anderen $n - k$ Zahlen auf ihrem Platz belässt. Ein Zykel, der genau zwei Zahlen vertauscht, wird auch **Transposition** genannt.

Zeigen Sie:
- Jede Permutation ist das Produkt von Zykeln.
- Jeder Zykel ist das Produkt von Transpositionen.
- Jede Permutation ist das Produkt von Transpositionen.
- Jede Permutation ist das Produkt von solchen Transpositionen, welche die Zahl 1 mit einer anderen Zahl vertauschen.
- Jede Permutation ist das Produkt von solchen Transpositionen, welche zwei aufeinanderfolgende Zahlen j und $j + 1$ miteinander vertauschen.

6 Gleichungen, die sich im Grad reduzieren lassen

Anders als bei der Gleichung $x^5 - 2x^4 - 4x^3 + 2x^2 + 11x + 4 = 0$, *deren Lösungen aus einer quadratischen und einer kubischen Gleichung mit ganzen Koeffizienten bestimmt werden können, ist Vergleichbares bei der Gleichung* $2x^5 + 6x^2 + 3 = 0$ *nicht möglich. Wie ist dieser Unterschied einerseits begründet und anderseits erkennbar?*

6.1. Handelten die bisherigen Kapitel von Techniken, für Gleichungen eines bestimmten Grades allgemein gültige Auflösungsformeln zu finden, so haben wir nun Abels Nachweis für die Unmöglichkeit, die allgemeine Gleichung fünften oder höheren Grades mit Radikalen zu lösen, dadurch Rechnung zu tragen, uns bei Gleichungen ab dem fünften Grad auf spezielle Gleichungen zu beschränken.

Die erste der beiden in der Fragestellung angeführten Gleichungen ist ein Beispiel dafür, dass auch ohne eine vollständige Zerlegung in Linearfaktoren eine Vereinfachung dadurch möglich sein kann, dass eine Produktzerlegung gefunden wird, bei der die Faktoren Polynome mit einem Grad größer als 1 sind. Wegen

$$x^5 - 2x^4 - 4x^3 + 2x^2 + 11x + 4 = \left(x^3 - 3x - 4\right)\left(x^2 - 2x - 1\right)$$

ergeben sich drei der insgesamt fünf Lösungen aus der kubischen Gleichung

$$x^3 - 3x - 4 = 0$$

und die zwei restlichen Lösungen aus der quadratischen Gleichung

$$x^2 - 2x - 1 = 0.$$

Mit den in den vorangegangenen Kapiteln behandelten Methoden findet man daher insgesamt die Lösungen

© Springer Fachmedien Wiesbaden GmbH, ein Teil von Springer Nature 2019
J. Bewersdorff, *Algebra für Einsteiger*,

$$x_{1,2,3} = \zeta \sqrt[3]{2 + \sqrt{3}} + \zeta^2 \sqrt[3]{2 - \sqrt{3}} \quad \text{mit } \zeta^3 = 1$$

$$x_{4,5} = 1 \pm \sqrt{2}$$

Für die zweite Gleichung ist eine entsprechende Zerlegung des Polynoms $2x^5 + 6x^2 + 3$ in zwei Polynome mit rationalen Koeffizienten nicht möglich. Wieso eine solche negative Aussage möglich ist und wie im positiven Fall Zerlegungen gefunden werden können, davon soll im weiteren Verlauf dieses Kapitels die Rede sein. Dabei werden wir abweichend von den bisherigen Kapiteln, bei denen meist konkrete Berechnungen im Vordergrund standen, in mehr qualitativer Hinsicht verschiedene Eigenschaften von Polynomen mit rationalen oder sogar ganzen Koeffizienten untersuchen. Die Beweise sind nicht allzu schwierig und lang, weisen aber im Vergleich zu den Berechnungen der diversen Auflösungsformeln eine ganz andere Art der Argumentation auf.

In der Hauptsache werden unsere Überlegungen davon handeln, wie sich die Untersuchung der Möglichkeiten einer Produktzerlegung in Polynome mit *rationalen* Koeffizienten dadurch vereinfachen lässt, dass diese Untersuchung auf solche Polynome beschränkt werden kann, die sogar *ganze* Koeffizienten besitzen. Die zu untersuchende Gesamtheit wird mit einer solchen Verfahrensweise nicht nur entscheidend reduziert. Darüber hinaus können weitere Folgerungen auf der Basis von Teilbarkeitsbeziehungen abgeleitet werden, und zwar in zweierlei Hinsicht: Sind solche Zerlegungen überhaupt möglich und wenn ja, welche Zusatzbedingungen müssen sie erfüllen?

Grundlage der Anwendungen ist der folgende, auf Carl Friedrich Gauß zurückgehende Satz:

SATZ. Sind $g(x)$ und $h(x)$ zwei Polynome, bei denen der Koeffizient der höchsten Potenz jeweils gleich 1 ist – man nennt solche Polynome **normiert** –, deren andere Koeffizienten allesamt rational sind und deren Produkt $g(x) \cdot h(x)$ lauter ganze Koeffizienten besitzt, dann sind auch sämtliche Koeffizienten der beiden Polynome $g(x)$ und $h(x)$ ganze Zahlen.

Übrigens kann der Satz als eine drastische Verallgemeinerung der wohlbekannten Aussage, dass die Quadratwurzel aus 2 kein Bruch ist, angesehen werden: Das Polynom $x^2 - 2$ kann nämlich keine Zerlegung in Linearfaktoren mit rationalen Koeffizienten erlauben, da diese Koeffizienten ansonsten sogar ganze Zahlen sein müssten, was aber offensichtlich nicht der Fall sein kann. Auch der Beweis des Satzes, den wir im Kasten „Die Zerlegung von Polynomen mit ganzen Koeffizienten" ausführen werden, weist in seiner Argumentation eine gewisse Verwandtschaft auf mit dem klassischen Beweis dafür, dass die Quadratwurzel aus 2 irrational ist: Grundlage ist beides mal eine detaillierte Prüfung von Teilbarkeitsbeziehungen, wobei die zur Behauptung gegenteilige Annahme zum Widerspruch geführt wird.

Die Zerlegung von Polynomen mit ganzen Koeffizienten

SATZ. Sind $g(x)$ und $h(x)$ zwei normierte Polynome mit rationalen Koeffizienten, deren Produkt $g(x) \cdot h(x)$ lauter ganze Koeffizienten besitzt, dann sind auch sämtliche Koeffizienten der beiden Polynome $g(x)$ und $h(x)$ ganze Zahlen.

Der Nachweis dieses auf Gauß zurückgehenden Satzes beginnt damit, dass man bei jedem der beiden Polynome $g(x)$ und $h(x)$ eventuell vorhandene Nenner „wegmultipliziert". Konkret nehmen wir zwei positive ganze Zahlen a und b, beide mit minimaler Größe, für welche die beiden Polynome $a \cdot g(x)$ und $b \cdot h(x)$ ausnahmslos ganze Koeffizienten besitzen, die wir mit $c_0, c_1, \ldots$ beziehungsweise mit $d_0, d_1, \ldots$ bezeichnen wollen. Nun wird das Produkt $ab \cdot g(x) \cdot h(x)$ untersucht:

Wir werden gleich durch Widerspruch zeigen, dass es keine Primzahl p gibt, die alle Koeffizienten des Produktpolynoms $ab \cdot g(x) \cdot h(x)$ teilt. Damit wird die Behauptung bewiesen sein: Da bereits das Produkt $g(x) \cdot h(x)$ lauter ganze Koeffizienten besitzt, folgt zunächst $ab = 1$ und daher $a = b = 1$, so dass nach Konstruktion dieser beiden Zahlen die gegebenen Polynome $g(x)$ und $h(x)$ keiner Beseitigung des Nenners bedurft hätten, da ihre Koeffizienten ausnahmslos ganze Zahlen sind.

Nehmen wir nun also an, dass es eine Primzahl p gibt, die alle Koeffizienten des Produktpolynoms $ab \cdot g(x) \cdot h(x)$ teilt. Bezugnehmend auf diese Primzahl p unterscheiden wir nun zwei Unterfälle, die wir einzeln zum Widerspruch führen:

1. Zunächst behandeln wir den Fall, bei dem weder das Polynom $a \cdot g(x)$, noch das Polynom $b \cdot h(x)$ lauter durch die Primzahl p teilbare Koeffizienten besitzt. Es lassen sich dann kleinste Indizes j und k derart auswählen, für die weder der Koeffizient c_j noch d_k durch p teilbar ist. Der Koeffizient zur Potenz x^{j+k} des Polynoms $ab \cdot g(x) \cdot h(x)$, der sich als Summe

$$c_j d_k + c_{j-1} d_{k+1} + \ldots + c_{j+1} d_{k-1} + \ldots$$

ergibt, ist nun – im Widerspruch zur gemachten Annahme – aufgrund der getroffenen Auswahl der Indizes j und k nicht durch p teilbar, da der erste Summand nicht durch p teilbar sein kann, während alle anderen Summanden durch p teilbar sind.

2. Im zweiten Unterfall gehen wir davon aus, dass die Koeffizienten einer der beiden Faktoren $a \cdot g(x)$ und $b \cdot h(x)$ ausnahmslos durch die Primzahl p teilbar sind. Ohne Einschränkung können wir annehmen, dass dies für $a \cdot g(x)$ zutrifft. Da beim Polynom $g(x)$ der Koeffizient der höchsten Potenz gleich 1 ist, muss zunächst a selbst durch p teilbar sein. Insbesondere ist also a größer als 1. Das ist aber bereits der gewünschte Widerspruch, da auch das Polynom $(a/p) \cdot g(x)$ lauter ganze Koeffizienten besitzt und daher der Faktor a nicht wie angenommen minimal gewählt sein kann.

Wendet man den Satz auf den Spezialfall der Abspaltung eines Linearfaktors an, so erkennt man sofort, dass normierte Polynome mit ganzzahligen Koeffizienten im Bereich der rationalen Zahlen nur ganzzahlige Lösungen haben können. Da sie außerdem den absoluten Koeffizienten, das heißt den Koeffizienten zur nullten Potenz der Unbekannten, teilen müssen, lassen sie sich immer durch Probieren in endlich vielen Schritten finden.

6.2. Bevor wir einen Weg beschreiben, wie in vielen Einzelfällen der Nachweis einer Unmöglichkeit einer Produktzerlegung in Polynome mit rationalen Koeffizienten entscheidend vereinfacht werden kann, soll noch auf die konstruktive Anwendungsmöglichkeit des Satzes hingewiesen werden. Wie kann, so wollen wir uns fragen, eine existierende Produktzerlegung gefunden werden? Als Beispiel greifen wir auf das erste in der Eingangsfrage angeführte Polynom $x^5 - 2x^4 - 4x^3 + 2x^2 + 11x + 4$ zurück: Auf jeden Fall muss entweder ein Polynom ersten oder zweiten

Grades als Bestandteil der Zerlegung gefunden werden können, wobei wir uns bei der Suche auf normierte und damit aufgrund des Satzes ganzzahlige Polynome beschränken können. Daher kann zunächst die Existenz eines Linearfaktors mit rationalen Koeffizienten verneint werden – dazu sind lediglich die sechs Teiler des absoluten Koeffizienten, nämlich ± 1, ± 2 und ± 4 durch Probieren als Nullstellen des zu zerlegenden Polynoms auszuschließen. Folglich muss eine Zerlegung, sollte sie überhaupt existieren, auf jeden Fall die Form

$$x^5 - 2x^4 - 4x^3 + 2x^2 + 11x + 4 = \left(x^2 + ax + b\right)\left(x^3 - (a+2)x^2 + cx + \tfrac{4}{b}\right)$$

aufweisen, wobei a und c ganze Zahlen sind und für b sogar nur die sechs Möglichkeiten $b = \pm 1, \pm 2, \pm 4$ bestehen. Noch weitere Eingrenzungen erhält man, wenn man bei dem zu zerlegenden Polynom fünften Grades Funktionswerte von ganzzahligen Argumenten auswertet: So ergibt sich an der Stelle $x = 2$ der Funktionswert 2, so dass aufgrund der unterstellten Produktzerlegung der dortige Funktionswert des quadratischen Polynoms 2 teilen muss. Damit muss der Ausdruck $4 + 2a + b$ einen der vier Werte $\pm 1, \pm 2$ annehmen. Bereits diese beiden Eingrenzungen erlauben es, dass insgesamt „nur" noch die den $6 \cdot 4 = 24$ Kombinationen entsprechenden Möglichkeiten durchprobiert werden müssen.[59]

Mit einer solchen Art der Eingrenzung können natürlich auch negative Aussagen dahingehend nachgewiesen werden, dass ein gegebenes Polynom mit ganzzahligen Koeffizienten nicht als Produkt von zwei Polynomen geringeren Grades mit rationalen Koeffizienten darstellbar ist – man nennt es dann **irreduzibel** über den rationalen Zahlen.

6.3. Wie schon angekündigt, gibt es für einen solchen Nachweis der Irreduzibilität häufig einfachere Wege, die entscheidenden Gebrauch von

---

[59] Ein ganz andere Art des Vorgehens wird möglich, wenn man die fünf komplexen Nullstellen des zu zerlegenden Polynoms mit Näherungsverfahren numerisch bestimmt. Dann ist nur noch zu prüfen, welche mögliche Auswahl von Linearfaktoren ein ganzzahliges Polynom ergeben – eine von Rundungsfehlern unabhängige Bestätigung kann durch Ausmultiplizieren der gegebenenfalls derart gefundenen Polynome erfolgen.

Wer es ganz eilig hat, kann auch ein Computer-Algebra-System verwenden. So erhält man beispielsweise beim Programm MuPAD durch Eingabe von

```
factor(poly(x^5-2*x^4-4*x^3+2*x^2+11*x+4,[x]))
```
sofort die gesuchte Produktzerlegung.

Teilbarkeitsbeziehungen machen. Auf das in der Eingangsfrage angeführte Polynom $2x^5 + 6x^2 + 3$ anwendbar ist das so genannte **Eisenstein'sche Irreduzibilitätskriterium**, benannt nach dem Mathematiker Ferdinand Gotthold Max Eisenstein (1823–1852), der diesen Satz 1850 bewies, und zwar unabhängig von einem vier Jahre vorher durch Theodor Schönemann gegebenen Beweis:

SATZ. Gegeben sei ein Polynom $f(x) = x^n + a_{n-1}x^{n-1} + \ldots + a_1x + a_0$, dessen ganzzahlige Koeffizienten für eine Primzahl p die folgenden Teilbarkeitsbedingungen erfüllen:

- $a_{n-1}, \ldots, a_1, a_0$ sind durch p teilbar und
- a_0 ist aber nicht durch p^2 teilbar.

Dann ist das Polynom $f(x)$ über den rationalen Zahlen irreduzibel.

Der Beweis des Eisenstein'sche Irreduzibilitätskriteriums ist nicht sehr schwierig und ist im Kasten „Das Eisenstein'sche Irreduzibilitätskriterium" zu finden.

Um mit der angeführten Version des Eisenstein'schen Irreduzibilitätskriteriums feststellen zu können, dass das zweite in der Eingangsfrage angeführte Polynom $2x^5 + 6x^2 + 3$ tatsächlich irreduzibel über den rationalen Zahlen ist, das heißt, dass es nicht in ein Produkt von zwei Polynomen mit niedrigerem Grad und rationalen Koeffizienten zerlegt werden kann, bedarf es eines kleinen Kunstgriffs. Um ein normiertes Polynom zu erhalten, geht man zunächst zum mit 16 multiplizierten Polynom $(2x)^5 + 24(2x)^2 + 48$ über. Gemäß dem Eisenstein'schen Irreduzibilitätskriterium, angewendet auf die Primzahl $p = 3$, ist das Polynom $y^5 + 24y^2 + 48$ über den rationalen Zahlen irreduzibel. Damit ist auch das Polynom $2x^5 + 6x^2 + 3$ über den rationalen Zahlen irreduzibel, da sich eine Zerlegung sofort auf $y^5 + 24y^2 + 48$ übertragen ließe.

6.4. Eine wichtige Anwendung des Eisenstein'schen Irreduzibilitätskriteriums bezieht sich auf die Kreisteilungsgleichung $x^n - 1 = 0$. Da der Linearfaktor $(x - 1)$ abgespalten werden kann, ist diese Kreisteilungsgleichung natürlich für $n > 1$ nie irreduzibel. Allerdings ist für Primzahlexponenten n die Abspaltung des Linearfaktors $(x - 1)$ die einzige Möglichkeit einer Produktzerlegung in Polynome mit rationalen Koeffizienten. Es kann nämlich gezeigt werden, dass das Polynom

$$\frac{x^n - 1}{x - 1} = x^{n-1} + x^{n-2} + \ldots + x^2 + x + 1$$

im Fall, dass n eine Primzahl ist, irreduzibel über den rationalen Zahlen ist. Zum Beweis führt man die Substitution $x = y + 1$ durch und erhält mit Hilfe des binomischen Lehrsatzes

$$\frac{(y+1)^n - 1}{y} = y^{n-1} + \binom{n}{n-1} y^{n-2} + \ldots + \binom{n}{3} y^2 + \binom{n}{2} y + \binom{n}{1}$$

$$= y^{n-1} + \sum_{j=1}^{n-2} \frac{n \ldots (n-j)}{1 \cdot 2 \cdot \ldots (j+1)} \, y^j + n$$

Bekanntermaßen sind alle Binomialkoeffizienten ganze Zahlen. Dabei zeigt die zuletzt angegebene Darstellung, dass die in der Summation auftauchenden Binomialkoeffizienten allesamt durch n teilbar sind, denn der im Zähler auftauchende Primfaktor n kann im Nenner nicht aufgehoben werden. Damit ist das Eisenstein'sche Irreduzibilitätskriterium in Bezug auf die Primzahl n auf das Polynom $(x^n - 1)/(x - 1)$ anwendbar, womit dieses Polynom als irreduzibel über den rationalen Zahlen nachgewiesen ist.

Das Eisenstein'sche Irreduzibilitätskriterium

SATZ. Das Polynom $f(x) = x^n + a_{n-1}x^{n-1} + \ldots + a_1 + a_0$ sei gegeben, wobei dessen ganzzahlige Koeffizienten für eine Primzahl p die folgenden Teilbarkeitsbedingungen erfüllen:

• $a_{n-1}, \ldots, a_1, a_0$ sind durch p teilbar und
• a_0 ist aber nicht durch p^2 teilbar.

Dann ist das Polynom $f(x)$ über den rationalen Zahlen irreduzibel.

Der Beweis lässt sich wieder indirekt führen, das heißt, die zur Behauptung gegenteilige Annahme wird zum Widerspruch geführt. Wir gehen daher von einer Produktzerlegung $f(x) = g(x) \cdot h(x)$ in zwei normierte Polynome $g(x)$ und $h(x)$ mit rationalen Koeffizienten aus: $g(x) = c_r x^r + c_{r-1}x^{r-1} + \ldots + c_0$ und $h(x) = d_s x^s + d_{s-1}x^{s-1} + \ldots + d_0$ mit

$c_r = d_s = 1$. Dabei wird vorausgesetzt, dass die beiden Polynomgrade r und s größer oder gleich 1 sind.

Aufgrund des letzten Satzes müssen alle Koeffizienten $c_r, c_{r-1}, ..., c_0$, $d_s, d_{s-1}, ..., d_0$ sogar ganze Zahlen sein. Da das Produkt $a_0 = c_0 d_0$ durch die Primzahl p, aber nicht durch p^2 teilbar ist, muss genau einer der beiden Koeffizienten c_0 und d_0 durch p teilbar sein. Ohne Einschränkung nehmen wir an, dass dies c_0 sei; der Koeffizient d_0 kann damit nicht durch p teilbar. Wegen $c_r = 1$ findet man einen kleinsten Index j, für den c_j nicht durch p teilbar ist. Für den entsprechenden Koeffizienten a_j des Polynoms $f(x)$ gilt die Formel

$$a_j = c_j d_0 + c_{j-1} d_1 + ... + c_0 d_j \, ,$$

wobei der erste Summand nicht durch p teilbar ist, während jeder der anderen Summanden durch p teilbar ist. Damit ist a_j nicht durch p teilbar – wegen $j \leq r < n$ im Widerspruch zur Voraussetzung.

Aufgaben

1. Gesucht ist über den rationalen Zahlen eine Zerlegung des Polynoms

$$x^6 + 9x^5 + 19x^4 - 4x^3 + 5x^2 - 13x - 3$$

in irreduzible Faktoren.

2. Man zeige, dass das Polynom

$$x^6 + 4x^5 - 2x^4 + x^3 - 3x^2 + 5x + 1$$

über den rationalen Zahlen irreduzibel ist.

7 Die Konstruktion regelmäßiger Vielecke

Mit den Worten „Durch angestrengtes Nachdenken ... am Morgen ... (ehe ich aus dem Bette aufgestanden war)" beschreibt Carl Friedrich Gauß die Umstände seiner im Jahr 1796 gemachten Entdeckung, dass das regelmäßige Siebzehneck mit alleiniger Verwendung von Zirkel und Lineal konstruiert werden kann. Wie konnte es Gauß überhaupt bewerkstelligen, die Möglichkeit einer geometrischen Konstruktion rein gedanklich zu analysieren?

7.1. Die Entdeckung des achtzehnjährigen Gauß vom 29. März 1796 markiert den Beginn eines mathematischen Lebenswerkes, das an Umfang und Bedeutung kaum seines Gleichen finden dürfte.[60] Gauß selbst erläuterte in der Allgemeinen Literaturzeitung seine das „ordentliche", das heißt das regelmäßige, Siebzehneck betreffende Entdeckung wie folgt:[61]

> Es ist jedem Anfänger der Geometrie bekannt, dass verschiedene ordentliche Vielecke, namentlich Dreieck, Fünfeck, Fünfzehneck und die, welche durch wiederholte Verdopplung der Seitenzahl derselben entstehen, sich geometrisch konstruieren lassen. So weit war man schon zu Euklids Zeit, und es scheint, man habe sich seitdem allgemein überredet, dass das Gebiet der Elementargeometrie sich nicht weiter erstrecke; wenigstens kenne ich keinen glücklichen Versuch, ihre Grenzen auf dieser Seite zu erweitern.
>
> Desto mehr dünkt mich, verdient die Entdeckung Aufmerksamkeit,

---

[60] Die Chronologie der Entdeckungen von Gauß ist außerordentlich gut durch ein in Latein geführtes, mathematisches Tagebuch dokumentiert, dessen erste Eintragung „Grundlagen, auf die sich die Teilung des Kreises stützt, und zwar dessen geometrische Teilbarkeit in siebzehn Teile etc." lautet. Siehe C. F. Gauß, *Mathematisches Tagebuch, 1796–1814*, Ostwalds Klassiker Nr. 256, Leipzig 1976.

[61] Zitiert nach Kurt R. Biermann (Hrsg.), *Carl Friedrich Gauss, Der „Fürst der Mathematiker" in Briefen und Gesprächen*, Leipzig 1990. S. 55. Auch innerhalb der Eingangsfrage wurde aus einem dort abgedruckten Brief an C. L. Gerling vom 6.1.1819 zitiert (S. 54).

© Springer Fachmedien Wiesbaden GmbH, ein Teil von Springer Nature 2019
J. Bewersdorff, *Algebra für Einsteiger*,

dass außer jenen ordentlichen Vielecken noch eine Menge anderer, z.B. das Siebzehneck, einer geometrischen Konstruktion fähig ist ...

Geometrische Konstruktionen mit Zirkel und Lineal, meist von Dreiecken aus drei gegebenen Daten, sind noch heute ein klassischer Bestandteil schulischer Lehrpläne. Die Bedeutung solcher Aufgaben beruht weniger auf ihrer praktischen Anwendbarkeit, sondern – abgesehen von der bis in die Antike zurückreichenden Tradition – mehr auf dem Ziel, das logische Denkvermögen zu fördern. Die Konstruktion mit Zirkel und Lineal – gemeint ist ein markierungsloses Lineal ohne Maßstab – ist dabei auf fest vorgegebene Elementaroperationen beschränkt, mit denen zu schon konstruierten Punkten – begonnen wird mit einer Gerade der Länge 1 – weitere hinzu konstruiert werden:

- Ziehe einen Kreis, bei dessen Mittelpunkt es sich um einen schon konstruierten Punkt handelt und dessen Radius gleich dem Abstand zwischen zwei schon konstruierten Punkten ist.

- Zeichne eine Gerade durch zwei bereits konstruierte Punkte.

- Jeder Schnittpunkt von solchermaßen zu Stande gekommener Geraden und Kreise gilt als konstruiert.

Auf den ersten Blick scheint kein Zusammenhang zu bestehen zwischen solchen geometrische Konstruktionsaufgaben und den hier behandelten Gleichungen in einer Unbekannten. Allerdings haben wir bereits in Kapitel 2 gesehen, dass in der komplexen Zahlenebene die n-ten Einheitswurzeln, also die n Lösungen der Kreisteilungsgleichung $x^n - 1 = 0$, ein regelmäßiges n-Eck bilden, und zwar mit dem Einheitskreis als Umkreis; dabei dürfte Bild 24 sicher mehr sagen als die sprichwörtlichen tausend Worte. Wenn es also gelingt, für die ausgehend von $1 = (1, 0)$ gegen den Uhrzeigersinn nächste Ecke $\zeta = \cos(2\pi/n) + i \cdot \sin(2\pi/n)$ eine Koordinate derart zu bestimmen, dass sie einer geometrischen Konstruktion zugänglich wird, so ist die Konstruktion des regelmäßigen n-Ecks gelungen.

Gauß, dem die geometrische Deutung komplexer Zahlen als Punkte der Ebene bestens vertraut war – ihm zu Ehren spricht man gelegentlich sogar von der **Gauß'schen Zahlenebene** – gelang es nun, Kreisteilungsgleichungen mit Radikalen aufzulösen. Um dazu geeignete Zwischenwerte zu finden, ordnete er zunächst die n-ten Einheitswurzeln in einer ganz bestimmten Weise an, wobei ihm sein fundiertes Wissen über die Eigenschaften von Teilbarkeitsbeziehungen ganzer Zahlen entscheidende Impulse gab.

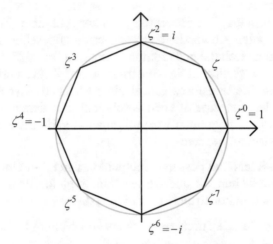

Bild 24   Die Lösungen der Kreisteilungsgleichung $x^8 - 1 = 0$ bilden ein regelmäßiges Achteck. Alle acht 8-ten Einheitswurzeln lassen sich als Potenzen $1, \zeta, \zeta^2, ..., \zeta^7$ von $\zeta = \cos(2\pi/8) + i \cdot \sin(2\pi/8)$ darstellen.

Am naheliegendsten ist es wohl, die Einheitswurzeln gemäß ihrer geometrischen Lage aufzuzählen, wie dies in Bild 24 dargestellt ist. Algebraisch entspricht das der Aufzählung $1, \zeta, \zeta^2, ..., \zeta^{n-1}$ mit $\zeta = \cos(2\pi/n) + i \cdot \sin(2\pi/n)$. Gauß erkannte nun aber, dass es durchaus Sinn machen kann, die Einheitswurzeln in einer ganz anderen Reihenfolge aufzuzählen, zumindest dann, wenn n eine Primzahl ist: Zunächst kommt es wegen $\zeta^n = 1$ bei den Exponenten j von ζ^j nur darauf an, welchen Rest diese bei der Division durch n ergeben. Daher kann man auf beliebige Aufzählungsreihenfolgen der Reste, die bei der Division durch n möglich sind, zurückgreifen: Neben der naheliegenden Reihenfolge 0, $1, 2, ..., n-1$ ist es bei Primzahlen n möglich, alle von 0 verschiedenen Reste $1, 2, ..., n-1$ statt durch wiederholte Addition von 1 durch eine wiederholte Multiplikation mit einer geeignet gewählten Zahl g zu erzeugen.[62] Dies führt zu einer Aufzählungsreihenfolge $g^0, g^1, g^2 ..., g^{n-2}$. Bezogen auf den Rest, der bei der Division einer solchen Zahl g durch n übrig bleibt, spricht man übrigens auch von einer so genannten **Primitivwurzel modulo n**.[63]

Im Fall von $n = 17$ kann beispielsweise $g = 3$ verwendet werden: Nach $g^0 = 1$, $g^1 = 3$, $g^2 = 9$ folgt zunächst $g^3 = 27$, was bei der Division durch 17 den Rest 10 ergibt. Danach folgt $3 \cdot 10 = 30$, was den Rest 13 ergibt. Insgesamt erhält man so die Aufzählungsreihenfolge

$$1, 3, 9, 10, 13, 5, 15, 11, 16, 14, 8, 7, 4, 12, 2, 6,$$

die bei einer gedachten Fortsetzung periodisch wieder mit 1 weitergehen würde.

Die so erzeugte Aufzählung der von 1 verschiedenen Einheitswurzeln, im Fall des regelmäßigen Siebzehnecks

$$\zeta^1, \zeta^3, \zeta^9, \zeta^{10}, \zeta^{13}, \zeta^5, \zeta^{15}, \zeta^{11}, \zeta^{16}, \zeta^{14}, \zeta^8, \zeta^7, \zeta^4, \zeta^{12}, \zeta^2, \zeta^6,$$

hat keinen anderen Zweck, als auf ihrer Basis Teilsummen der Einheitswurzeln – so genannte **Perioden** – zu bilden, die eine schrittweise Berechnung der Einheitswurzeln erlauben. Man beginnt mit den beiden Perioden, welche diejenigen Einheitswurzeln enthalten, die in der Aufzählung an ungerader beziehungsweise gerader Position stehen – sie werden als **achtgliedrige Perioden** bezeichnet:

$$\eta_0 = \zeta^1 + \zeta^9 + \zeta^{13} + \zeta^{15} + \zeta^{16} + \zeta^8 + \zeta^4 + \zeta^2$$
$$\eta_1 = \zeta^3 + \zeta^{10} + \zeta^5 + \zeta^{11} + \zeta^{14} + \zeta^7 + \zeta^{12} + \zeta^6$$

Weiter geht es mit den vier Perioden, welche diejenigen Einheitswurzeln beinhalten, die in der Aufzählung vier Positionen auseinander liegen. Als Summen von jeweils vier Einheitswurzeln werden sie als **viergliedrige Perioden** bezeichnet:

---

[62] Einen Beweis für diese Tatsache wird im Epilog auf Seite 191 gegeben.

[63] Der Zusatz **modulo** n wird allgemein als Kennzeichnung dafür verwendet, dass die betreffende Identität nur im Rahmen der bei der Division durch n entstehenden Reste gilt. Beispielsweise gilt $12 \equiv 46$ modulo 17, da -34 als Differenz von 12 und 46 ohne Rest durch 17 teilbar ist, so dass bei der Division von 12 und 46 durch 17 der gleiche Rest übrig bleibt.

$$\mu_0 = \zeta^1 + \zeta^{13} + \zeta^{16} + \zeta^4$$
$$\mu_1 = \zeta^3 + \zeta^5 + \zeta^{14} + \zeta^{12}$$
$$\mu_2 = \zeta^9 + \zeta^{15} + \zeta^8 + \zeta^2$$
$$\mu_3 = \zeta^{10} + \zeta^{11} + \zeta^7 + \zeta^6$$

Schließlich lassen sich noch acht **zweigliedrige Perioden** bilden, bei denen diejenigen Einheitswurzeln summiert sind, die in der Aufzählung acht Positionen auseinander liegen. Für unsere Zwecke reichen allerdings bereits zwei Perioden:

$$\beta_0 = \zeta^1 + \zeta^{16}$$
$$\beta_4 = \zeta^{13} + \zeta^4$$

Diese solchermaßen gebildeten Perioden sind alle reell und haben darüber hinaus die entscheidende Eigenschaft – und dies dürfte Gauß aufgrund der speziellen Konstruktion einzig „durch angestrengtes Nachdenken" erkannt haben –, dass jede von ihnen durch eine quadratische Gleichung aus den nächstlängeren Perioden bestimmt werden kann. Dazu werden die Perioden jeweils derart zu Paaren zusammengefasst, so dass jede Summe und jedes Produkt dieser Periodenpaare als Summe von Perioden der doppelten Länge darstellbar ist. Wir wollen uns dies nun im Einzelnen ansehen:

Die Berechnung beginnt mit den beiden achtgliedrigen Perioden η_0 und η_1. Relativ einfach zu berechnen ist deren Summe

$$\eta_0 + \eta_1 = \zeta^1 + \zeta^2 + \dots + \zeta^{16} = \left(1 + \zeta^1 + \zeta^2 + \dots + \zeta^{16}\right) - 1 = -1,$$

wobei einzig anzumerken ist, dass die Summe aller n-ten Einheitswurzeln stets gleich 0 ist – algebraisch folgt das sofort aus dem auf die Kreisteilungsgleichung angewendeten Vieta'schen Wurzelsatz; geometrisch ist 0 offensichtlich der Schwerpunkt der n Ecken. Dagegen sind zur Bestimmung des Produktes $\eta_0\eta_1$ in sehr mühsamer Weise 64 Produkte zu bilden und dann zu addieren. Mit Fleiß, aber völlig elementar findet man so $\eta_0\eta_1 = -4$. Damit lassen sich die beiden achtgliedrigen Perioden als Lösungen der quadratischen Gleichung

$$y^2 + y - 4 = 0$$

berechnen:

$$\eta_{0,1} = -\tfrac{1}{2} \pm \tfrac{1}{2}\sqrt{17}$$

Aus den beiden achtgliedrigen Perioden η_0 und η_1 können nun die vier viergliedrigen Perioden μ_0, μ_1, μ_2 und μ_3 berechnet werden, wobei wir wieder darauf verzichten, die Produktbildung der Perioden im Detail auszuführen:

$$\mu_0 + \mu_2 = \eta_0$$

$$\mu_0\mu_2 = \zeta^1 + \zeta^2 + \ldots + \zeta^{16} = \left(1 + \zeta^1 + \zeta^2 + \ldots + \zeta^{16}\right) - 1 = -1$$

$$\mu_1 + \mu_3 = \eta_1$$

$$\mu_1\mu_3 = -1$$

Die vier gefundenen Identitäten führen zu den beiden folgenden quadratischen Gleichungen, die eine Berechnung der viergliedrigen Perioden ermöglichen:

$$y^2 - \eta_0 y - 1 = 0$$

$$z^2 - \eta_1 z - 1 = 0$$

Die beiden Lösungen der ersten Gleichung sind $y_1 = \mu_0$ und $y_2 = \mu_2$; die Lösungen der zweiten Gleichung sind gleich $z_1 = \mu_1$ und $z_2 = \mu_3$.

Schließlich können wir nun die beiden zweigliedrigen Perioden β_1 und β_4 berechnen. Grundlage ist wieder die Bestimmung von deren Summe und deren Produkt:

$$\beta_0 + \beta_4 = (\zeta^1 + \zeta^{16}) + (\zeta^{13} + \zeta^4) = \mu_0$$

$$\beta_0\beta_4 = (\zeta^1 + \zeta^{16})(\zeta^{13} + \zeta^4) = \zeta^{14} + \zeta^5 + \zeta^{12} + \zeta^3 = \mu_1$$

Daraus ergibt sich die quadratische Gleichung

$$y^2 - \mu_0 y + \mu_1 = 0,$$

deren Lösungen die beiden zweigliedrigen Perioden $y_1 = \beta_0$ und $y_2 = \beta_4$ sind.

Wenn man will, kann die 17-te Einheitswurzel ζ aus der quadratischen Gleichung

$$y^2 - \beta_0 y + 1 = 0,$$

deren beide Lösungen gleich $y_1 = \zeta^1$ und $y_2 = \zeta^{16}$ sind, berechnet werden. In eine geometrische Konstruktion braucht diese quadratische Gleichung allerdings nicht mehr umgesetzt zu werden, da das regelmäßige Siebzehneck bereits auf Basis einer Strecke mit der Länge $\beta_0 = 2\cos(2\pi/17)$ konstruiert werden kann.

Löst man die gefundenen quadratischen Gleichungen nacheinander und nimmt dabei jeweils die Zuordnung der Lösungen aufgrund numerischer Näherungen vor, so erhält man als Endergebnis die bereits in der Einführung angeführte Identität

$$\beta_0 = 2\cos\frac{2\pi}{17} = -\frac{1}{8} + \frac{1}{8}\sqrt{17} + \frac{1}{8}\sqrt{34 - 2\sqrt{17}}$$
$$+ \frac{1}{4}\sqrt{17 + 3\sqrt{17} - \sqrt{34 - 2\sqrt{17}} - 2\sqrt{34 + 2\sqrt{17}}}.$$

Dieser Wurzelausdruck, den man auch bei Gauß findet (siehe Bild 26), zeigt nicht nur sofort, dass das regelmäßige Siebzehneck mit Zirkel und Lineal konstruiert werden kann, sondern erlaubt sogar die explizite Herleitung einer Konstruktion:[64] Grund ist die Tatsache, dass die Konstruierbarkeit eines Punktes mit Zirkel und Lineal äquivalent dazu ist, dass seine beiden Koordinaten allein durch rationale Zahlen und mehrfach geschachtelte *Quadrat*wurzeln mit rationalen Radikanden ausgedrückt werden können (siehe Kasten „Konstruktionen mit Zirkel und Lineal").

---

[64] Explizite Beschreibungen einer Konstruktion des regelmäßigen 17-Ecks findet man bei Ian Stewart, *Gauss*, Scientific American, 1977/7, S. 122–131 sowie bei Heinrich Tietze, *Gelöste und ungelöste mathematische Probleme*, München 1959, neunte Vorlesung.

Konstruktionen mit Zirkel und Lineal

Auf der Basis eines kartesischen Koordinatensystems kann die geometrische Problemstellung, welche Figuren und Punkte mit Zirkel und Lineal konstruiert werden können, rein algebraisch untersucht werden. Dabei ergibt sich die folgende Antwort:

> SATZ. Ausgehend von der Strecke von (0, 0) nach (1, 0) als „Ur-Maßstab" kann ein Punkt der Ebene genau dann mit Zirkel und Lineal konstruiert werden kann, wenn seine beiden Koordinaten ausschließlich durch rationale Zahlen und mehrfach geschachtelte Quadratwurzeln mit rationalen Radikanden dargestellt werden können.

Wir beginnen mit der Überlegung, dass ein Punkt mit entsprechenden Koordinaten tatsächlich mit Zirkel und Lineal konstruiert werden kann. Konkret zeigen wir, dass sowohl die vier arithmetischen Grundrechenarten als auch das Ziehen einer Quadratwurzel mittels Zirkel und Lineal durchführbar sind: Zunächst machen die drei linken Figuren von Bild 25 deutlich, wie aus bereits konstruierten Streckenlängen a und b sowie einer Strecke der Länge 1 Strecken der Längen $a + b$, $a - b$, $a \cdot b$ und a/b konstruiert werden können. Bei Addition und Subtraktion werden dazu einfach konstruierte Streckenlängen mit Hilfe des Zirkels an eine andere Stelle übertragen. Multiplikation und Division werden dadurch realisiert, dass man die grau dargestellten Parallelen konstruiert. Dadurch ergeben sich aufgrund des Strahlensatzes die angegebenen Proportionen.

Das Ziehen einer Quadratwurzel erlauben die Sätze für das rechtwinklige Dreieck. Am einfachsten ist die Handhabung auf Basis des Höhensatzes. Wie in der rechten Figur von Bild 25 dargestellt ist, wird dazu ausgehend von zwei Strecken mit den Längen 1 und a der Schnittpunkt einer Senkrechten mit einem Halbkreis vom Radius $(1 + a)/2$ konstruiert.

Auch die im Satz formulierte Umkehrung ist nicht allzu schwer zu beweisen. Dazu muss man nur die zu Beginn des Kapitels angeführten Operationen mit Zirkel und Lineal in ihrer Wirkung auf die Koordinaten der neu konstruierten Punkte analysieren.

298 LA GEOMETRIE.

est a l'autre, ce qui est le mesme que la Diuision; ou enfin trouuer vne, ou deux, ou plusieurs moyennes proportionnelles entre l'vnité, & quelque autre ligne; ce qui est le mesme que tirer la racine quarrée, ou cubique, &c. Et ie ne craindray pas d'introduire ces termes d'Arithmetique en la Geometrie, affin de me rendre plus intelligible.

La Multiplication. Soit par exemple A B l'vnité, & qu'il faille multiplier B D par B C, ie n'ay qu'a ioindre les poins A & C, puis tirer D E parallele a C A, & B E est le produit de cete Multiplication.

La Diuision. Oubien s'il faut diuiser B E par B D, ayant ioint les poins E & D, ie tire A C parallele a D E, & B C est le produit de cete diuision.

l'Extraction de la racine quarrée. Ou s'il faut tirer la racine quarrée de G H, ie luy adiouste en ligne droite F G, qui est l'vnité, & diuisant F H en deux parties esgales au point K, du centre K ie tire le cercle F I H, puis esleuant du point G vne ligne droite iusques à I, à angles droits sur F H, c'est G I la racine cherchée. Ie ne dis rien icy de la racine cubique, ny des autres, à cause que i'en parleray plus commodement cy aprés.

Comment on peut Mais souuent on n'a pas besoin de tracer ainsi ces li-

gne

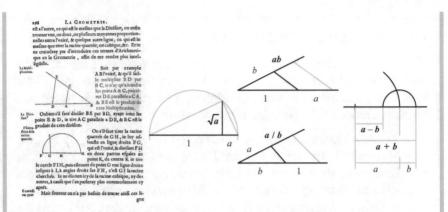

Bild 25 Wie die Grundrechenarten und das Ziehen einer Quadratwurzel mit Zirkel und Lineal realisiert werden können.

In historischer Hinsicht bleibt anzumerken, dass René Descartes als Erster konsequent geometrische Probleme mit Mitteln der Algebra formulierte und löste. Bild 25 zeigt im linken Teil eine Seite aus seinem 1637 erschienen Werk *La Géometrie*.[65] Decartes war damit zugleich der Erste, der Produkte und Potenzen geometrisch nicht ausnahmslos als Flächen- beziehungsweise Rauminhalte interpretierte, was zugleich einen unbefangeneren Umgang mit vierten und höheren Potenzen erlaubte. Mit dem Begriff der kartesischen Koordinaten, der sich von der latinisierten Form *Cartesius* seines Namens ableitet, wird noch heute an Decartes' Leistung erinnert.

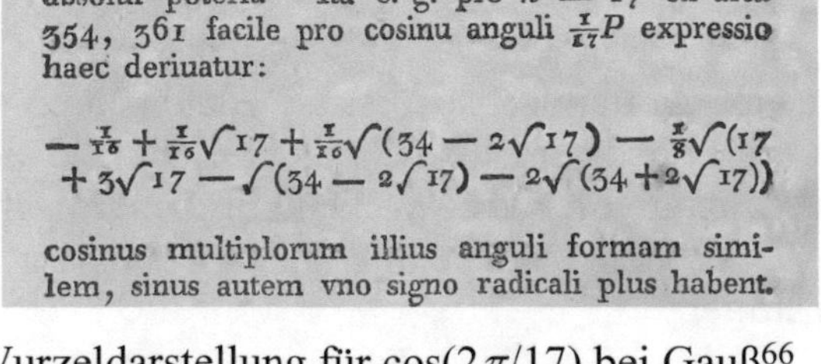

absolui poterit. Ita e. g. pro $n = 17$ ex artt. 354, 361 facile pro cosinu anguli $\frac{1}{17}P$ expressio haec deriuatur:

$$-\frac{1}{16}+\frac{1}{16}\sqrt{17}+\frac{1}{16}\sqrt{(34-2\sqrt{17})}-\frac{1}{8}\sqrt{(17+3\sqrt{17}-\sqrt{(34-2\sqrt{17})}-2\sqrt{(34+2\sqrt{17})})}$$

cosinus multiplorum illius anguli formam similem, sinus autem vno signo radicali plus habent.

Bild 26 Wurzeldarstellung für $\cos(2\pi/17)$ bei Gauß[66]

[65] Als Teil des anonymen Werks *Discours de la méthode pour bien conduire sa raison, et chercher la vérité dans les sciences* (Fn 48). Bild 25 zeigt S. 298 (bzw. 1664, S. 4).

[66] Carl Friedrich Gauß, *Disquisitiones arithmeticae* (Zahlentheoretische Untersuchun-

7.2. Um sich von der Existenz einer Konstruktionsmethode für das regelmäßige Siebzehneck zu überzeugen, musste Gauß die expliziten Berechnungen überhaupt nicht durchführen. Dafür reichte bereits die Erkenntnis darüber, dass mittels der Perioden eine sukzessive Berechnung der 17-ten Einheitswurzeln auf der Basis von quadratischen Gleichungen bewerkstelligt werden kann. Letztlich entscheidend dafür ist, dass zu jeder Periode eine andere Periode gleicher Länge gefunden werden kann, so dass Summe und Produkt der Beiden mittels Perioden der doppelten Länge ausgedrückt werden können. Wir wollen uns dies nun noch etwas genauer ansehen, um so noch weitere regelmäßige Vielecke, die ebenfalls mit Zirkel und Lineal konstruierbar sind, aufspüren zu können. Dabei sind leider auch etwas kompliziertere Berechnungen unvermeidlich, die allerdings für das Verständnis der nachfolgenden Kapitel unerheblich sind und daher ohne weiteres übersprungen werden können.

Wie schon beschrieben verwendet die von Gauß gefundene schrittweise Lösung der Kreisteilungsgleichung $x^n - 1 = 0$, wobei n eine Primzahl ist, eine so genannte Primitivwurzel modulo n. Damit gemeint ist eine Zahl g, für die in der Aufzählung $g^1, g^2, ..., g^{n-1}$ bei der Division durch n alle von 0 verschiedenen Reste $1, 2, ..., n-1$ genau einmal vorkommen. Für jede Produktzerlegung $e \cdot f = n - 1$ lassen sich nun zu jeder Potenz ζ^k der Einheitswurzel $\zeta = \cos(2\pi/n) + i \cdot \sin(2\pi/n)$ die f-gliedrigen Perioden definieren:

$$P_f\left(\zeta^k\right) = \zeta^k + \zeta^{kg^e} + \zeta^{kg^{2e}} + \ ... \ + \zeta^{kg^{(f-1)e}}$$

Abgesehen von dem sich für $k = 0, \pm n, ...$ ergebenden Sonderfall, für den alle Perioden gleich $P_f(1) = f$ sind, können wegen

$$P_f\left(\zeta^k\right) = P_f\left(\zeta^{kg^e}\right) = \ ... \ = P_f\left(\zeta^{kg^{(f-1)e}}\right)$$

höchstens e der f-gliedrigen Perioden verschieden sein:

$$P_f(\zeta), \ P_f\left(\zeta^g\right), \ P_f\left(\zeta^{g^2}\right), \ ... \ , \ P_f\left(\zeta^{g^{e-1}}\right)$$

gen), 1801, DOI: 10.3931/e-rara-4025, S. 662 (mit einem Druckfehler).

Die erste Eigenschaft, die nachgewiesen werden soll, bezieht sich auf das Produkt von zwei f-gliedrigen Perioden. Ein solches Produkt kann nämlich immer als Summe von f-gliedrigen Perioden dargestellt werden: Zunächst ergibt sich

$$P_f\left(\zeta^j\right)\cdot P_f\left(\zeta^k\right)=\left(\sum_{p=0}^{f-1}\zeta^{jg^{pe}}\right)\left(\sum_{q=0}^{f-1}\zeta^{kg^{qe}}\right)=\sum_{p=0}^{f-1}\sum_{q=0}^{f-1}\zeta^{jg^{pe}+kg^{qe}}$$

Transformiert man nun den Summationsindex der inneren Summe mittels $q = p + r$, so erhält man wie gewünscht

$$P_f\left(\zeta^j\right)\cdot P_f\left(\zeta^k\right)=\sum_{p=0}^{f-1}\sum_{r=0}^{f-1}\zeta^{\left(j+kg^{re}\right)g^{pe}}=\sum_{r=0}^{f-1}\sum_{p=0}^{f-1}\zeta^{\left(j+kg^{re}\right)g^{pe}}=\sum_{r=0}^{f-1}P_f\left(\zeta^{j+kg^{re}}\right)$$

Für den Sonderfall $j = k$ ergibt sich

$$P_f\left(\zeta^j\right)^2=\sum_{q=0}^{f-1}P_f\left(\zeta^{j+jg^{qe}}\right)=\sum_{q=0}^{f-1}P_f\left(\zeta^{j(1+g^{qe})}\right)$$

Ist die Zahl e gerade, so können die f-gliedrigen Perioden wie im Fall $n = 17$ paarweise mittels quadratischer Gleichungen aus $2f$-gliedrigen Perioden berechnet werden. Offensichtlich ist zunächst die Identität

$$P_f\left(\zeta^k\right)+P_f\left(\zeta^{kg^{e/2}}\right)=P_{2f}\left(\zeta^k\right)$$

Um zu erkennen, dass auch das entsprechende Produkt einer Summe von $2f$-gliedrigen Perioden entspricht, reicht es zu zeigen, dass die Summe der beiden Quadrate eine solche Darstellung besitzt:

$$P_f\left(\zeta^k\right)^2+P_f\left(\zeta^{kg^{e/2}}\right)^2=\sum_{q=0}^{f-1}\left(P_f\left(\zeta^{k(1+g^{qe})}\right)+P_f\left(\zeta^{kg^{e/2}(1+g^{qe})}\right)\right)$$

$$=\sum_{q=0}^{f-1}P_{2f}\left(\zeta^{k(1+g^{qe})}\right)$$

Wie zweckmäßig diese allgemeine Formel ist, wird sofort jedem klar, der bei der Untersuchung des regelmäßigen Siebzehnecks die 64 Terme des Produkts $\eta_0\eta_1$ mühevoll berechnet hat (siehe Seite 94). Im Vergleich zur expliziten Berechnung erhält man das Ergebnis mit der gerade hergeleiteten Formel deutlich schneller:

$$\eta_0^2 + \eta_1^2 = P_8(\zeta)^2 + P_8(\zeta^3)^2 = \sum_{q=0}^{7} P_{16}\left(\zeta^{1+3^{2q}}\right) = 1\cdot 16 + 7\cdot(-1) = 9$$

Dabei ergibt sich einzig für den Summationsindex $q = 4$ ein von -1 verschiedener Summand, nämlich $P_{16}(1) = 16$. In Folge erhält man wie gewünscht

$$\eta_0\eta_1 = \tfrac{1}{2}\left(\left(\eta_0 + \eta_1\right)^2 - \left(\eta_0^2 + \eta_1^2\right)\right) = \tfrac{1}{2}(1 - 9) = -4\,.$$

In allgemeiner Hinsicht zeigt die hergeleitete Formel für die Summe der Periodenquadrate, dass sich Gauß' Methode zur Lösung der Kreisteilungsgleichung $x^n - 1 = 0$ auf jeden Fall dann zu einer Folge von quadratischen Gleichungen führt, wenn n eine Primzahl von der Form $n = 2^s + 1$ ist. Von solchen so genannten Fermat'schen Primzahlen sind aber bis heute nur fünf bekannt[67]: 3, 5, 17, 257 und 65537. Schließlich lässt sich noch unschwer zeigen, dass ein regelmäßiges n-Eck immer dann mit Zirkel und Lineal konstruierbar ist, wenn n als ungerade Primteiler nur Fermat'sche Primzahlen in der ersten Potenz besitzt[68]. Und es

---

[67] Wegen

$$\left(1 - 2^j + 2^{2j} - 2^{3j} + \dots \pm 2^{(k-1)j}\right) = \frac{\left((-1)^{k+1}2^{jk} + 1\right)}{2^j + 1}$$

ist die Zahl $2^{jk} + 1$ im Fall einer ungeraden Zahl $k > 1$ zusammengesetzt. Daher kann eine Zahl der Form $2^s + 1$ höchstens dann eine Primzahl sein, wenn der Exponent s eine Zweierpotenz ist.

$2^{32} + 1$ ist keine Primzahl, da 641 ein Teiler ist. Weitere Details zu Zahlen der Form $2^s + 1$ findet man in beispielsweise in Paulo Ribenboim, *The book of prime number records*, New York 1988, 2. VI.

[68] Sind m und n teilerfremd, so gibt es – berechenbar zum Beispiel mit dem so genannten euklidischen Algorithmus – zwei ganze Zahlen a und b, welche die Gleichung $a\cdot n + b\cdot m = 1$ erfüllen. Wegen

$$a\cdot 2\pi/m + b\cdot 2\pi/n = 2\pi/(nm)$$

kann dann die Kreisteilung in $n\cdot m$ Teile aus den beiden Kreisteilungen in n und m

gilt sogar die Umkehrung. Insgesamt ist daher ein regelmäßiges n-Eck genau dann mit Zirkel und Lineal konstruierbar, wenn die Primfaktorenzerlegung von n außer einer eventuell vorhandenen Zweierpotenz nur Fermat'sche Primzahlen in der ersten Potenz enthält – das entspricht der Zahlenfolge 2, 3, 4, 5, 6, 8, 10, 12, 15, 16, 17, 20, 24, 30, 32, 34, 40 ...

Es bleibt anzumerken, dass eine explizite Herleitung der den Konstruktionen für das regelmäßige 257- und 65537-Eck zugrunde liegenden quadratischen Gleichungen bei einer geeigneten Programmierung eines Computers keineswegs schwer ist[69]. Beides Mal kann übrigens wieder 3 als Primitivwurzel verwendet werden. Ob die anschließende Herleitung einer expliziten Konstruktionsmethode auf Basis der gefundenen quadratischen Gleichungen sinnvoll ist, muss natürlich stark bezweifelt werden. Allerdings wurde Beides bereits im neunzehnten Jahrhundert durchgeführt[70].

Teilen konstruiert werden.

[69] Heute kaum noch vorstellbar ist, dass die Problemstellung, die Periodenprodukte für die Kreisteilungsgleichung 257-ten Grades explizit zu berechnen, für den Autor 1975 die Motivation bildete, sein erstes Computerprogramm zu erstellen und dazu zunächst eine Programmiersprache – es handelte sich um ALGOL 60 – zu erlernen. Da kein direkter Zugang zu einem Computer möglich war, wurde das Programm auf einem Blatt Papier niedergeschrieben und in dieser Form weitergereicht. Tatsächlich ergaben sich bereits im ersten Anlauf wie gewünscht die Indizes der Perioden, die in der Summe auftauchen – im Vergleich zur damals eigentlich anstehenden Vorbereitung auf die mündliche Abiturprüfung eine deutlich interessantere Beschäftigung ...

[70] F. J. Richelot, *De resolutione algebraica aequationis $x^{257} = 1$, sive de divisione circuli per bisectionam anguli septies repetitam in partes 257 inter se aequales commentatio coronata*, Crelles Journal für Reine und Angewandte Mathematik, **IX** (1832), S. 12–26, 146–161, 209–230, 337–356.
Christian Gottlieb, *The simple and straightforward construction of the regular 257-gon*, The Mathematical Intelligencer, **21/1** (1999), S. 31–37.
Johann Gustav Hermes (1846–1912) hat, wie Felix Klein berichtet (*Vorträge über ausgewählte Fragen der Elementargeometrie*, Leipzig 1895, S. 13), in zehnjähriger Arbeit eine Konstruktionsmethode für das regelmäßige 65537-Eck hergeleitet (siehe auch: Die Zeit, Nr. 34, 2012, S. 33). Ein Überblick über die 1889 fertiggestellte und dann in der Göttinger Universität deponierte Ausarbeitung von mehr als 200 Seiten gibt J. Hermes, *Ueber die Teilung des Kreises in 65537 gleiche Teile*, Nachrichten von der Gesellschaft der Wissenschaften zu Göttingen, Math.-Phys. Klasse, **3** (1894), S. 170–186, siehe Bild 27 auf S. 101. Drei Fotos der Ausarbeitung findet man in Hans-Wolfgang Henn, *Elementare Geometrie und Algebra*, Wiesbaden 2003, S. 33 f.

7.3. Quasi als Bestätigung der schon in der Antike bekannten Konstruktion des regelmäßigen Fünfecks – unter der Bezeichnung Pentagramm oder Drudenfuß zugleich ein magisches Symbol – soll diese Konstruktion hier noch en passant algebraisch hergeleitet werden. Auf Basis der fünften Einheitswurzel $\zeta = \cos(2\pi/5) + i \cdot \sin(2\pi/5)$ bildet man dazu die zweigliedrigen Perioden

$$\eta_0 = \zeta^1 + \zeta^4$$
$$\eta_1 = \zeta^2 + \zeta^3$$

Wegen $\eta_0 \eta_1 = -1$ und $\eta_0 + \eta_1 = -1$ erhält man diese beiden Perioden aus der quadratischen Gleichung

$$y^2 + y - 1 = 0.$$

Dies führt zu

$$\cos\tfrac{2\pi}{5} = \operatorname{Re} \zeta = \tfrac{1}{2}\eta_0 = -\tfrac{1}{4} + \tfrac{1}{4}\sqrt{5},$$

woraus sofort eine Konstruktionsmethode abgeleitet werden kann. Die vier von 1 verschiedenen fünften Einheitswurzeln sind damit gleich

$$-\tfrac{1}{4} + \tfrac{1}{4}\sqrt{5} + i\tfrac{1}{4}\sqrt{10 + 2\sqrt{5}}$$

$$-\tfrac{1}{4} - \tfrac{1}{4}\sqrt{5} + i\tfrac{1}{4}\sqrt{10 - 2\sqrt{5}}$$

$$-\tfrac{1}{4} - \tfrac{1}{4}\sqrt{5} - i\tfrac{1}{4}\sqrt{10 - 2\sqrt{5}}$$

$$-\tfrac{1}{4} + \tfrac{1}{4}\sqrt{5} - i\tfrac{1}{4}\sqrt{10 + 2\sqrt{5}}$$

Klassische Probleme der Konstruktion mit Zirkel und Lineal

Als klassische Probleme, Konstruktionsmethoden unter alleiniger Verwendung von Zirkel und Lineal zu finden, sind vor allem die **Quadratur des Kreises** – auch im allgemeinem Sprachgebrauch als Synonym für eine unmögliche Aufgabe gebraucht –, das so genannte

Delische Problem der **Kubusverdopplung** und die **Winkeldreiteilung** bekannt.

Bei der Quadratur des Kreises ist gefordert, zu einem gegebenen Kreis ein flächengleiches Quadrat zu konstruieren. Bei einem Kreisradius von 1 entspricht das der Konstruktion einer Strecke mit der Länge $\sqrt{\pi}$. Da das Ziehen der Quadratwurzel mit Zirkel und Lineal möglich ist, ist die Quadratur des Kreises äquivalent zur Konstruktion einer Stecke der Länge π. Damit ergibt sich als algebraisches Äquivalent die Darstellung der Zahl π durch einen geschachtelten Wurzelausdruck mit lauter Quadratwurzeln und rationalen Radikanden. Dies ist aber unmöglich, denn Lindemann (1852–1939) konnte 1882 zeigen, dass die Zahl π **transzendent** ist, das heißt, dass sie keine algebraische Gleichung mit rationalen Koeffizienten erfüllt[71].

Die Kubusverdopplung läuft auf die Konstruktion einer Strecke der Länge $\sqrt[3]{2}$ hinaus. Mit Methoden der Galois-Theorie kann relativ einfach bewiesen werden, dass $\sqrt[3]{2}$ nicht in Form geschachtelter Quadratwurzeln mit rationalen Radikanden dargestellt werden kann. Wir werden darauf in Kapitel 10 zurückkommen (siehe Kasten Seite 200).

Ähnlich verhält es sich mit der Winkeldreiteilung. Bereits bei der Behandlung des *casus irreducibilis* haben wir in Kapitel 2 den engen Zusammenhang zwischen der Winkeldreiteilung und kubischen Gleichungen kennen gelernt. Allgemein gilt die Gleichung

$$\cos^3 \tfrac{\psi}{3} - \tfrac{3}{4}\cos \tfrac{\psi}{3} - \tfrac{1}{4}\cos \psi = 0.$$

Die in algebraischer Hinsicht vorhandene Verwandtschaft zur Kubusverdopplung wird noch deutlicher, wenn man sowohl $\cos \psi$ als auch $\sin \psi$ als bekannt voraussetzt:

$$\left(\cos \tfrac{\psi}{3} + i \cdot \sin \tfrac{\psi}{3}\right)^3 = \cos \psi + i \cdot \sin \psi$$

71 Eine relativ elementare Darstellung findet man in dem höchst informativ zusammengestellten und hervorragend illustrierten Buch von Jean-Paul Delahaye, π – *die Story*, Basel 1999 (franz. Orig. 1997), Kapitel 9, insbesondere S. 201–203.

Auch wenn es durchaus Winkel wie zum Beispiel den vollen Winkel von 360° gibt, für die eine Dreiteilung mit alleiniger Verwendung von Zirkel und Lineal möglich ist, so ist dies bei anderen Winkeln unmöglich. Beispielsweise ist der Winkel von 120° nicht mit Zirkel und Lineal zu dritteln, da ansonsten das regelmäßige Neuneck mit Zirkel und Lineal konstruierbar wäre. Auch hier werden wir in Kapitel 10 die Details nachtragen.

Ueber die Teilung des Kreises in 65537 gleiche Teile.

Von

J. Hermes in Lingen.

(Vorgelegt von F. Klein in der Sitzung am 5. Mai 1894.)

1) Bekanntlich erfordert die Gleichung:

$$r^p - 1 = 0 \quad \text{für} \quad p = 2^{2^\mu} + 1$$

zu ihrer Auflösung im Falle, daß p eine Primzahl ist, nur quadratische Gleichungen. p wird Primzahl für ganzzahliges $\mu \lessgtr 4$, ist dagegen zerlegbar für $\mu = 5$ und 6, für $\mu > 6$ liegt meines Wissens keine Untersuchung vor. Der Fall: $\mu = 2$ entspricht dem von Gauss[1]) construirten regulären 17-Eck, der Fall: $\mu = 3$ dem 257-Eck, den Richelot in 9. Bande des Crelle'schen Journals ausführlich behandelt hat. Es schien nun die Frage von Interesse, ob sich bei beliebigem μ die Endformeln (d. s. die Perioden η verschiedener Ordnung) als Formeln in μ darstellen lassen. Das ist von mir in Crelle's Journal 87 versucht und bis zur Ordnung $\nu \lessgtr \mu + 2$ durchgeführt worden. Die höheren Ordnungen boten Schwierigkeiten dar bei allgemeiner Behandlung und so wurde daher der noch übrige spezielle Fall: $\mu = 4$, welcher der Teilung des Kreises in 65537 gleiche Teile entspricht, in Angriff genommen.

Bild 27   Einleitung von Hermes zu seinem 1894 veröffentlichten Überblick (siehe Fußnote 70 auf S. 102)

7.4. Auch für Werte n, für welche das regelmäßige n-Eck nicht mit Zirkel und Lineal konstruierbar ist, bietet die Kreisteilungsgleichung $x^n - 1 = 0$ algebraisch höchst interessante Eigenschaften. Schon Gauß erkannte nämlich, wie es – neben vielen anderen bedeutenden Resultaten – in seinem berühmten, 1801 erschienen Werk *Disquisitiones arithmeticae* (siehe Bild 26) ausgeführt ist, dass alle Kreisteilungsgleichungen mit Radikalen auflösbar sind. Damit ist natürlich keine „Auflösung" in der Form $x = \sqrt[n]{1}$ gemeint, da ein solches Symbol algebraisch zu unterschiedliche Deutungen zulässt. Das heißt, dieses Symbol besitzt Interpretationen, die in Bezug auf die vier Grundrechenarten voneinander abweichende Eigenschaften aufweisen. Beispielsweise umfasst die Mehrdeutigkeit des Wurzelausdrucks $\sqrt[4]{1}$ die vier komplexen Zahlen $1, -1, i$ und $-i$, von denen nur i und $-i$ aufgrund ihrer *algebraischen* Eigenschaften nicht voneinander unterscheidbar sind: So besitzt 1 als neutrales Element der Multiplikation eine eindeutige Charakterisierung, Gleiches gilt für das bezüglich der Addition dazu inverse Element -1; hingegen sind i und $-i$ algebraisch in übereinstimmender Weise einzig durch die Gleichung $x^2 + 1 = 0$ charakterisiert. Man könnte nun allerdings argumentieren, dass auch ein Wurzelausdruck wie $\zeta = -\frac{1}{2} + \frac{1}{2} i \sqrt{3}$ eine mehrdeutige Interpretation zulässt. Wie bei i und $-i$ bezieht sich diese Mehrdeutigkeit aber einzig auf Zahlen, die untereinander identische algebraische Eigenschaften besitzen.

Insgesamt wird damit erkennbar, dass das Wurzelsymbol $\sqrt[n]{a}$ genau dann unproblematisch verwendet werden kann, wenn die Gleichung $x^n - a = 0$ irreduzibel ist und ihre Lösungen damit übereinstimmende algebraische Eigenschaften besitzen. Die Auflösung mit Radikalen ist also interpretierbar als eine schrittweise Reduktion auf die Lösung irreduzibler Gleichungen der Form $x^n - a = 0$.

Dass die Kreisteilungsgleichungen $x^7 - 1 = 0$ und $x^9 - 1 = 0$ mit Radikalen auflösbar sind, kann relativ einfach mit einer von Moivre entdeckten Methode gezeigt werden: Nachdem man den Linearfaktor $(x - 1)$ abgespalten hat, erlaubt es die Substitution $y = x + x^{-1}$, den Grad der Gleichung auf 3 beziehungsweise 4 zu halbieren, so dass dann die allgemeinen Auflösungsformeln für den entsprechenden Grad angewendet werden können. Im Detail sind bei der Substitution in der durch x^3 beziehungsweise x^4 dividierten Gleichung, also

$$x^3 + x^2 + x + 1 + x^{-1} + x^{-2} + x^{-3} = 0$$

und $\qquad x^4 + x^3 + x^2 + x + 1 + x^{-1} + x^{-2} + x^{-3} + x^{-4} = 0,$

die Ersetzungen

$$x^2 + x^{-2} = y^2 - 2$$
$$x^3 + x^{-3} = y^3 - 3y$$
$$x^4 + x^{-4} = y^4 - 4(y^2 - 2) - 6 = y^4 - 4y^2 + 2$$

vorzunehmen. Nachdem die Unbekannte y aus der sich so ergebenden Gleichung dritten beziehungsweise vierten Grades bestimmt ist, kann die eigentlich gesuchte Unbekannte x aus der quadratischen Gleichung

$$x^2 - yx + 1 = 0$$

berechnet werden.

7.5. Bei der Kreisteilungsgleichung elften Grades $x^{11} - 1 = 0$ führt das entsprechende Vorgehen zu einer Gleichung fünften Grades, nämlich

$$y^5 + y^4 - 4y^3 - 3y^2 + 3y + 1 = 0,$$

deren fünf Lösungen durch $y_j = 2\cos(2\pi j/11)$ für $j = 1, 2, 3, 4, 5$ gegeben sind. Dass diese Gleichung und damit auch die Kreisteilungsgleichung elften Grades tatsächlich mit Radikalen aufgelöst werden kann, entdeckte bereits vor Gauß 1771 Alexandre Théophile Vandermonde. Vandermonde hatte ähnlich wie Lagrange versucht, die Auflösungsmethoden der allgemeinen Gleichung bis zum vierten Grade in prinzipieller Hinsicht zu studieren, um so vielleicht einen Weg zu finden, der auf die allgemeine Gleichung fünften Grades übertragen werden konnte. Dazu verwendete er die heute nach Lagrange benannte Resolvente (siehe Kapitel 5, Seite 71). Auch wenn Vandermonde in Bezug auf eine allgemeine Auflösungsformel scheiterte – und natürlich scheitern musste –, so erkannte er doch, dass in „speziellen Fällen, wo zwischen den Wurzeln Gleichungen bestehen", seine „Methode dazu dienen (kann), die gegebenen Gleichungen aufzulösen, ohne dass man es nötig hätte, die allgemeinen Auflösungsformeln anzuwenden"[72]. Bei den von Vandermonde angesprochenen Gleichungen, welche zwischen den Lösungen bestehen, handelt es sich um die für Perioden typischen Identitäten wie

$$y_1^2 = y_2 + 2,\ y_2^2 = y_4 + 2,\ y_3^2 = y_5 + 2,\ y_4^2 = y_3 + 2,\ y_5^2 = y_1 + 2,$$
$$y_1 y_2 = y_1 + y_3,\ y_1 y_3 = y_2 + y_4,\ y_2 y_3 = y_1 + y_5,\ \ldots,$$

---

[72] *Abhandlungen aus der reinen Mathematik von N. Vandermonde*, Berlin 1888 (deutsche Übersetzung des franz. Orig. von 1771), Zitat von S. 62. Abweichend von der hier beschriebenen Vorgehensweise behandelte Vandermonde übrigens die Gleichung, welche die (–2)-fachen Kosinus-Werte als Lösungen besitzt.

bei denen Vandermonde, ohne explizit darauf hinzuweisen, den gemeinsamen „Bauplan" erkannte, indem er die Lösungen in der Reihenfolge

$$y_1, y_2, y_4, y_3, y_5$$

sortierte – ganz entsprechend dem 30 Jahre später von Gauß gefundenen allgemeinen Ansatz mit 2 als einer Primitivwurzel modulo 11. In dieser Reihenfolge, für die wir die Notationen

$$\eta_k = P_f\left(\zeta^{2^k}\right) = \zeta^{2^k} + \zeta^{-2^k},$$

also

$$\eta_0 = y_1, \quad \eta_1 = y_2, \quad \eta_2 = y_4, \quad \eta_3 = y_3 \text{ und } \eta_4 = y_5,$$

verwenden wollen, gelang es nun Vandermonde, die fünfte Potenz der Lagrange-Resolvente zu bestimmen, und zwar in Form einer Summe von ganzen Vielfachen fünfter Einheitswurzeln: Konkret erhält man für die zu einer fünften Einheitswurzel $\varepsilon = \cos(2\pi k/5) + i\cdot\sin(2\pi k/5)$ $(k = 1, 2, 3, 4)$ definierten Lagrange-Resolvente

$$z(\varepsilon) = \eta_0 + \varepsilon\eta_1 + \varepsilon^2\eta_2 + \varepsilon^3\eta_3 + \varepsilon^4\eta_4$$

einerseits – wie bereits in Kapitel 5 allgemein dargelegt –

$$y_1 = \eta_0 = \frac{1}{5}\left(-1 + \sqrt[5]{z(\varepsilon)^5} + \sqrt[5]{z(\varepsilon^2)^5} + \sqrt[5]{z(\varepsilon^3)^5} + \sqrt[5]{z(\varepsilon^4)^5}\right)$$

und andererseits – allerdings erst nach einer umfangreichen Berechnung –

$$z(\varepsilon)^5 = 11\left(6\varepsilon + 41\varepsilon^2 + 16\varepsilon^3 + 26\varepsilon^4\right).$$

Aus den beiden letzten Gleichungen ergibt sich schließlich mit Hilfe der bereits gefundenen Quadratwurzeldarstellungen für die fünften Einheitswurzeln eine Wurzeldarstellung für die zweigliedrige Periode $y_1 = 2\cos(2\pi/11)$. Es bleibt anzumerken, dass die für $z(\varepsilon)^5$ angegebene Identität völlig elementar durch Auswertung von insgesamt $5^5 = 3125$ Summanden hergeleitet werden kann, indem man diese sortiert, zusammenfasst und auf Basis der von Vandermonde erkannten Perioden-Identitäten (nebst $\eta_0 + \eta_1 + \dots + \eta_4 = -1$) vereinfacht. Unabhängig von den konkreten Werten des Resultats kann man aber immerhin relativ einfach erkennen, dass ein solches Ergebnis in Form einer Summe von rationalen Vielfachen fünfter Einheitswurzeln gefunden werden kann. Und dies dürfte für Vandermonde der Grund gewesen sein, die Lösungen in der beschriebenen Weise zu sortieren:

Zunächst bewirkt die Sortierung, dass jede einzelne der von Vandermonde erkannten Perioden-Identitäten gültig bleibt, wenn in ihr jede Periode η_k durch η_{k+1} ersetzt wird (unter Berücksichtigung der Tatsache, dass sich die Nummerierung der Perioden gemäß ihrer Definition zyklisch verhält: $\eta_5 = \eta_0$, $\eta_6 = \eta_1$, ...). Damit bleibt auch die Identität

$$\left(\sum_{j=0}^{4} \varepsilon^j \eta_j\right)^5 = \sum_{j=0}^{4}\sum_{k=0}^{4} a_{j,k}\varepsilon^j \eta_k + \sum_{j=0}^{4} b_j \varepsilon^j,$$

die *offensichtlich* für $z(\varepsilon)^5$ mittels Vereinfachung auf Basis der Perioden-Identitäten mit *irgendwelchen* ganzen Zahlen $a_{j,k}$ und b_j hergeleitet werden kann, gültig, wenn in ihr jede Periode η_k durch η_{k+1} ersetzt wird:

$$\left(\sum_{j=0}^{4} \varepsilon^j \eta_{j+1}\right)^5 = \sum_{j=0}^{4}\sum_{k=0}^{4} a_{j,k}\varepsilon^j \eta_{k+1} + \sum_{j=0}^{4} b_j \varepsilon^j$$

Verschiebt man die Indizes der Perioden η_k auch noch um 2, 3 und 4, so erhält man insgesamt

$$\left(\sum_{j=0}^{4} \varepsilon^j \eta_j\right)^5 + \ldots + \left(\sum_{j=0}^{4} \varepsilon^j \eta_{j+4}\right)^5 =$$

$$\sum_{j=0}^{4}\sum_{k=0}^{4} a_{j,k}\varepsilon^j \left(\eta_k + \ldots + \eta_{k+4}\right) + 5\sum_{j=0}^{4} b_j \varepsilon^j = \sum_{j=0}^{4}\left(5b_j - \sum_{k=0}^{4} a_{j,k}\right)\varepsilon^j$$

Dabei ist jeder der fünf Summanden auf der linken Seite dieser letzten Gleichung gleich $z(\varepsilon)^5$, denn es ist beispielsweise

$$\sum_{j=0}^{4} \varepsilon^{j} \eta_{j+1} = \varepsilon^{-1} \sum_{j=0}^{4} \varepsilon^{j+1} \eta_{j+1} = \varepsilon^{-1} z(\varepsilon).$$

Die linke Seite der vorangegangenen Gleichung ist damit gleich $5z(\varepsilon)^{5}$, so dass Vandermondes Ergebnis einer Summe von rationalen Vielfachen fünfter Einheitswurzeln in prinzipieller Hinsicht offenkundig ist:

$$z(\varepsilon)^{5} = \sum_{j=0}^{4} \left(b_{j} - \tfrac{1}{5} \sum_{k=0}^{4} a_{j,k} \right) \varepsilon^{j}$$

Ohne auf Details eingehen zu wollen, sei außerdem noch angemerkt, dass es durchaus Wege gibt, die konkrete Berechnung von $z(\varepsilon)^{5}$ gegenüber der Auswertung von 3125 Summanden mittels prinzipieller Überlegungen rechentechnisch drastisch zu vereinfachen[73].

Auch wenn die zuletzt angestellten Überlegungen für den speziellen Fall der Kreisteilungsgleichung elften Grades $x^{11} - 1 = 0$ vorgestellt wurden, so dürfte es doch einigermaßen plausibel geworden sein, dass eine entsprechende Vorgehensweise für jede Kreisteilungsgleichung mit einer Primzahl n als Grad möglich ist. Den tieferen Grund findet man bei den von Vandermonde erkannten Gleichungen, die ganz generell zwischen den Perioden bestehen, und der Tatsache, dass diese Identitäten gültig bleiben, wenn die Perioden untereinander derart vertauscht werden, wie es bei einer Ersetzung der Einheitswurzel $\zeta = \cos(2\pi k/n) + i \cdot \sin(2\pi k/n)$

---

[73] Siehe Paul Bachmann, *Die Lehre von der Kreistheilung und ihre Beziehungen zur Zahlentheorie*, Leipzig 1872 (Reprint 1988), S. 75–98.

Für den speziellen Fall der Kreisteilungsgleichung elften Grades führt diese allgemein mögliche Verfahrensweise zu einer Produktdarstellung

$$z(\varepsilon)^{5} = \frac{z(\varepsilon)z(\varepsilon)}{z(\varepsilon^{2})} \cdot \frac{z(\varepsilon)z(\varepsilon^{2})}{z(\varepsilon^{3})} \cdot \frac{z(\varepsilon)z(\varepsilon^{3})}{z(\varepsilon^{4})} \cdot \left(z(\varepsilon)z(\varepsilon^{4}) \right),$$

wobei jeder der vier Faktoren einer Summe von ganzen Vielfachen fünfter Einheitswurzeln entspricht; der letzte ist sogar gleich einer ganzen Zahl. Dabei können die vier im Zähler stehenden Produkte in einer allgemeinen Weise ähnlich berechnet werden, wie es für Perioden-Produkte durchgeführt wurde.

Übrigens kann die Tatsache, dass jeder der vier Faktoren einer Summe von ganzen Vielfachen fünfter Einheitswurzeln entspricht, in rein qualitativer Weise auf dem selben Weg gezeigt werden, wie es für $z(\varepsilon)^{5}$ durchgeführt wurde.

durch ζ^g der Fall ist (wobei g wieder eine Primitivwurzel modulo n bezeichnet). Die dadurch entstandene Situation lässt sich mit folgenden Worten charakterisieren: Im Vergleich zu den Lösungen einer allgemeinen Gleichung des entsprechenden Grades ist die algebraische Berechnung von Perioden „einfacher", weil diese zusätzliche Gleichungen erfüllen. Dies erlaubt im Vergleich zu Lagranges allgemeinem Verfahren die Konstruktion von einfacheren Resolventen, die zwar nicht bei jeder beliebigen Vertauschung der Perioden unverändert bleiben, wohl aber bei jeder Vertauschung, die durch eine Ersetzung $\zeta \rightarrow \zeta^{g^k}$ entsteht. Diese eingeschränkte Invarianz reichte in den angestellten Überlegungen bereits aus, beispielsweise für $z(\varepsilon)^5$ die Möglichkeit einer Darstellung als Summe von fünften Einheitswurzeln nachzuweisen.

Für die konkrete Aufgabe, Kreisteilungsgleichungen zu lösen und darauf aufbauend gegebenenfalls Konstruktionsverfahren herzuleiten, mag das erreichte Maß an Erkenntnis ausreichen. Mathematisch richtig befriedigen wird aber erst ein allgemeines, bisher nur in Ansätzen erkennbares Prinzip. Eben das wird die Galois-Theorie leisten, die – unter Inkaufnahme von zusätzlichen Begriffsbildungen – Erklärungen liefern wird, die in ihrer Argumentation deutlich homogener sind. Außerdem wird dadurch im Fall von Kreisteilungsgleichungen manch komplizierte Summationsbildung von Perioden überflüssig.

Aufgaben

1. Stellen Sie alle 17-ten Einheitswurzeln durch Quadratwurzeln dar.

2. Verallgemeinern Sie die in Abschnitt 7.2 für $n = 17$ durchgeführte Berechnung des Produktes

$$P_{(n-1)/2}(\zeta) \cdot P_{(n-1)/2}(\zeta^g)$$

auf den Fall einer beliebigen Primzahl $n \geq 3$. Wie kann die dabei notwendige Fallunterscheidung möglichst einfach charakterisiert werden?

8 Auflösung von Gleichungen fünften Grades[74]

Gesucht ist eine Lösung der Gleichung $x^5 = 2625x + 61500$.

8.1. Bei der angeführten Gleichung handelt es sich wieder um ein klassisches Beispiel. Bereits Leonhard Euler erkannte 1762 anlässlich seiner Studien über die Auflösung von Gleichungen,[75] dass diese Gleichung zu einer Klasse von Gleichungen fünften Grades gehört, die allesamt mit Radikalen gelöst werden können. Wie auch andere Mathematiker seiner Zeit hatte Euler versucht, die Auflösungsmethoden für Gleichungen bis zum vierten Grad auf Gleichungen fünften Grades zu übertragen. Selbst die dabei entstehenden Berge von Formeln konnten Eulers prinzipiellen Optimismus nicht erschüttern:

> Man darf mit ziemlicher Sicherheit vermuten, dass man bei richtiger Durchführung dieser Elimination schließlich auf eine Gleichung vierten Grades ... kommen könnte. Ginge nämlich eine Gleichung höheren Grades hervor, so würde ... [der zuvor verwendete Zwischenwert zur Darstellung der Lösungen] selbst Wurzelzeichen dieses Grades enthalten und das erscheint widersinnig.[75]

Bei seinen konkreten Berechnungen musste Euler allerdings zurückstecken:

> Weil aber die große Zahl der Ausdrücke diese Aufgabe so schwierig gestaltet, dass man sie nicht einmal mit einigem Erfolge in Angriff nehmen kann, so wird es ganz am Platze sein, einige weniger allgemeine Fälle zu entwickeln, die nicht auf derart komplizierte Formeln führen[75].

---

[74] Inhaltlich folgt das Kapitel weitgehend einer Arbeit des Verfassers, *Spezielle durch Radikale auflösbare Gleichungen fünften Grades*, Beitrag zum Philips Contest for Young Scientists and Inventors, 1977.

[75] *Von der Auflösung der Gleichungen aller Grade*, nachgedruckt in: Leonhard Euler, *Drei Abhandlungen über die Auflösung der Gleichungen*, Ostwalds Klassiker Nr. 226, Leipzig 1928. Die ausgewählten Zitate stammen von S. 45; die in der Eingangsfrage angeführte Gleichung findet man auf Seite 50.

© Springer Fachmedien Wiesbaden GmbH, ein Teil von Springer Nature 2019
J. Bewersdorff, *Algebra für Einsteiger*,

Euler weist daher den von ihm verwendeten Zwischenresultaten „solche Werte" zu, „welche die Rechnung abkürzen". In Wahrheit umgeht Euler damit nicht nur die rechentechnischen Schwierigkeiten sondern vor allem die prinzipielle Unmöglichkeit einer allgemeinen Auflösung. Immerhin gelangt er auf diesem Weg zu einer großen Klasse von Gleichungen fünften Grades, die allesamt mit Radikalen aufgelöst werden können. Da diese Klasse allerdings nicht alle auflösbaren Gleichungen fünften Grades enthält, wollen wir uns hier den Auflösungsbemühungen eines anderen Mathematikers zuwenden: 1771, also fast zeitgleich mit den schon erwähnten Arbeiten von Lagrange und Vandermonde, versuchte der Italiener Giovanni Francesco Malfatti (1731–1807), eine allgemeine Auflösungsformel für Gleichungen fünften Grades zu finden. Malfatti, der später, nämlich 1804, auf der Basis seiner Erfahrungen Ruffinis erste Versuche eines Unmöglichkeitsbeweises äußerst kritisch kommentierte und somit Ruffini zu einer Überarbeitung inspirierte, gelang es, die äußerst komplizierten Berechnungen einer Resolvente sechsten Grades vollständig durchzuführen. Damit war das ursprünglich angepeilte Ziel einer allgemeinen Auflösung zwar nicht erreicht. Allerdings merkte Malfatti an, dass in dem speziellen Fall, bei dem die Resolvente sechsten Grades eine rationale Lösung besitzt, die gegebene Gleichung fünften Grades aufgelöst werden kann. Erst mit Mitteln der Galois-Theorie konnte später gezeigt werden, dass Malfatti mit dieser Anmerkung bereits alle mit Radikalen auflösbaren Gleichungen fünften Grades charakterisiert hatte (bezogen auf die Gesamtheit der über den rationalen Zahlen irreduziblen Polynome fünften Grades).

Malfattis Berechnungen sind äußerst kompliziert, und es ist schon mehr als bemerkenswert, dass er sie beginnend von der Stelle, an der Euler kein Weiterkommen sah, konsequent bis zu Ende fortgeführt hat[76]. Um überhaupt einen einigermaßen nachvollziehbaren Eindruck von Malfattis Vorgehen vermitteln zu können, werden wir im Folgenden seine von der Gleichung

$$x^5 + 5ax^3 + 5bx^2 + 5cx + d = 0$$

---

[76] Siehe J. Pierpont, *Zur Geschichte der Gleichung V. Grades (bis 1858)*, Monatshefte für Mathematik und Physik, **6** (1895), S. 15–68. Malfattis Auflösungsversuch wird dort auf den Seiten 33 bis 36 beschrieben.

ausgehende Berechnung nur für den Fall $a = b = 0$, das heißt für Gleichungen des Typs

$$x^5 + 5cx + d = 0,$$

beschreiben; außerdem wird $cd \neq 0$ angenommen. Dazu ist übrigens anzumerken, dass die Allgemeinheit damit keineswegs so stark eingeschränkt wird wie das zunächst scheint. Tatsächlich kann nämlich jede beliebige Gleichung fünften Grades mittels einer Substitution, die nur auf eine kubische Gleichung führt, in eine solche Form transformiert werden (siehe Kasten „Die Transformationen von Tschirnhaus sowie Bring und Jerrard").[77]

Malfattis Berechnungen starteten mit der ohne Einschränkung möglichen Annahme, dass die Lösungen in der Form ($j = 0, 1, 2, 3, 4$)

$$x_{j+1} = -(\varepsilon^j m + \varepsilon^{2j} p + \varepsilon^{3j} q + \varepsilon^{4j} n)$$

mit $\varepsilon = \cos(2\pi/5) + i \cdot \sin(2\pi/5)$ dargestellt sind. Dies entspricht genau der Vorgehensweise, die zuvor schon Bézout, Euler, Lagrange[78] und Vandermonde verwendeten. Multipliziert man die fünf zugehörigen Linearfaktoren miteinander, so erhält man – wie schon Euler – die Gleichung

$$x^5 - 5(mn + pq)x^3 + 5(m^2 q + n^2 p + mp^2 + nq^2)x^2$$
$$- 5(m^3 p + n^3 q + mq^3 + np^3 - m^2 n^2 + mnpq - p^2 q^2)x$$
$$+ m^5 + n^5 + p^5 + q^5 + 5(mn - pq)(mp^2 + nq^2 - m^2 q - n^2 p) = 0.$$

Letztlich muss nun versucht werden, die unbekannten Größen m, n, p und q auf Basis eines Koeffizientenvergleichs mit der ursprünglichen Gleichung zu bestimmen. Zur Abkürzung verwenden wir dazu die Bezeichnungen

---

[77] Für konkrete Anwendungen äußerst nachteilig wirkt es sich allerdings aus, dass Gleichungen mit lauter rationalen Koeffizienten nicht in ebensolche transformiert werden.

[78] Wegen $m = -(x_1 + \varepsilon^4 x_2 + \varepsilon^3 x_3 + \varepsilon^2 x_4 + \varepsilon x_5)/5$ etc. handelt es sich bei den Größen m^5, p^5, q^5 und n^5 um Lagrange-Resolventen.

$$y = pq = -mn$$

$$r = m^2 q + n^2 p = -(mp^2 + nq^2)$$

$$v = m^3 p + n^3 q$$

$$w = mq^3 + np^3.$$

Dabei enthalten die beiden zusammen mit der Definition der Größen y und r aufgeführten Identitäten bereits das Ergebnis des Koeffizientenvergleichs in Bezug auf die Potenzen x^3 und x^2. Für die beiden anderen Potenzen ergibt der Koeffizientenvergleich das Gleichungspaar

$$c = -v - w + 3y^2$$

$$d = m^5 + n^5 + p^5 + q^5 + 20ry.$$

Um auch die zuletzt angeführte Identität vollständig auf Basis der Größen r, v, w und y formulieren zu können, verwendet man die beiden Beziehungen

$$rv = (m^2 q + n^2 p)(m^3 p + n^3 q) = pq(m^5 + n^5) + (mn)^2(mp^2 + nq^2)$$

$$= (m^5 + n^5)y - ry^2$$

$$rw = -(mp^2 + nq^2)(mq^3 + np^3) = -mn(p^5 + q^5) - (pq)^2(m^2 q + n^2 p)$$

$$= (p^5 + q^5)y - ry^2$$

und erhält somit für das Gleichungspaar die neue Form

$$c = -(v + w) + 3y^2$$

$$dy = r(v + w) + 22ry^2.$$

Eine Berechnung der vier unbekannten Größen r, v, w und y wird allerdings erst möglich, wenn noch zwei weitere Identitäten beachtet werden:

$$vw = (m^3 p + n^3 q)(mq^3 + np^3)$$

$$= pq(m^4 q^2 + n^4 p^2) + mn(m^2 p^4 + n^2 q^4)$$

$$= pq\left(m^2 q + n^2 p\right)^2 + mn\left(mp^2 + nq^2\right)^2 - 4m^2 n^2 p^2 q^2$$

$$= yr^2 + (-y)(-r)^2 - 4y^4 = -4y^4$$

$$-r^2 = (m^2 q + n^2 p)(mp^2 + nq^2)$$
$$= pq(m^3 p + n^3 q) + mn(mq^3 + np^3) = (v - w)y$$

Zusammenfassen lassen sich diese beiden Identitäten zu

$$r^4 = (v - w)^2 y^2 = (v + w)^2 y^2 - 4vwy^2 = (v + w)^2 y^2 + 16y^6.$$

Diese Gleichung erlaubt nun zusammen mit dem aus dem Koeffizienten-vergleich hervorgegangenen Gleichungspaar eine Bestimmung der Werte r, v, w und y. Zunächst wird $v + w$ mittels

$$v + w = 3y^2 - c$$

eliminiert, so dass die folgenden zwei Gleichungen verbleiben:

$$dy = (25y^2 - c)r$$
$$r^4 = 25y^6 - 6cy^4 + c^2 y^2.$$

Um auch noch die Variable r zu eliminieren, geht man bei der ersten von diesen beiden verbliebenen Gleichungen zur vierten Potenz über und er-hält durch Einsetzen der zweiten Gleichung

$$d^4 y^4 = \left(25y^2 - c\right)^4 (25y^4 - 6cy^2 + c^2)y^2.$$

Der zu Beginn vorgenommene Ausschluss des Sonderfalles $cd = 0$ hilft uns dabei, im Folgenden die eine oder andere Komplikation zu vermei-den: Zunächst ist $y \neq 0$, da andernfalls zumindest drei der Werte m, n, p und q gleich 0 wären, womit $c = 0$ folgen würde. Außerdem folgt noch $25y^2 - c \neq 0$, da andernfalls $y = 0$ sein müsste.

Wegen $y \neq 0$ können wir nun die letzte Gleichung mit $25y^{-2}$ multiplizie-ren. Anschließend substituieren wir $z = 25y^2$, so dass sich eine **bikubi-sche Resolvente**, das heißt eine Gleichung sechsten Grades, ergibt:

$$(z - c)^4 (z^2 - 6cz + 25c^2) = d^4 z$$

Wie wir noch sehen werden, ist es manchmal sinnvoll, die bikubische Resolvente in der äquivalenten Form

$$\left(z^3 - 5cz^2 + 15c^2z + 5c^3\right)^2 = \left(d^4 + 256c^5\right)z$$

zu verwenden.

In ihrer allgemeinen Form kann die bikubische Resolvente natürlich nicht mit Radikalen aufgelöst werden. Wäre dem so, könnten nämlich ausgehend von der Variablen z nacheinander die Werte der Unbekannten y, r, v, w, m, n, p und q berechnet werden:

$$y = \tfrac{1}{5}\sqrt{z}$$

$$r = \frac{dy}{25y^2 - c}$$

$$v = \frac{3y^3 - cy - r^2}{2y}$$

$$w = \frac{3y^3 - cy + r^2}{2y}$$

$$m \text{ bzw. } n = \sqrt[5]{\frac{v + y^2}{2y}r \pm \sqrt{\left(\frac{v + y^2}{2y}r\right)^2 + y^5}}$$

$$p \text{ bzw. } q = \sqrt[5]{\frac{w + y^2}{2y}r \pm \sqrt{\left(\frac{w + y^2}{2y}r\right)^2 - y^5}}$$

Jede einzelne der aufgeführten Gleichungen ergibt sich fast direkt aus den zuvor hergeleiteten Identitäten; im Fall der letzten beiden Gleichungen mit Hilfe des Vieta'schen Wurzelsatzes. Zu beachten ist, dass das Vorzeichen der Unbekannten y beliebig gewählt werden kann, da sich ansonsten lediglich ein Vorzeichenwechsel bei r sowie nachfolgend eine Vertauschung von v und w sowie schließlich eine Vertauschung der Paare (p, q) und (m, n) ergibt. Außerdem ist zu beachten, dass die Zuordnung bei den Variablen p, q, m und n immer so vorgenommen wird, dass die Gleichung $v = m^3p + n^3q$ erfüllt ist.

8.2. Schon Malfatti erkannte, dass die von ihm gefundene bikubische Resolvente durchaus dazu verwendet werden kann, spezielle Gleichungen fünften Grades mit Radikalen aufzulösen. Insbesondere ist dies offensichtlich dann möglich, wenn zur bikubischen Resolvente eine rationale Lösung gefunden werden kann. Wir wollen dies hier am Beispiel der in der Eingangsfrage angeführten Gleichung mit den Koeffizienten $c = -525$ und $d = -61500$ demonstrieren:

Da die bikubische Resolvente einem ganzzahligen, normierten Polynom entspricht, müssen gemäß den in Kapitel 6 bewiesenen Ergebnissen alle rationalen Lösungen sogar ganzzahlig sein und die Zahl $25c^6$ teilen. Weitere Informationen erhält man aus der zweiten Darstellung der bikubischen Resolvente: Da $d^4 + 256c^5 = 3780900000^2$ ein Quadrat ist, muss jede rationale Lösung sogar das Quadrat einer ganzen Zahl sein. Und schließlich bringt eine Division durch 5^6 noch die Erkenntnis, dass auch $z/5$ Lösung einer Gleichung mit ganzzahligen Koeffizienten ist, das heißt, dass z durch 5 teilbar ist. Solchermaßen eingeschränkt auf immerhin noch 112 ganzzahlige Möglichkeiten findet man dann die Lösung $z = 5625$. Im Weiteren ergibt sich $y = 15$, $r = -150$, $v = -150$, $w = 1350$ und schließlich (für $j = 0, 1, 2, 3, 4$)

$$x_{j+1} = \varepsilon^j \sqrt[5]{75\left(5 + 4\sqrt{10}\right)} + \varepsilon^{2j} \sqrt[5]{225\left(35 - 11\sqrt{10}\right)} +$$

$$\varepsilon^{3j} \sqrt[5]{225\left(35 + 11\sqrt{10}\right)} + \varepsilon^{4j} \sqrt[5]{75\left(5 - 4\sqrt{10}\right)}.$$

8.3. Malfattis Lösungsversuch entspricht in seiner Methodik in bester Tradition den klassischen Vorbildern, Gleichungen mittels geeigneter Substitutionen und Umformungen zu lösen. In prinzipieller Hinsicht wird der Erfolg von Malfattis Ansatz – soweit er überhaupt möglich war – verständlich, wenn man die wesentlichen Zwischenwerte als Polynome in den Lösungen $x_1, ..., x_5$ ausdrückt:

Aufgrund der beiden Identitäten $p = -(x_1 + \varepsilon^3 x_2 + \varepsilon x_3 + \varepsilon^4 x_4 + \varepsilon^2 x_5)/5$ und $q = -(x_1 + \varepsilon^2 x_2 + \varepsilon^4 x_3 + \varepsilon x_4 + \varepsilon^3 x_5)/5$ findet man

$$25y = 25pq = \sum_{j=1}^{5} x_j^2 + (\varepsilon^2 + \varepsilon^3)(x_1 x_2 + x_2 x_3 + x_3 x_4 + x_4 x_5 + x_5 x_1)$$

$$+ (\varepsilon + \varepsilon^4)(x_1 x_3 + x_2 x_4 + x_3 x_5 + x_4 x_1 + x_5 x_2).$$

In dem hier untersuchten Spezialfall $a = b = 0$ lässt sich wegen

$$\sum_{j=1}^{5} x_j = \sum_{1 \le j < k \le 5} x_j x_k = 0$$

nebst $-\varepsilon + \varepsilon^2 + \varepsilon^3 - \varepsilon^4 = -\sqrt{5}$ für die Resolventenlösung z die besonders einfache Darstellung

$$z = 25y^2 = \tfrac{1}{5}(x_1 x_2 + x_2 x_3 + x_3 x_4 + x_4 x_5 + x_5 x_1)^2$$

angeben.[79] Übrigens wird mit dieser Darstellung auch deutlich, dass im Sinne Vandermondes (siehe Seite 107) die Existenz einer rationalen Lö-

---

[79] Eine sich an Lagranges (siehe Kapitel 5) universellem Ansatz orientierende Herleitung der bikubischen Resolvente findet man in C. Runge, *Über die auflösbaren Gleichungen der Form $x^5 + ux + v = 0$*, Acta Mathematica, **7** (1885), S. 173–186; siehe auch Heinrich Weber, *Lehrbuch der Algebra*, Band I, Braunschweig 1898, S. 670–676: Man untersucht zunächst, wie sich die leicht umgeformte polynomiale Darstellung der Resolventen-Lösung

$$y = \tfrac{\sqrt{5}}{50}(x_1 x_2 + x_2 x_3 + x_3 x_4 + x_4 x_5 + x_5 x_1 - x_1 x_3 - x_2 x_4 - x_3 x_5 - x_4 x_1 - x_5 x_2)$$

bei den 120 möglichen Permutationen der fünf Lösungen x_1, ..., x_5 verhält: Zehn Permutationen lassen das Polynom unverändert. Diese gehören allesamt zu den so genannten **geraden Permutationen**, das sind die insgesamt 60 Permutationen, welche die Quadratwurzel der Diskriminante

$$\sqrt{D} = \prod_{i<j}(x_i - x_j)$$

nicht verändern. Außerdem gibt es zehn **ungerade** Permutationen, die beim Polynom y einen Vorzeichenwechsel bewirken. Damit wird das Polynom y durch die 60 geraden Permutationen in insgesamt sechs verschiedene Polynome $y_1 = y$, y_2, ..., y_6 und durch die 60 ungeraden Permutationen in weitere sechs Polynome, nämlich $y_7 = -y_1$, ..., $y_{12} = -y_6$, überführt. Die ersten sechs Polynome sind damit Lösungen einer Gleichung sechsten Grades

$$y^6 + \lambda_5 y^5 + \dots + \lambda_1 y + \lambda_0 = 0,$$

deren Koeffizienten λ_0, ..., λ_5 sich durch die elementarsymmetrischen Polynome in den Polynomen y_1, ..., y_6 ergeben. Um diese Koeffizienten auf Basis der Koeffizienten c und d der ursprünglichen Gleichung $x^5 + 5cx + d = 0$ zu erhalten, werden nun die sung der bikubischen Resolvente auch als eine Beziehung interpretiert werden kann, die zwischen den Lösungen besteht.

Die Transformationen von Tschirnhaus sowie Bring und Jerrard

Der wohl erste systematische Versuch, ein allgemeines Auflösungsverfahren für Gleichungen fünften Grades zu finden, wurde 1683 von Ehrenfried Walther Graf zu Tschirnhaus (1651–1708) unternommen. Tschirnhaus' Idee basierte auf der Hoffnung, die wohlbekannte Substitution, die es erlaubt, den Koeffizienten zur zweithöchsten Potenz einer Gleichung verschwinden zu lassen, dahingehend verallgemeinern zu können, dass auch weitere Koeffizienten verschwinden.

Statt eine gegebene Gleichung

$$x^n + a_{n-1}x^{n-1} + a_{n-2}x^{n-2} + \ldots + a_1 x + a_0 = 0$$

mittels der Substitution

$$x = y - \frac{a_{n-1}}{n}$$

in eine Gleichung der reduzierten Form

Polynome y_1, ..., y_6 durch die Lösungen x_1, ..., x_5 ausgedrückt. Die sich dabei ergebenden Polynome in den Lösungen x_1, ..., x_5 sind allerdings nur „fast" symmetrisch: Bei geradem Grad (in den Variablen y_1, ..., y_6) sind die Polynome symmetrisch, während sie bei ungeradem Grad bei ungeraden Permutationen das Vorzeichen ändern und bei geraden Permutationen unverändert bleiben. Auf Basis des Hauptsatzes über symmetrische Funktionen und unter Beachtung der Grade von c, d, $\sqrt{D}$, λ_0, ..., λ_5 als Polynome in den Variablen x_1, ..., x_5 (nämlich 4, 5, 10 und 12–2j bei λ_j) muss es rationale Zahlen μ_0, μ_1, μ_2, μ_4 geben mit

$$y^6 + \mu_4 c y^4 + \mu_2 c^2 y^2 + \mu_0 c^3 = \mu_1 \sqrt{D} y .$$

Nach einer Bestimmung der Konstanten, etwa anhand spezieller Gleichungen, ergibt sich schließlich nach einer Quadrierung der gefundenen Gleichung die im Haupttext schon anderweitig hergeleitete Form der bikubischen Resolvente; dabei bestimmt man $\sqrt{D}$ dadurch, dass die Diskriminante D als symmetrisches Polynom vom Grad 20 in der Form $\alpha c^5 + \beta d^4$ mit zwei Konstanten α und β darstellbar sein muss, wobei die Konstanten wieder anhand konkreter Gleichungen gefunden werden können: So ergibt sich schließlich $D = 5^5(256c^5 + d^4)$.

$$y^n + b_{n-2} y^{n-2} + \dots + b_1 y + b_0 = 0$$

zu transformieren, ging Tschirnhaus bei der ersten Stufe seiner Untersuchungen von einer Substitution der Gestalt

$$y = x^2 + px + q$$

mit noch geeignet auszuwählenden Parametern p und q aus. Die n Lösungen $x_1, \dots, x_n$ der ursprünglichen Gleichung transformieren sich dabei in die n Lösungen $y_1, \dots, y_n$ mit $y_j = x_j^2 + px_j + q$, wobei bei deren Gleichung die Koeffizienten zu den Potenzen y^{n-1} und y^{n-2} genau dann gleich 0 sind, wenn die beiden Bedingungen

$$\sum y_j = \sum y_j^2 = 0$$

erfüllt sind. Geht man von einer reduzierten Gleichung aus, bei welcher der Koeffizient der zweithöchsten Potenz bereits gleich 0 ist, so ergeben sich für die noch zu bestimmenden Parameter p und q die konkreten Anforderungen

$$0 = \sum y_j = \sum (x_j^2 + px_j + q) = \sum x_j^2 + p\sum x_j + nq = \sum x_j^2 + nq$$

$$0 = \sum y_j^2 = \sum \left(x_j^2 + px_j + q \right)^2$$

$$= \sum x_j^4 + 2p\sum x_j^3 + (p^2 + 2q)\sum x_j^2 + nq^2$$

Die erste der beiden Bedingungen erlaubt sofort eine eindeutige Bestimmung des Parameters q. Setzt man den so gefundenen Wert für q in die zweite Bedingung ein, so erhält man für den zweiten Parameter p eine quadratische Gleichung (außer in dem Sonderfall, wenn der Koeffizient zur dritthöchsten Potenz bereits gleich 0 ist). Damit lässt sich die so genannte **Tschirnhaus-Transformation** bei einer gegebenen Gleichung n-ten Grades immer so parametrisieren, dass bei der entstehenden Gleichung die beiden Koeffizienten zu den y-Potenzen y^{n-1} und y^{n-2} gleich 0 sind.

Tschirnhaus glaubte nun, dass man mittels Transformationen höheren Grades, die natürlich mehr frei wählbare Parameter enthalten, weitere Vereinfachungen bei den Gleichungen erzielen könnte, um so jede Gleichung mit Radikalen aufzulösen. Tschirnhaus konnte seine These allerdings nicht mit konkreten Berechnungen untermauern. 1786 erzielte der Mathematiker Erland Samuel Bring (1736–1798) dann einen Fortschritt, indem er zeigte, dass es immerhin für den speziellen Fall einer Gleichung fünften Grades

$$x^5 + a_4 x^4 + a_3 x^3 + a_2 x^2 + a_1 x + a_0 = 0$$

möglich ist, eine Transformation der Gestalt

$$y = x^4 + px^3 + qx^2 + rx + s$$

derart durchzuführen, dass eine Gleichung der Form

$$y^5 + b_1 y + b_0 = 0$$

entsteht. Dabei können geeignete Parameter durch die Auflösung einer kubischen und einer quadratischen Gleichung bestimmt werden. Brings Entdeckung wurde allerdings von der mathematischen Fachwelt kaum wahrgenommen. Erst viel später, nämlich 1864 und nachdem 1834 der Brite George Birch Jerrard (1804–1863) die Transformation nochmals entdeckt hatte, wurde an Brings Untersuchungen erinnert. Man nennt die Transformation daher meist **Bring-Jerrard'sche Transformation**. Sie ist in ihren Details allerdings so kompliziert, dass die konkreten Berechnungen nur sehr schwer nachvollziehbar sind.[80]

Weiterführende Literatur zu Gleichungen fünften Grades:

R. Bruce King, *Behind the quartic equation*, Boston 1996.

Samson Breuer,[81] *Über die irreduktiblen auflösbaren trinomischen Gleichungen fünften Grades*, Borna-Leipzig 1918.

---

[80] Eine Beschreibung der Bring-Jerrard'schen Transformation findet man bei Pierpont (Fn 76), S. 18 f. Deutlich übersichtlicher ist die allgemeinere Darlegung bei Leonard Eugene Dickson, *Modern algebraic theories*, Chicago 1926, S. 212 f. Dort wird ausgehend von einer Gleichung n-ten Grades eine Transformation durchgeführt, bei dem die Koeffizienten zu den Potenzen y^{n-1}, y^{n-2} und y^{n-3} der Unbekannten y verschwinden. Dazu sind außer einer kubischen Gleichung nur quadratische Gleichungen zu lösen.

[81] Das leidvolle Schicksal der Opfer rassistischer (und politischer) Verfolgung gebietet es, an dieser Stelle an die 1933 erfolgte Vertreibung von Samson Breuer (1891–1978) zu erinnern. Siehe dazu Reinhard Siegmund Schultze, *Mathematiker auf der Flucht vor Hitler*, Braunschweig 1998, S. 109, 292.

Sigeru Kabayashi, Hiroshi Nakagawa, *Resolution of solvable quintic equation*, Math. Japonica, **5** (1992), S. 882–886.

Daniel Lazard, *Solving quintics by radicals*, in: Olav Arnfinn Laudal, Ragni Piene, *The legacy of Niels Henrik Abel*, Berlin 2004, S. 207–225.

Blair K. Spearman, Kenneth S. Williams, *Characterization of solvable quintics $x^5 + ax + b$*, American Mathematical Monthly, **101** (1994), S. 986–992.

Blair K. Spearman, Kenneth S. Williams, *On solvable quintics $X^5 + aX + b$ and $X^5 + aX^2 + b$*, Rocky Mountain Journal of Mathematics, **26** (1996), S. 753–772.

Aufgaben

1. Lösen Sie die Gleichung

$$x^5 + 15x + 12 = 0.$$

2. Lösen Sie die Gleichung

$$x^5 + 330x - 4170 = 0.$$

9 Die Galois-Gruppe einer Gleichung[82]

Wie lässt sich bei einer Gleichung fünften oder höheren Grades erkennen, ob sie mit Radikalen auflösbar ist oder nicht?

9.1. Die formulierte Frage ist die natürliche Fortsetzung der bisherigen Resultate: Wenn es schon keine Auflösung für die allgemeine Gleichung gibt, so stellt sich fast zwangsläufig die Frage, welche speziellen Gleichungen mit Radikalen lösbar sind? Beantwortet wurde die Frage von dem erst zwanzigjährigen französischen Mathematiker Evariste Galois, und zwar kurz bevor er sich 1832 einem ihm den Tod bringenden Duell stellte.[83]

Galois, aufgewachsen im Spannungsfeld der nach-napoleonischen Restauration, scheint seine Studien zur Auflösung von Gleichungen mit Radikalen nach allem Anschein als völliger Autodidakt durchgeführt zu haben: Zwar erhielt er von 1823 bis 1829 am Collège Louis-le-Grand in Paris und anschließend an der École Préparatoire, der späteren École Normale, eine für seine Zeit gute Ausbildung – bei der Aufnahmeprüfung für die École Polytechnique fiel er allerdings zweimal durch, und auch von der École Préparatoire wurde er Anfang 1831 wegen republikanischer Agitation verwiesen. Seine Mitgliedschaft in der republikanischen Garde brachte ihn später sogar noch mehrere Monate ins Gefängnis.

Galois' Versuche, seine Ideen zu publizieren, scheiterten sowohl am Unverständnis der Gutachter, als auch an der äußerst knappen Darstellung

---

82 Eine Kurzfassung dieses Kapitels hat sich unter dem Titel *Die Ideen der Galois-Theorie* in den letzten Jahren auf der Homepage des Verfassers eines regen Zuspruchs erfreut.

83 Die dramatischen Umstände von Galois' Entdeckung und des in seinen Ursachen nie ganz geklärten Duells haben zum Teil zu romantischen Ausschmückungen seines kurzen Lebens geführt. Ein Beispiel dafür ist der Roman von Tom Petsinis, *Der französische Mathematiker*, München 2000 (austral. Orig. 1997). Wer mehr an den reinen Fakten interessiert ist, dem sei der Artikel von Tony Rothman, *Das kurze Leben des Évariste Galois*, Spektrum der Wissenschaft, Juni 1992, S. 102–112 oder die Biographie von Laura Toti Rigatelli, *Evariste Galois 1811–1832*, Basel 1996 (ital. Orig. 1993) empfohlen.

© Springer Fachmedien Wiesbaden GmbH, ein Teil von Springer Nature 2019
J. Bewersdorff, *Algebra für Einsteiger*,

seiner erst viel später als richtig erkannten Ausführungen – die erste maßgebliche Veröffentlichung erfolgte erst 14 Jahre nach Galois' Tod auf Veranlassung von Joseph Liouville (1809–1882).

Galois' Überlegungen starteten mit einem Erkenntnisstand, der ungefähr dem Inhalt der bisherigen Kapitel entspricht. Ausgehend davon dürfte sein Interesse dafür geweckt worden sein, wie man bei einer vorgelegten Gleichung prüfen kann, ob und inwieweit auf polynomialen Identitäten beruhende Beziehungen zwischen den Lösungen bestehen, welche die Komplexität der Gleichung im Vergleich zum Normalfall reduzieren. So haben wir in Kapitel 7 gesehen, wie Gauß und Vandermonde Kreisteilungsgleichungen unter Verwendung solcher Beziehungen auflösten. Und auch Lagrange, dessen Arbeiten hier nur relativ kurz wiedergegeben wurden, hat die aus den Lösungen gebildeten polynomialen Ausdrücke nicht nur für den Fall der allgemeinen Gleichung sondern auch für spezielle Gleichungen untersucht.

Die zentrale Idee von Galois, für die es zu seiner Zeit kein Vorbild gab, die aber später in vielfacher Weise erfolgreich auf andere Probleme übertragen wurde, besteht nun darin, über den Untersuchungsgegenstand dadurch Erkenntnisse zu erlangen, dass ihm ein charakteristisches, deutlich einfacher zu analysierendes Objekt zugeordnet wird.[84] Konkret ordnete Galois jeder Gleichung eine so genannte **Gruppe** – heute als **Galois-Gruppe** der Gleichung bezeichnet – zu, wobei es sich schlicht um eine bestimmte Teilmenge von Permutationen der Lösungen der Gleichungen handelt. Die Zweckmäßigkeit dieser von Galois vorgenommenen Zuordnung beruht nun darauf, dass mit ihr eine im Hinblick auf die gewünschten Erkenntnisse ausreichende Klassifikation der Gleichungen möglich wird, da

- einerseits alle wesentlichen Eigenschaften einer gegebenen Gleichung – Irreduzibilität, Auflösbarkeit mit Radikalen und im Falle der Auflösbarkeit die Grade der dafür notwendigen Wurzeloperationen – ohne

---

[84] Ein plakatives Beispiel aus einer ganz anderen mathematischen Teildisziplin bilden die so genannten Knoten (elementare Einführungen findet man bei: Alexei Sossinsky, *Mathematik der Knoten*, Hamburg 2000; Lee Neuwirth, *Knotentheorie*, Spektrum der Wissenschaft, August 1979; Ian Stewart, *Mathematische Unterhaltungen*, Spektrum der Wissenschaft, August 1990). Weniger spektakuläre Beispiele finden sich aber praktisch in jeder mathematischen Disziplin.

jeglichen Rückgriff auf die Gleichung allein aus der Galois-Gruppe abgelesen werden können und

- andererseits die Vielfalt der Galois-Gruppen gegenüber den Gleichungen drastisch eingeschränkt ist. So sind die möglichen Fälle bei Galois-Gruppen von Gleichungen niedriger Grade auf eine gut überschaubare Anzahl beschränkt.

9.2. Wie schon in der Einführung dargelegt, wollen wir zunächst bewusst den „modernen", das heißt den zu Beginn des zwanzigsten Jahrhunderts entstandenen Blickwinkel auf die Galois-Theorie zurückstellen.[85] Stattdessen soll die Galois-Gruppe zuerst „elementar" unter Verwendung der bisher entwickelten Terminologie definiert werden. Dabei werden wir dem von Galois beschrittenen Weg in wesentlichen Zügen, nicht aber im Detail folgen.[86] Außerdem werden bei den Beweisen bewusst Lücken hingenommen, da es kaum sinnvoll wäre, diese auf Basis der hier verwendeten, mehr der Motivation dienenden Terminologie zu führen. Demgegenüber Vorrang gegeben wird in diesem Kapitel der Erörterung konkreter Beispiele. Im nächsten Kapitel werden dann die offen gebliebenen Punkte nachgetragen.

Bei ihrer Analyse der Möglichkeiten, Gleichungen eines bestimmten Grades allgemein auflösen zu können, hatten sich Abel und zuvor Ruffini auf die Wurzeloperationen fokussiert, bei denen es sich offensichtlich um die markanten Stellen innerhalb einer Auflösungsformel handelt. Galois erkannte nun, wie dieses auf die allgemeine Gleichung bezogene Vorgehen auf spezielle Gleichungen und die für deren Lösungen gesuchte Wurzeldarstellungen übertragen werden kann. Dazu bezeichnete er eine Größe als **bekannt**, wenn sie mittels der vier arithmetischen Grundoperationen aus bereits bekannten Größen dargestellt werden kann.

---

[85] Wie sich Formulierung und Sichtweise der Galois-Theorie mit der Zeit veränderten, wird ausführlich erörtert bei B. Melvin Kiernan, *The development of Galois Theory from Lagrange to Artin*, Archive for History of Exact Sciences, **8** (1971/72), S. 40–154 sowie in einer kommentierenden Ergänzung von B. L. van der Waerden, *Die Galois-Theorie von Heinrich Weber bis Emil Artin*, Archive for History of Exact Sciences, **9** (1972), S. 240–248.

[86] Die ausführlich kommentierte und ins Englische übersetzte Originalarbeit von Galois findet man in Harold M. Edwards, *Galois theory*, New York 1984. Einen Überblick findet man auch in Erhard Scholz, *Die Entstehung der Galois-Theorie*, in: Erhard Scholz (Hrsg.), *Geschichte der Algebra*, Mannheim 1990, S. 365–398.

Gestartet wird mit den von Beginn an als bekannt angesehenen Koeffizienten der Gleichung – ganz analog zur allgemeinen Gleichung, deren Koeffizienten den elementarsymmetrischen Polynomen entsprechen. Vergrößert werden kann der Bereich bekannter Größen jeweils durch die Hinzunahme einzelner Werte, wobei natürlich insbesondere, aber nicht ausschließlich an Wurzeln bereits bekannter Größen gedacht ist. Galois bezeichnet eine solchermaßen zu den bekannten Größen hinzugenommene Zahl als **adjungierte Größe**; der Vorgang selbst heißt **Adjunktion**. Es bleibt anzumerken, dass Galois' Konzept bekannter Größen zu Zahlbereichen führt, die wir heute als Körper bezeichnen – wir werden dies im nächsten Kapitel im größeren Zusammenhang erörtern. Da wir den Begriff aber schon jetzt verwenden wollen, gehen wir von der folgenden Definition aus:

DEFINITION. Eine Teilmenge der komplexen Zahlen wird **Körper** genannt, wenn sie unter den vier Grundoperationen **abgeschlossen** ist. Das heißt, abgesehen von der nicht zugelassenen Division durch 0 müssen Summe, Differenz, Produkt und Quotient zweier beliebiger Zahlen des Körpers wieder im Körper liegen.[87]

Der kleinste Bereich bekannter Größen, der sich ausgehend von einer Gleichung mit beliebigen rationalen Koeffizienten ergibt, ist der Körper der rationalen Zahlen $\mathbb{Q}$. Darauf aufbauend entsprechen dann die Lösungen einer Gleichung wie zum Beispiel

$$x^3 - 3x - 4 = 0$$

einer schrittweisen Erweiterung des Bereichs bekannter Größen. Für die Lösung

$$x_1 = \sqrt[3]{2 + \sqrt{3}} + \sqrt[3]{2 - \sqrt{3}}$$

bietet es sich natürlich an, zunächst zu den rationalen Zahlen die Zahl $\sqrt{3}$ zu adjungieren. Dabei erhält man als Bereich bekannter Zahlen, der sich aus rationalen Zahlen und der adjungierten Zahl $\sqrt{3}$ ergibt, die Menge

---

[87] Es bleibt anzumerken, dass der Körperbegriff normalerweise weiter gefasst wird, nämlich auch solche Bereiche einschließend, die sich nicht als Teilmenge der komplexen Zahlen auffassen lassen. Für unsere Zwecke reicht aber die hier gegebene Definition völlig aus.

$$\mathbb{Q}(\sqrt{3}) = \left\{ a + b\sqrt{3} \mid a,b \in \mathbb{Q} \right\},$$

für die es sich elementar nachprüfen lässt, dass keine der vier Grundrechenarten aus ihr herausführt, so dass wir $\mathbb{Q}(\sqrt{3})$ als Körper erkennen. In Bezug auf die rationalen Zahlen spricht man bei $\mathbb{Q}(\sqrt{3})$ von einem **Erweiterungskörper**.

Um schließlich die Lösung x_1 zu erhalten, braucht man wegen $\sqrt[3]{2+\sqrt{3}} \cdot \sqrt[3]{2-\sqrt{3}} = 1$ im zweiten Schritt nur noch die Wurzel $\sqrt[3]{2+\sqrt{3}}$ zu adjungieren. Es entsteht dann der mit $\mathbb{Q}(\sqrt{3}, \sqrt[3]{2+\sqrt{3}})$ bezeichnete Erweiterungskörper.[88]

9.3. Aufbauend auf der Terminologie „bekannter Größen" können wir nun die entscheidende Vorbereitung zur Definition des zentralen Begriffs der Galois-Gruppe einer Gleichung treffen. Dazu gehen wir von einer Gleichung n-ten Grades

$$x^n + a_{n-1}x^{n-1} + a_{n-2}x^{n-2} + \ldots + a_1 x + a_0 = 0$$

mit komplexwertigen Koeffizienten a_{n-1}, ..., a_1, a_0 ohne mehrfache Lösung aus, das heißt, es wird vorausgesetzt, dass alle n Lösungen voneinander verschieden sind.[89] Der Auflösungsprozess der Gleichung wird –

---

88 Dieser Erweiterungskörper enthält allerdings noch nicht die beiden anderen Lösungen der kubischen Gleichung. Damit alle drei Lösungen auf einen Schlag mit der zweiten Adjunktion erreicht werden, empfiehlt es sich, bereits mit dem die dritten Einheitswurzeln enthaltenden Körper $\mathbb{Q}(-\frac{1}{2} + \frac{1}{2}i\sqrt{3})$ zu starten.

89 Für den hier betrachteten Fall komplexwertiger Koeffizienten stellt das keine wirkliche Einschränkung dar, da mehrfache Linearfaktoren allein mittels der vier arithmetischen Grundoperationen durch Abspaltung eliminiert werden können: Dazu wird mit Hilfe des auf Seite 134 beschriebenen euklidischen Algorithmus der größte gemeinsame Teiler des gegebenen Polynoms und seiner Ableitung berechnet. Wegen

$$\left((x - x_1)^j (x - x_2)^k \ldots \right)'$$
$$= (x - x_1)^{j-1}(x - x_2)^{k-1} \ldots \left(j(x - x_2)(x - x_3) \ldots + k(x - x_1)(x - x_3) \ldots + \cdots \right)$$

ist der größte gemeinsame Teiler des gegebenen Polynoms und seiner Ableitung gleich

$$(x - x_1)^{j-1}(x - x_2)^{k-1} \ldots$$

Bei einer Division des ursprünglichen Polynoms durch diesen größten gemeinsamen Teiler erhält man also ein Polynom, das gegenüber dem ursprünglichen Polynom die sofern er überhaupt möglich ist – nun dadurch analysiert, dass für die weiteren Überlegungen jeweils ein beliebiger, für die Auflösung in Frage kommender Zwischenschritt in Form eines Körpers K „bekannter Größen", der die Koeffizienten a_{n-1}, ..., a_1, a_0 der Gleichung enthält, zugrunde gelegt wird.

Es wurde schon zu Beginn des Kapitels daran erinnert, dass bei einer Gleichung eine gegenüber dem Normalfall verminderte Komplexität darin ihren Ausdruck findet, dass zwischen den Lösungen x_1, ..., x_n polynomiale Beziehungen bestehen. Dabei entspricht jede solche Beziehung einem Polynom, dessen Wert für die Argumente x_1, ..., x_n gleich 0 ist. So entspricht beispielsweise die polynomiale Beziehung

$$x_1^2 = x_2 + 2$$

dem Polynom

$$h(X_1, ..., X_n) = X_1^2 - X_2 - 2 \, ,$$

wobei wir hier und zukünftig die Polynom-Variablen zur Unterscheidung von den Lösungen x_1, ..., x_n mit den Großbuchstaben X_1, ..., X_n bezeichnen. Abhängig vom zugrunde gelegten Körper K bezeichnen wir mit B_K die Gesamtheit der Polynome, die Koeffizienten in K besitzen und die für die Argumente x_1, ..., x_n den Wert 0 ergeben.

Selbstverständlich ist diese Gesamtheit B_K der in Betracht zu ziehenden „Beziehungs"-Polynome viel zu umfangreich für eine konkrete Auflistung. Schon eine vollständige Beschreibung ist eine alles andere als triviale Aufgabe. Galois selbst beschritt einen Weg, bei dem er nur ein einziges, eigens dafür kreiertes Polynom verwenden brauchte. Dieses Polynom konstruierte er mittels der so genannten **Galois-Resolvente**, bei der es sich um einen speziellen Wert handelt, auf dessen Basis sämtliche Lösungen x_1, ..., x_n mittels der vier Grundrechenarten berechnet werden können. Wir werden diesen sehr expliziten, im Detail aber nicht ganz einfachen Ansatz im Kasten „Die Berechnung der Galois-Gruppe" (Seite

---

gleiche Menge von Nullstellen besitzt, die aber alle nur einfach sind.
Im Rahmen expliziter Transformationen von Polynomkoeffizienten war Jan Hudde (1628–1704), späterer Bürgermeister von Amsterdam, der Erste, der entsprechende Überlegungen angestellt hat.

149 ff.) näher erläutern. An dieser Stelle reicht es zunächst hervorzuheben, dass die Galois-Resolvente auch ohne eine explizite Berechnung der Lösungen ausreichend charakterisiert werden kann.

Natürlich gibt es immer Polynome, die offensichtlich zur definierten Polynom-Menge B_K gehören. Solche Beispiele lassen sich am einfachsten unter den symmetrischen Polynomen finden. Für das Beispiel der in Abschnitt 9.2 erörterten kubischen Gleichung

$$x^3 - 3x - 4 = 0$$

gehören beispielsweise die drei Polynome

$$X_1 + X_2 + X_3, \quad X_1 X_2 X_3 - 4, \quad X_1^2 + X_2^2 + X_3^2 - 6$$

zur Menge $B_\mathbb{Q}$. Wirklich interessant sind aber nur nicht-symmetrische Polynome, da nur sie Beziehungen widerspiegeln, die auf eine im Vergleich zum Normalfall reduzierte Komplexität der Gleichung schließen lassen. Für Vandermondes Gleichung (siehe Kapitel 7, Seite 107)

$$x^5 + x^4 - 4x^3 - 3x^2 + 3x + 1 = 0$$

mit den Lösungen $x_{j+1} = 2\cos(2\pi 2^j/11)$ für $j = 0, 1, 2, 3, 4$ ergeben sich beispielsweise zur Menge $B_\mathbb{Q}$ gehörende Polynome wie

$$X_1^2 - X_2 - 2, \quad X_2^2 - X_3 - 2, \quad X_3^2 - X_4 - 2, \ldots$$
$$X_1 X_2 - X_1 - X_4, \quad X_2 X_3 - X_2 - X_5, \ldots$$

9.4. So unübersichtlich und daher wenig konkret „greifbar" die konstruierte Polynom-Menge B_K zwangsläufig scheinen muss, so sehr dürfte doch bereits klar geworden sein, dass ihr Umfang bei weniger komplexen Gleichungen, das heißt solchen mit besonders vielen zwischen den Lösungen bestehenden Beziehungen, vergleichsweise größer ist. Die Menge B_K ist damit eine Art „Maß" für die Komplexität der zugrunde liegenden Gleichung. Eine wirklich einfache – und zwar genial einfache – Charakterisierung dieser Komplexität erhält man nun mit Hilfe der Galois-Gruppe: Diese enthält per Definition alle Permutationen der n Variablen $X_1, \ldots, X_n$, welche jedes Polynom aus der Menge B_K in ein Polynom überführen, das ebenfalls in B_K liegt. In direkter Formulierung bedeutet dies:

DEFINITION. Zu einer Gleichung ohne mehrfache Lösung, deren Koeffizienten alle in einem Körper K liegen, ist die **Galois-Gruppe** (über dem Körper K) definiert als die Menge von denjenigen Permutationen σ, welche die Indizes $1, \ldots, n$ der Lösungen $x_1, \ldots, x_n$ derart vertauschen, dass für jedes Polynom $h(X_1, \ldots, X_n)$ mit Koeffizienten aus K sowie der Eigenschaft $h(x_1, \ldots, x_n) = 0$ stets auch $h(x_{\sigma(1)}, \ldots, x_{\sigma(n)}) = 0$ gilt.

Im Fall, dass keine nicht-trivialen, das heißt auf nicht-symmetrischen Polynomen beruhenden Beziehungen bestehen, enthält die Galois-Gruppe alle $n!$ Permutationen – dabei bleibt sogar jedes einzelne der Polynome aus der Menge B_K unter allen Permutationen unverändert. Dagegen führt die eben als Beispiel angeführte, zuerst von Vandermonde aufgelöste Gleichung fünften Grades zu einer drastisch eingeschränkten Menge von nur fünf Permutationen, wobei in diesem Fall die einzelnen Polynome aus der Menge $B_\mathbb{Q}$ durch die Permutationen durchaus verändert werden – nur der sich beim Einsetzen der Lösungen ergebende Funktionswert 0 bleibt unverändert: Beispielsweise transformiert die zyklische Permutation $X_1 \to X_2 \to X_3 \to X_4 \to X_5 \to X_1$ das schon angeführte Polynom $X_1^2 - X_2 - 2$ in das Polynom $X_2^2 - X_3 - 2$, das allerdings wieder zur Menge $B_\mathbb{Q}$ gehört. Dagegen führt etwa die alleinige Vertauschung der beiden Indizes 1 und 2 zu keiner zur Galois-Gruppe gehörenden Permutation: Dies erkennt man sofort, wenn man zum Beispiel das Polynom $X_1^2 - X_2 - 2$ und seine Veränderung unter der fraglichen Permutation untersucht. Das sich dabei ergebende Polynom $X_2^2 - X_1 - 2$ gehört wegen $x_2^2 - x_1 - 2 = x_3 - x_1 \neq 0$ nicht zur Menge $B_\mathbb{Q}$.

Ein anderes Beispiel, auf das wir im Folgenden mehrfach zurückkommen werden, ist die biquadratische Gleichung

$$x^4 - 4x^3 - 4x^2 + 8x - 2 = 0 \,.$$

Ohne schon hier auf Details eingehen zu wollen, merken wir zunächst an, dass die vier Lösungen die Identität $x_1 x_3 + x_2 x_4 = 0$ erfüllen, wobei die zugrunde liegende Nummerierung der Lösungen im Kasten „Berechnung der Galois-Gruppe" aufgelistet ist. Im Hinblick auf das in Kapitel 3 beschriebene Auflösungsverfahren bleibt daran zu erinnern, dass eine solche oder vergleichbare Identität genau dann besteht, wenn die kubische Resolvente eine rationale Lösung besitzt.

Wegen $x_1x_4 + x_2x_3 \neq 0$ und $x_1x_2 + x_3x_4 \neq 0$ können deshalb nur solche Permutationen zur Galois-Gruppe gehören, welche das Polynom $X_1X_3 + X_2X_4$ unverändert lassen. 16 der insgesamt 4! = 24 Permutationen der Ziffern 1 bis 4 scheiden damit als Kandidaten für die Galois-Gruppe aus. Dass jede der verbleibenden acht Permutationen tatsächlich *jede* zwischen den Lösungen bestehende Beziehung, die auf einem Polynom mit rationalen Koeffizienten beruht, „respektiert" und damit zur Galois-Gruppe gehört, wird im bereits angeführten Kasten erläutert. Dort wird nämlich gezeigt, wie man die Prüfung der Permutationen darauf, ob sie zur Galois-Gruppe gehören, anhand eines *einzigen* zur Menge $B_{\mathbb{Q}}$ gehörendem Polynoms

$$(-X_2 + X_3 - 2X_4)^8 + 16(-X_2 + X_3 - 2X_4)^7 - \dots$$
$$- 253184(-X_2 + X_3 - 2X_4) + 72256$$

vornehmen kann. Wir begnügen uns hier mit einer expliziten Aufzählung der zur Galois-Gruppe gehörenden Permutationen. Die nachfolgende Tabelle weist dazu aus, wie jede der acht Permutationen die Indizes 1, 2, 3 und 4 der vier Lösungen vertauscht. Bei der zuerst aufgeführten, hier immer mit σ_0 bezeichneten Permutation handelt es sich um die Identität, also diejenige Permutation, die alle Indizes auf ihrem Platz belässt:

	1	2	3	4
σ_0	1	2	3	4
σ_1	3	2	1	4
σ_2	1	4	3	2
σ_3	3	4	1	2
σ_4	2	1	4	3
σ_5	4	1	2	3
σ_6	2	3	4	1
σ_7	4	3	2	1

Wie schon angekündigt, kann allein anhand der Galois-Gruppe, das heißt ohne Rückgriff auf die ursprüngliche Gleichung entschieden werden, ob die Gleichung auflösbar ist oder nicht und welche Wurzelgrade gegebenenfalls bei einer Auflösung notwendig werden. Für solche Aussagen ist allerdings nicht nur die Größe der Galois-Gruppe von Bedeutung. Eine Rolle spielen im gewissen Rahmen auch die Permutationen selbst, wobei es aber einzig auf Beziehungen ankommt, wie sie zwischen den Permutationen der Galois-Gruppe bestehen. Gemeint sind damit Beziehungen auf Basis der bereits erwähnten Hintereinander-Ausführung von Permutationen (siehe Seite 67): Führt man nämlich zwei Permutationen σ und τ der Galois-Gruppe nacheinander aus, dann entsteht wieder eine Permutation. Und wie die einzelnen Permutationen überführt auch diese mit $\tau \circ \sigma$ bezeichnete Nacheinanderausführung der beiden Permutationen sämtliche Polynome aus der Menge B_K wieder in diese Menge und gehört damit auch zur Galois-Gruppe.

9.5. Eine vollständige und universell verwendbare, wenn auch aufgrund des Umfangs wenig elegante Art, solche zwischen den Permutationen der Galois-Gruppe bestehenden Beziehungen vollständig zu dokumentieren, ist die so genannte Gruppentafel. Wir wollen uns diese Möglichkeit anhand der gerade bereits angeführten biquadratischen Gleichung ansehen. Als Beispiel einer Hintereinanderschaltung nehmen wir aus der Galois-Gruppe die mit σ_1 und σ_6 bezeichneten Permutationen. Der Lösungsindex 1 wird durch die Vertauschung σ_1 auf den Index $\sigma_1(1) = 3$ geschoben. Da der Index 3 von der zweiten Vertauschung σ_6 nach $\sigma_6(3) = 4$ geschoben wird, ergibt sich für den Index 1 insgesamt ein Wechsel nach $\sigma_6(\sigma_1(1)) = 4$. Für die anderen drei Lösungsindizes verfährt man entsprechend und erhält:

	1 2 3 4
erst σ_1 ...	3 2 1 4
... und dann σ_6	4 3 2 1

Ein Blick auf die Tabelle der acht Permutationen der Galois-Gruppe zeigt, dass es sich bei der zusammengesetzten Permutation $\sigma_6 \circ \sigma_1$ um die Permutation σ_7 handelt: $\sigma_6 \circ \sigma_1 = \sigma_7$. In der Gruppentafel werden nun ähnlich wie in einer Einmaleins-Tabelle zu allen Möglichkeiten, zwei Permutationen nacheinander auszuführen, die Ergebnisse zusammengestellt. Tabelliert sind also alle Resultate der Form $\sigma \circ \tau =$ „erst τ und dann σ":

$\sigma \backslash \tau$	σ_0	σ_1	σ_2	σ_3	σ_4	σ_5	σ_6	σ_7
σ_0	σ_0	σ_1	σ_2	σ_3	σ_4	σ_5	σ_6	σ_7
σ_1	σ_1	σ_0	σ_3	σ_2	σ_6	σ_7	σ_4	σ_5
σ_2	σ_2	σ_3	σ_0	σ_1	σ_5	σ_4	σ_7	σ_6
σ_3	σ_3	σ_2	σ_1	σ_0	σ_7	σ_6	σ_5	σ_4
σ_4	σ_4	σ_5	σ_6	σ_7	σ_0	σ_1	σ_2	σ_3
σ_5	σ_5	σ_4	σ_7	σ_6	σ_2	σ_3	σ_0	σ_1
σ_6	σ_6	σ_7	σ_4	σ_5	σ_1	σ_0	σ_3	σ_2
σ_7	σ_7	σ_6	σ_5	σ_4	σ_3	σ_2	σ_1	σ_0

Alle Beziehungen, wie sie zwischen den Permutationen bestehen, können aus der Gruppentafel ersehen werden. Nicht mehr erkennbar ist, wie die Lösungen und ihre Indizes durch die Permutationen vertauscht werden. Trotzdem kann – und angesichts der Bedeutung wird auch vor einer nochmaligen Wiederholung nicht zurückgeschreckt – allein anhand der Gruppentafel oder einer äquivalenten Beschreibung der Gruppe entschieden werden, ob die ursprüngliche Gleichung auflösbar ist oder nicht und welche Wurzelgrade gegebenenfalls zur Auflösung notwendig sind.

Der Grund, warum die Galois-Gruppe diese Information beinhaltet, wird in Ansätzen plausibel, wenn man den Auflösungsprozess der zugrunde liegenden Gleichung in einzelne Schritte zerlegt, die jeweils der Adjunktion *einer* zusätzlichen Größe entsprechen, und dann untersucht, wie sich die Galois-Gruppe pro Schritt verändert: Durch die Erweiterung des Bereichs möglicher Koeffizienten von einem Körper K „bekannter Größen" zu einem umfassenderen Körper E vergrößert sich offensichtlich auch die Menge der „Beziehungs"-Polynome B_K, welche zur Definition der Galois-Gruppe verwendet wurde, zu einer Menge B_E. Die mit der Erweiterung des Koeffizientenbereichs verbundene Erhöhung der Anforderungen an die Permutationen *kann* nun dazu führen, dass bei der Galois-Gruppe die Auswahl der Permutationen zusätzlich eingegrenzt wird. Dabei lässt sich zeigen, dass die Eigenschaften der daraus gegebenenfalls resultierenden Verkleinerung der Galois-Gruppe ganz eng mit den Eigenschaften des adjungierten Wertes zusammenhängen. Etwas konkreter: Unter bestimmten Voraussetzungen bewirkt die Adjunktion eines Wertes, bei dem es sich um die m-te Wurzel einer bereits bekannten Größe handelt, dass sich die Anzahl der Permutationen innerhalb der Galois-Gruppe auf den m-ten Teil reduziert.

9.6. Wie sich im Detail die einzelnen Schritte der Auflösung in einer gegebenen Gleichung in dazu passenden Reduktionen der Galois-Gruppe widerspiegeln, wollen wir uns zunächst an unserem Standardbeispiel der biquadratischen Gleichung ansehen. Deren Lösungen können, da die kubische Resolvente eine rationale Lösung besitzt, allein auf Basis quadratischer Wurzeln ausgedrückt werden:

$$x_{1,3} = 1 + \sqrt{2} \pm \sqrt{3 + \sqrt{2}}$$

$$x_{2,4} = 1 - \sqrt{2} \pm \sqrt{3 - \sqrt{2}}$$

Ausgehend vom Körper der rationalen Zahlen als Gesamtheit der a priori, das heißt auf Basis der Gleichungskoeffizienten, bekannten Größen bietet es sich an, als erste Wurzel einer bekannten Größe die Zahl $\sqrt{2}$ zu adjungieren. Für die beiden im weiteren Auflösungsverlauf noch zu tätigenden Adjunktionen bieten sich anschließend die Werte $\sqrt{3 + \sqrt{2}}$ beziehungsweise $\sqrt{3 - \sqrt{2}}$ an, bei denen es sich beides Mal um die Quadratwurzel einer dann bereits bekannten Größe handelt.

Schauen wir uns nun an, wie die drei angeführten Adjunktionen die Galois-Gruppe reduzieren: Die erste Adjunktion von $\sqrt{2}$ zum ursprünglichen Körper $K = \mathbb{Q}$ bewirkt, dass wegen $x_1 - x_2 + x_3 - x_4 = 4\sqrt{2}$ unter anderem das Polynom

$$X_1 - X_2 + X_3 - X_4 - 4\sqrt{2}$$

zur Menge $B_{\mathbb{Q}(\sqrt{2})}$ gehört. Da die vier Permutationen $\sigma = \sigma_4$, σ_5, σ_6, σ_7 die Eigenschaft $x_{\sigma(1)} - x_{\sigma(2)} + x_{\sigma(3)} - x_{\sigma(4)} = -4\sqrt{2}$ erfüllen, können sie nach der Erweiterung des Körpers $K = \mathbb{Q}$ zu $E = \mathbb{Q}(\sqrt{2})$ nicht mehr zu Galois-Gruppe gehören. Umgekehrt lässt sich analog zum ursprünglichen

Körper $K = \mathbb{Q}$ mit dem im Kasten erläuterten Verfahren von Galois zeigen, dass die Permutationen σ_0, σ_1, σ_2, σ_3 weiterhin zur Galois-Gruppe gehören. Die Erweiterung der „bekannten Größen" um den Wert $\sqrt{2}$ reduziert damit die Galois-Gruppe auf den halben Umfang.

Mit der anschließenden Adjunktion des zweiten Zwischenwertes $\sqrt{3+\sqrt{2}}$ vergrößert sich die Polynom-Menge, welche die polynomialen Beziehungen zwischen den Lösungen widerspiegelt, nochmals; aufgrund der Identität $x_1 - x_3 = 2\sqrt{3+\sqrt{2}}$ beispielsweise um

$$X_1 - X_3 - 2\sqrt{3+\sqrt{2}} \; .$$

Da für die beiden Permutationen $\sigma = \sigma_1$, σ_3 die Gleichung $x_{\sigma(1)} - x_{\sigma(3)} = -2\sqrt{3+\sqrt{2}}$ gilt, fallen sie bei der Adjunktion von $\sqrt{3+\sqrt{2}}$ zum Körper $\mathbb{Q}(\sqrt{2})$ aus der Galois-Gruppe heraus. Umgekehrt lässt sich wieder zeigen, dass die beiden Permutationen σ_0, σ_2 weiterhin zur Galois-Gruppe gehören.

Wird schließlich mit der Größe $\sqrt{3-\sqrt{2}}$ die letzte der drei Adjunktionen durchgeführt, dann lassen sich wie angestrebt alle vier Lösungen x_1, ..., x_4 mittels der vier Grundrechenarten durch rationale Zahlen und die adjungierten Werte darstellen. Bei der Definition der Galois-Gruppe auf Basis des so entstandenen Erweiterungskörpers sind damit auch die vier Polynome $X_1 - x_1$, ..., $X_4 - x_4$ zu berücksichtigen. Das bewirkt, dass die Galois-Gruppe nur noch die identische Permutation σ_0 beinhaltet.

In Bild 28 sind die drei Adjunktionen und ihre Wirkung auf die Galois-Gruppe nochmals zusammengestellt. Dabei bezeichnet – wie zuvor schon in Einzelfällen – die Notation $K(a, b, ...)$ den Erweiterungskörper, der sich durch die Adjunktion der Größen a, b, ... zu einem Körper K ergibt. Das heißt, dieser Körper ist definiert als die Gesamtheit der Werte, die man mittels der vier Grundoperationen aus den Zahlen a, b, ... sowie den Zahlen des Körpers K erhalten kann.

Schritte zur Auflösung der Gleichung	Körper der jeweils aktuell "bekannten Größen"	Galois-Gruppe der Gleichung
$\sqrt{3-\sqrt{2}}$	$\mathbb{Q}(\sqrt{2},\sqrt{3+\sqrt{2}},\sqrt{3-\sqrt{2}})$	σ_0
$\uparrow$ Quadratwurzel $\sqrt{3+\sqrt{2}}$	$\mathbb{Q}(\sqrt{2},\sqrt{3+\sqrt{2}})$	σ_0,σ_2
$\uparrow$ Quadratwurzel $\sqrt{2}$	$\mathbb{Q}(\sqrt{2})$	$\sigma_0,\sigma_1,\sigma_2,\sigma_3$
$\uparrow$ Quadratwurzel Koeffizienten der Gleichung	$\mathbb{Q}$	$\sigma_0,\sigma_1,\sigma_2,\sigma_3$ $\sigma_4,\sigma_5,\sigma_6,\sigma_7$

Bild 28   Wie die Gleichung $x^4 - 4x^3 - 4x^2 + 8x - 2 = 0$ durch schrittweise Erweiterung der „bekannten Größen" aufgelöst werden kann, und wie die zugehörigen Erweiterungskörper die Galois-Gruppe reduzieren.

Es bleibt anzumerken, dass die schrittweise Erweiterung des Bereichs bekannter Größen um jeweils die Quadratwurzel eines bereits zuvor bekannten Wertes pro Schritt nicht nur den Umfang der Galois-Gruppe halbiert. Darüber hinaus entspricht jede dieser Adjunktionen einer Zerlegung einer geeignet sortierten Gruppentafel in vier gleich große Teilquadrate, von denen jedes Teilquadrat nur Permutationen aus entweder der einen oder aus der anderen Hälfte der Galois-Gruppe enthält. Beispielsweise erhält man aus der ersten Adjunktion die folgende Zerlegung, wobei die weiteren, entsprechenden Zerlegungen im Teilquadrat oben links erkennbar sind:

$\sigma \backslash \tau$	σ_0	σ_1	σ_2	σ_3	σ_4	σ_5	σ_6	σ_7
σ_0	σ_0	σ_1	σ_2	σ_3	σ_4	σ_5	σ_6	σ_7
σ_1	σ_1	σ_0	σ_3	σ_2	σ_6	σ_7	σ_4	σ_5
σ_2	σ_2	σ_3	σ_0	σ_1	σ_5	σ_4	σ_7	σ_6
σ_3	σ_3	σ_2	σ_1	σ_0	σ_7	σ_6	σ_5	σ_4
σ_4	σ_4	σ_5	σ_6	σ_7	σ_0	σ_1	σ_2	σ_3
σ_5	σ_5	σ_4	σ_7	σ_6	σ_2	σ_3	σ_0	σ_1
σ_6	σ_6	σ_7	σ_4	σ_5	σ_1	σ_0	σ_3	σ_2
σ_7	σ_7	σ_6	σ_5	σ_4	σ_3	σ_2	σ_1	σ_0

9.7. Die soeben für das Beispiel erläuterte Entsprechung von Adjunktionen und Zerlegungen der Gruppentafel gilt auch weitgehend allgemein für analoge Zerlegungen in m^2 Teilquadrate, wobei m eine Primzahl ist. Voraussetzung ist, dass die Gleichung irreduzibel ist und dass die m-ten Einheitswurzeln bereits in vorangegangenen Schritten adjungiert wurden. Unter diesen Bedingungen kann nämlich gezeigt werden, dass

- einerseits die Adjunktion einer m-ten Wurzel, sofern sie überhaupt eine echte Reduktion der Galois-Gruppe bewirkt, bei der Gruppentafel eine Zerlegung der beschriebenen Art in m^2 Teilquadrate bewirkt und dass

- andererseits zu jeder solchen Zerlegung in m^2 Teilquadrate eine m-te Wurzel gefunden werden kann, deren Adjunktion die Gruppentafel auf das Teilquadrat oben links reduziert.

Da m-te Einheitswurzeln, wie wir in Kapitel 7 weitgehend erläutert haben, stets mit Radikalen aufgelöst werden können, führt diese Äquivalenz einzelner Schritte insgesamt zu folgendem Ergebnis:

SATZ. Eine irreduzible Gleichung ist genau dann mit Radikalen auflösbar, wenn die Galois-Gruppe schrittweise bis zu einer ein-elementigen, nur die identische Permutation umfassende Galois-Gruppe reduziert werden kann, wobei jeder Schritt einer Zerlegung der (geeignet sortierten) Gruppentafel in m^2 Teilquadrate entspricht, die allesamt nur einen m-ten Teil der Permutationen beinhalten (unter Würdigung der

Äquivalenz nennt man Galois-Gruppen, die diesen schrittweisen Prozess erlauben, **auflösbar**[90]).

Mit diesem, hier natürlich nicht einmal annähernd bewiesenen Satz wird deutlich, wieso die Galois-Gruppe so wertvoll bei der Analyse der Auflösbarkeit einer Gleichung ist: Im Prinzip kann durch rein kombinatorische Überlegungen auf Basis der Gruppentafel festgestellt werden, welche Wurzeloperationen gegebenenfalls ein Fortkommen bei der Auflösung der ursprünglichen Gleichung bringen. Und so kann für eine Gleichung wie zum Beispiel

$$x^5 - x - 1 = 0$$

gezeigt werden, dass die zugehörige 120×120-Gruppentafel eine entsprechende Zerlegung in Teilquadrate nur einmal zulässt: Das dabei entstehende 60×60-Teilquadrat lässt keine weitere Zerlegung zu und dies ist genau der Grund, warum die Lösungen der angeführten Gleichung fünften Grades nicht durch geschachtelte Wurzelausdrücke mit rationalen Radikanden darstellbar sind.

Natürlich stellt die erwähnte Möglichkeit, die Galois-Gruppe auf Basis ihrer Gruppentafel rein kombinatorisch zu untersuchen, einen alles andere als eleganten Weg dar. Wie eine solche Untersuchung vereinfacht werden kann und warum dies funktioniert, davon soll im nächsten Kapitel die Rede sein.

9.8. Den Rest dieses Kapitels wollen wir dazu nutzen, die Galois-Gruppen von einigen weiteren, zum Teil bereits in den vorangegangenen Kapiteln erörterten Gleichungen zu bestimmen.[91] Wie schon bei der als Standardbeispiel verwendeten biquadratischen Gleichung werden wir uns dabei meist auf den Teil des Nachweises konzentrieren, in dem gezeigt wird, dass keine anderen als die angegebenen Permutationen in der Galois-Gruppe liegen. Der damit offen bleibende Nachweis, dass die angegebenen Permutationen tatsächlich zur Galois-Gruppe gehören, kann im

---

[90] Im nächsten Kapitel werden wir eine Definition kennen lernen, die den Umgang mit Gruppentafeln überflüssig macht.

[91] Die anderen Beispiele wurden teilweise übernommen aus: Leonhard Soicher, John McKay, *Computing Galois groups over the rationals*, Journal of Number Theory, **20** (1985), S. 273–281. Dort finden sich auch Beispiele für Gleichungen sechsten und höheren Grades.

Prinzip stets mit dem im Kasten beschriebenen Verfahren von Galois geführt werden (siehe Seite 149). In vielen Fällen kann allerdings wesentlich einfacher argumentiert werden. Die dazu hilfreichen Sätze werden wir allerdings erst im nächsten Kapitel kennen lernen.

Bei der Definition der Galois-Gruppe haben wir Gleichungen mit mehrfachen Lösungen generell ausgeklammert. Darüber hinaus wollen wir uns im weiteren Verlauf des Kapitels auf irreduzible Gleichungen beschränken. Auf dem Niveau der Galois-Gruppe ist das – wie wir im nächsten Kapitel begründen werden – dazu äquivalent, dass zu jedem beliebigen Paar von zwei Lösungen x_j und x_k mindestens eine Permutation σ existiert, welche die Lösung x_j auf den Platz der Lösung x_k schiebt: $\sigma(j) = k$. Übrigens spricht man in einem solchen Fall davon, dass die Galois-Gruppe auf den Lösungen der Gleichung **transitiv operiert**.

9.9. Quadratische Gleichungen, die irreduzibel sind, besitzen stets eine aus zwei Permutationen bestehende Galois-Gruppe: Neben der identischen Permutation σ_0 ist immer auch die Permutation σ_1 enthalten, welche die beiden Lösungen miteinander vertauscht. Die Gruppentafel hat die folgende Gestalt:

$$\begin{array}{c|cc} & \sigma_0 & \sigma_1 \\ \hline \sigma_0 & \sigma_0 & \sigma_1 \\ \sigma_1 & \sigma_1 & \sigma_0 \end{array}$$

9.10. In Bezug auf die Galois-Gruppe einer irreduziblen kubischen Gleichung gibt es generell nur zwei Möglichkeiten. Einerseits kann die Galois-Gruppe alle sechs Permutationen der drei Lösungen beinhalten. Andererseits ist es möglich dass die Galois-Gruppe aus drei ganz bestimmten Permutationen besteht, nämlich jenen, welche die drei Lösungen zyklisch vertauschen. Ein Beispiel für eine solche Gleichung ist die aus der Kreisteilungsgleichung siebten Grades abgeleitete Gleichung

$$x^3 + x^2 - 2x - 1 = 0,$$

deren drei Lösungen gleich $x_j = 2\cos(2\pi j/7)$ (für $j = 1, 2, 3$) sind. Aufgrund der Identitäten

$$x_2 = x_1^2 - 2, \quad x_3 = x_2^2 - 2, \quad x_1 = x_3^2 - 2$$

gehören die drei Polynome

$$X_2 - X_1^2 + 2, \quad X_3 - X_2^2 + 2, \quad X_1 - X_3^2 + 2$$

zur Menge $B_{\mathbb{Q}}$ der bei der Bestimmung der Galois-Gruppe in Betracht zu ziehenden Polynome. Daraus ergibt sich als Konsequenz, dass eine zur Galois-Gruppe gehörende Permutation σ bereits durch ihre Wirkung auf einen einzigen Index festgelegt wird, also beispielsweise durch den Index $\sigma(1)$. Und damit gehören nur die drei Permutationen, welche die Lösungen zyklisch vertauschen, zur Galois-Gruppe:

	1	2	3
σ_0	1	2	3
σ_1	3	1	2
σ_2	2	3	1

Die Gruppentafel für diese drei Permutationen umfassende Galois-Gruppe hat die folgende Gestalt:

	σ_0	σ_1	σ_2
σ_0	σ_0	σ_1	σ_2
σ_1	σ_1	σ_2	σ_0
σ_2	σ_2	σ_0	σ_1

Natürlich kann die Galois-Gruppe der letzten Gleichung auch auf direktem Weg, das heißt ohne Kenntnis der Lösungen bestimmt werden. Abgesehen von Galois' allgemeinen Verfahren kann das dadurch geschehen, dass man das Differenzenprodukt der Lösungen berechnet, dessen Quadrat die Diskriminante ergibt. Am einfachsten geht dies mit der allgemein für kubische Gleichungen gültigen, in Kapitel 5 (Seite 62) hergeleiteten Formel

$$(x_1 - x_2)(x_2 - x_3)(x_1 - x_3) = \pm 6i\sqrt{3}\sqrt{\left(\frac{q}{2}\right)^2 + \left(\frac{p}{3}\right)^3},$$

wobei p und q die Koeffizienten der reduzierten Gleichung sind, für die man bei der hier zu untersuchenden Gleichung $p = -7/3$ und $q = -7/27$ erhält. Das führt zu

$$(x_1 - x_2)(x_2 - x_3)(x_1 - x_3) = -7,$$

wobei diese Identität sofort zeigt, dass die ungeraden Permutationen, das heißt die das Vorzeichen des Differenzenprodukts umkehrenden Permutationen, nicht zur Galois-Gruppe gehören.

9.11. Die „meisten" irreduziblen kubischen Gleichungen wie zum Beispiel die in schon Kapitel 1 gelöste Gleichung

$$x^3 + x - 6 = 0$$

mit den drei Lösungen ($j = 0, 1, 2$)

$$x_{j+1} = \zeta^j \sqrt[3]{3 + \frac{2}{3}\sqrt{\frac{61}{3}}} + \zeta^{2j} \sqrt[3]{3 - \frac{2}{3}\sqrt{\frac{61}{3}}}$$

führen zu einer Galois-Gruppe, die alle sechs Permutationen der drei Lösungen enthält:

	1	2	3
σ_0	1	2	3
σ_1	3	1	2
σ_2	2	3	1
σ_3	1	3	2
σ_4	3	2	1
σ_5	2	1	3

Die Gruppentafel der Galois-Gruppe hat dann die folgende Form, wobei übrigens die der Adjunktion der Quadratwurzel aus der Diskriminante entsprechende Zerlegung in vier 3×3-Teilquadrate, welche jeweils nur drei verschiedene Permutationen enthalten, offensichtlich ist:

	σ_0	σ_1	σ_2	σ_3	σ_4	σ_5
σ_0	σ_0	σ_1	σ_2	σ_3	σ_4	σ_5
σ_1	σ_1	σ_2	σ_0	σ_5	σ_3	σ_4
σ_2	σ_2	σ_0	σ_1	σ_4	σ_5	σ_3
σ_3	σ_3	σ_4	σ_5	σ_0	σ_1	σ_2
σ_4	σ_4	σ_5	σ_3	σ_2	σ_0	σ_1
σ_5	σ_5	σ_3	σ_4	σ_1	σ_2	σ_0

Die direkte Beziehung zwischen Galois-Gruppe und Gleichungsauflösung wird im Fall der kubischen Gleichung dadurch verkompliziert, dass dafür zunächst die dritte Einheitswurzel $\zeta = -\frac{1}{2} + \frac{1}{2}i\sqrt{3}$ als „bekannt" vorausgesetzt werden muss. Bei rationalen Koeffizienten der Gleichung heißt das, dass die direkte Korrespondenz zwischen den Auflösungsschritten der Gleichung einerseits und den Zerlegungsschritten der Galois-Gruppe andererseits erst dann gesichert ist, wenn der die Koeffizienten enthaltende Körper $\mathbb{Q}$ um die dritte Einheitswurzel zu $\mathbb{Q}(\zeta)$ erweitert wurde.

Insofern kann eine gegenüber dem allgemeinen Fall einfacher erscheinende Gleichung wie beispielsweise die schon am Ende von Kapitel 1 gelöste Gleichung

$$x^3 - 3x^2 - 3x - 1 = 0$$

mit den drei Lösungen sind ($j = 0, 1, 2$)

$$x_{j+1} = 1 + \zeta^j \sqrt[3]{2} + \zeta^{2j} \sqrt[3]{4}$$

durchaus eine sechs Permutationen umfassende Galois-Gruppe besitzen. Für das Differenzenprodukt findet man, da die Koeffizienten der reduzierten Gleichung gleich $p = -6$ und $q = -6$ sind, den Wert

$$(x_1 - x_2)(x_2 - x_3)(x_1 - x_3) = 6i\sqrt{3} \in \mathbb{Q}(\zeta),$$

so dass sich die Galois-Gruppe erst dann auf drei Permutationen reduziert, wenn die dritte Einheitswurzel ζ adjungiert wird. Dagegen umfasst die über dem Körper der rationalen Zahlen gebildete Galois-Gruppe alle

sechs Permutationen.[92] Auch bei der in Abschnitt 9.10 untersuchten Gleichung $x^3 + x^2 - 2x - 1 = 0$ muss, obwohl ein *casus irreducibilis* vorliegt
und damit alle drei Lösungen reell sind, zunächst die dritte Einheitswurzel ζ adjungiert werden, wobei sich dadurch die Galois-Gruppe noch
nicht reduziert. Anschließend reicht dann die Adjunktion einer dritten
Wurzel zur Aufösung der Gleichung.

9.12. Irreduzible biquadratische Gleichungen können Galois-Gruppen mit
4, 8, 12 oder 24 Permutationen besitzen. Dabei gibt es bei einem Teil dieser vier Fälle unterschiedliche Möglichkeiten, welche Permutationen zur
Galois-Gruppe gehören. Allerdings brauchen rein qualitativ, insbesondere
im Hinblick auf die Auflösbarkeit der Galois-Gruppe, zwei Galois-
Gruppen nicht voneinander unterschieden zu werden, die abgesehen von
der Bezeichnung der Elemente „gleich" sind. Für die beiden Gruppentafeln bedeutet das konkret, dass sie sich durch Bezeichnungswechsel bei
den Permutationen und einer Umsortierung von Zeilen und Spalten ineinander überführen lassen – solche Galois-Gruppen nennt man zueinander
isomorph. Auf Basis dieser zweckdienlichen Art der eingeschränkten
Differenzierung sind bei irreduziblen biquadratischen Gleichungen nur
fünf verschiedene Möglichkeiten für die Galois-Gruppe zu unterscheiden:
zwei Möglichkeiten mit 4 Permutationen und je eine Möglichkeit mit 8,
12 und 24 Permutationen. Für jeden dieser Fälle wollen wir uns nun eine
Gleichung ansehen.

Wir beginnen die Beispiele biquadratischer Gleichungen mit der schon in
Kapitel 7 aufgelösten, aus der Kreisteilungsgleichung fünften Grades ab-
geleiteten Gleichung

$$x^4 + x^3 + x^2 + x + 1 = 0,$$

deren vier Lösungen gleich $x_{j+1} = \cos(2\pi 3^j/5) + i \cdot \sin(2\pi 3^j/5)$ (für $j = 0$,
1, 2, 3) sind, wobei die Nummerierung so gewählt wurde, wie es sich bei

---

[92] Übrigens ist wegen

$$x_j^2 - 3x_j - 2 = \zeta^{j-1} \sqrt[3]{2}$$

der so genannte **Zerfällungskörper**, das heißt der durch die Adjunktion aller Lösungen entstehende Körper, gleich $\mathbb{Q}(\zeta, \sqrt[3]{2})$. Der Name Zerfällungskörper rührt daher,
dass es sich bei ihm um den kleinsten Körper handelt, in dem die zu lösende Gleichung in Linearfaktoren zerfällt.

der Konstruktion von Perioden zu Kreisteilungsgleichungen bereits allgemein bewährt hat. In Folge wird nämlich bei den Beziehungen, wie sie
zwischen den Lösungen bestehen, die folgende Symmetrie offenkundig:

$$x_{j+1} = x_j^3$$

Damit wird, wie bei jeder anderen Gleichung für Perioden einer Kreisteilungsgleichung, eine zur Galois-Gruppe gehörende Permutation σ bereits
durch ihre Wirkung auf einen einzigen Index festgelegt, also beispielsweise durch den Index $\sigma(1)$. Das führt dazu, dass nur die vier Permutationen, welche die Indizes zyklisch vertauschen, zur Galois-Gruppe gehören. Nachfolgend angegeben sind sowohl die Permutationen der Galois-
Gruppe als auch die sich aus ihnen ergebende Gruppentafel:

	1 2 3 4
σ_0	1 2 3 4
σ_1	2 3 4 1
σ_2	3 4 1 2
σ_3	4 1 2 3

	σ_0	σ_1	σ_2	σ_3
σ_0	σ_0	σ_1	σ_2	σ_3
σ_1	σ_1	σ_2	σ_3	σ_0
σ_2	σ_2	σ_3	σ_0	σ_1
σ_3	σ_3	σ_0	σ_1	σ_2

9.13. Ebenso zu einer Galois-Gruppe mit vier Permutationen führt die
Gleichung

$$x^4 + 1 = 0,$$

die als Lösungen vier der achten Einheitswurzeln, nämlich
$x_j = \cos(2\pi(2j-1)/8) + i\cdot\sin(2\pi(2j-1)/8)$ (für $j = 1, 2, 3, 4$), besitzt. Zunächst ganz ähnlich wie bei der letzten Gleichung wird eine zur Galois-
Gruppe gehörende Permutation σ wegen

$$x_j = x_1^{2j-1}$$

allein durch $\sigma(1)$, also durch die Wirkung auf den ersten Index, bestimmt.
Als Galois-Gruppe ergeben sich daher zunächst die nachfolgend links
aufgelisteten Permutationen. Anschließend erhält man die rechts aufge-
führte Gruppentafel, wobei bereits die vier übereinstimmenden Permutationen der Diagonale zeigen, dass keine Umbenennung der Permutationen

dazu führen kann, die Gruppentafel der vorherigen Gleichung zu erhalten:

	1 2 3 4
σ_0	1 2 3 4
σ_1	2 1 4 3
σ_2	3 4 1 2
σ_3	4 3 2 1

	σ_0 σ_1 σ_2 σ_3
σ_0	σ_0 σ_1 σ_2 σ_3
σ_1	σ_1 σ_0 σ_3 σ_2
σ_2	σ_2 σ_3 σ_0 σ_1
σ_3	σ_3 σ_2 σ_1 σ_0

9.14. Eine irreduzible biquadratische Gleichung mit einer aus acht Permutationen bestehenden Galois-Gruppe haben wir bereits in den Abschnitten 9.4 und 9.5 untersucht. Eine sehr einfache Gleichung, die zu einer isomorphen Galois-Gruppe führt, ist übrigens

$$x^4 - 2 = 0,$$

deren Lösungen gleich $x_j = i^{j-1}\sqrt[4]{2}$ für j = 1, 2, 3, 4 sind. Wegen $x_1 x_3 + x_2 x_4 = 0$ kann im Weiteren analog zur schon untersuchten Gleichung vorgegangen werden. Anzumerken bleibt, dass sich die Galois-Gruppe auf vier zyklische Permutationen reduziert, wenn der Körper um die vierte Einheitswurzel i zu $\mathbb{Q}(i)$ erweitert wird.

9.15. Eine Galois-Gruppe, die aus allen zwölf geraden Permutationen besteht, ergibt sich für die Gleichung

$$x^4 + 8x + 12 = 0.$$

Grund ist, dass man gemäß den Formeln aus Kapitel 5 auf Basis der kubischen Resolvente

$$z^3 - 12z + 8 = 0$$

für das Differenzprodukt den Wert

$$\prod_{j>k}(x_j - x_k) = 8\prod_{j>k}(z_j - z_k) = 48i\sqrt{3}\sqrt{\left(\tfrac{8}{2}\right)^2 + \left(\tfrac{-12}{3}\right)^3} = -576$$

erhält.

9.16. Eine irreduzible biquadratische Gleichung mit einer maximal großen Galois-Gruppe von 24 Permutationen ist die Gleichung

$$x^4 + x + 1 = 0.$$

9.17. Bei irreduziblen Gleichungen fünften Grades gibt es bis auf Isomorphie nur fünf verschiedene Möglichkeiten für die Galois-Gruppe, und zwar je eine mit 5, 10, 20, 60 und 120 Permutationen. Dabei sind die Gleichungen zu den ersten drei Fällen mit Radikalen auflösbar, bei den letzten zwei Fällen hingegen nicht.

Nur fünf Permutationen enthält die Galois-Gruppe der bereits von Vandermonde gelösten Gleichung $x^5 + x^4 - 4x^3 - 3x^2 + 3x + 1 = 0$, deren Lösungen zweigliedrige Perioden der Kreisteilungsgleichung elften Grades sind. Wie schon in den Abschnitten 9.3 und 9.4 erläutert, findet man die zur Galois-Gruppe gehörenden Permutationen mittels polynomialer Beziehungen wie $x_1^2 = x_2 + 2$, $x_2^2 = x_3 + 2, \ldots$

Zu einer Galois-Gruppe mit zehn Permutationen führt die Gleichung $x^5 - 5x + 12 = 0$, deren Lösungen gleich

$$x_{j+1} = \varepsilon^j \sqrt[5]{-1 + \tfrac{2}{5}\sqrt{5} - 3\sqrt{\tfrac{1}{5} - \tfrac{11}{125}\sqrt{5}}} + \varepsilon^{2j} \sqrt[5]{-1 - \tfrac{2}{5}\sqrt{5} + 3\sqrt{\tfrac{1}{5} + \tfrac{11}{125}\sqrt{5}}}$$

$$+ \varepsilon^{3j} \sqrt[5]{-1 - \tfrac{2}{5}\sqrt{5} - 3\sqrt{\tfrac{1}{5} + \tfrac{11}{125}\sqrt{5}}} + \varepsilon^{4j} \sqrt[5]{-1 + \tfrac{2}{5}\sqrt{5} + 3\sqrt{\tfrac{1}{5} - \tfrac{11}{125}\sqrt{5}}}$$

sind ($\varepsilon = \cos(2\pi/5) + i \cdot \sin(2\pi/5)$, $j = 0, 1, 2, 3, 4$). Dies lässt sich erkennen, wenn man den Wert der Kapitel 8 untersuchten bikubischen Resolvente $z = 5$ berechnet, was, abgesehen vom noch separat zu bestimmenden Vorzeichen, der Identität

$$x_1 x_2 + x_2 x_3 + x_3 x_4 + x_4 x_5 + x_5 x_1$$

$$- x_1 x_3 - x_2 x_4 - x_3 x_5 - x_4 x_1 - x_5 x_2 = -10$$

entspricht. Übrigens wurde die Galois-Gruppe dieser Gleichung in Form einer Gruppentafel bereits in der Einführung als Beispiel angeführt (siehe Bild 1, Seite X).

Insgesamt zwanzig Permutationen enthält die Galois-Gruppe der Gleichung $x^5 - 2 = 0$, deren Lösungen offensichtlich gleich $x_j = \varepsilon^{j-1}\sqrt[5]{2}$ sind (für $j = 1, ..., 5$). Wegen $x_j = x_1^{2-j} x_2^{j-1}$ wird jede Permutation der Galois-Gruppe bereits durch seine Wirkung auf die beiden Lösungen x_1 und x_2 vollständig bestimmt. Dabei ergeben alle $5 \cdot 4 = 20$ Möglichkeiten, den beiden Lösungen x_1 und x_2 irgendein Paar von zwei verschiedenen Lösungen zuzuordnen, tatsächlich eine Permutation der Galois-Gruppe. Konkret sind diese zwanzig Permutationen für $p = 1, ..., 4$ und $q = 0, ..., 4$ definiert durch

$$\sigma_{p,q}(\varepsilon^j \sqrt[5]{2}) = \varepsilon^{pj+q} \sqrt[5]{2}$$

($j = 0, 1, ..., 4$).

60 Permutationen ergeben sich für die Gleichung $x^5 + 20x + 16 = 0$. Bei diesen Permutationen handelt es sich um die geraden Permutationen, welche den ganzzahligen Wert des Differenzenproduktes nicht verändern: Gemäß der Formel am Ende von Fußnote 79 ist das Differenzenprodukt entweder gleich $+32000$ oder -32000.

Eine Gleichung fünften Grades, bei der die maximale Größe von 120 Permutationen erreicht wird, ist beispielsweise $x^5 - x + 1 = 0$.

9.18. Beschlossen werden soll das Kapitel mit einem von Galois entdeckten Satz, der seine Erkenntnisse über die Auflösbarkeit von Gleichungen in Form eines „traditionell" formulierten Kriteriums enthält. Dass Gleichungen, die dieses Kriterium erfüllen, auflösbar sind, hatte übrigens vor Galois schon Abel 1828 in einen Brief an Crelle[93] (1780–1855) behauptet:

---

[93] August Leopold Crelle ist vor allem als Gründer und langjähriger Herausgeber der ersten deutschsprachigen mathematischen Zeitschrift bekannt. Das *Journal für die reine und angewandte Mathematik* wird noch heute oft schlicht „Crelle" oder „Crelles Journal" genannt. Abels Unmöglichkeitsbeweis ist übrigens 1826 in Band 1 von Crelles Journal veröffentlicht worden (*Beweis der Unmöglichkeit, algebraische Gleichungen von höheren Graden, als dem vierten, allgemein aufzulösen*, S. 65–84). Der angeführte Satz wird auch formuliert als Théorème IV (S. 143) in Abels *Mémoire sur une classe particulière d'équations résolubles algébriquement*, „Crelle" **4** (1829), S. 131–156; siehe dazu auch Lars Gårding, Christian Skau, *Niels Henrik Abel and solvable equations*, Archive for History of Exact Sciences, **48** (1994), 81–103.

SATZ. Eine irreduzible Gleichung mit Primzahlgrad ist genau dann mit Radikalen auflösbar, wenn sämtliche Lösungen polynomial durch beliebige zwei Lösungen dargestellt werden können.

Insbesondere kann damit eine über den rationalen Zahlen irreduzible Gleichung fünften Grades mit drei reellen und zwei nicht reellen Lösungen nicht mit Radikalen auflösbar sein. So kann zum Beispiel die Gleichung $x^5 - 17x - 17 = 0$ sofort als nicht auflösbar erkannt werden: Aufgrund des Eisenstein'schen Irreduzibilitätskriteriums ist die linke Seite der Gleichung irreduzibel; außerdem hat die Gleichung drei reelle Lösungen und zwei von ihnen können damit unmöglich die Gesamtheit der Lösungen polynomial (mit rationalen Koeffizienten) darstellen.

Eine weitere Folgerung aus dem angeführten Kriterium ist übrigens, dass die Größe der Galois-Gruppe einer irreduziblen, auflösbaren Gleichung vom Primzahlgrad n stets ein Teiler von $n(n-1)$ und ein Vielfaches von n sein muss.

Die Berechnung der Galois-Gruppe

Wie schon angemerkt ist die zur Definition der Galois-Gruppe einer Gleichung verwendete Menge B_K von Polynomen viel zu umfangreich für eine konkrete Auflistung. Auch eine vollständige Beschreibung ist alles andere als einfach.[94] Einen Ausweg, der eine explizite Berechnung ermöglicht, bietet der von Galois ursprünglich gewählte Ansatz zur Definition der Galois-Gruppe.

Galois konstruierte zu den n als verschieden vorausgesetzten Lösungen $x_1, ..., x_n$ einer gegebenen Gleichung n-ten Grades zunächst die heute so genannte **Galois-Resolvente**, aus der sämtliche Lösungen

---

[94] Für Leser(innen), die schon (fast) alles wissen: Immerhin handelt es sich bei der Menge B_K um ein Ideal im Polynomring $K[X_1, ... X_n]$. Aufgrund von Hilberts Basissatz existieren daher immer endlich viele (Basis-)Polynome $h_1, ..., h_m$, so dass die Menge B_K genau die Polynome der Form

$$f_1 \cdot h_1 + ... + f_m \cdot h_m$$

mit irgendwelchen Polynomen $f_1, ..., f_m$ umfasst. Würde es gelingen, solche Basis-Polynome $h_1, ..., h_m$ zu bestimmen, dann könnte die Berechnung der Galois-Gruppe dadurch erfolgen, dass jede Permutation einzig anhand dieser Basis-Polynome daraufhin überprüft wird, ob sie zur Galois-Gruppe gehört oder nicht.

x_1, ..., x_n mittels der vier Grundrechenarten berechnet werden können. Galois wählte dazu den Ansatz

$$t = m_1 x_1 + m_2 x_2 + ... + m_n x_n$$

mit geeignet gewählten Zahlen m_1, ..., m_n. Dazu merkte Galois an, dass man im Körper K immer solche Zahlen m_1, ..., m_n finden kann, so dass alle $n!$ Werte

$$t_\sigma = m_1 x_{\sigma(1)} + m_2 x_{\sigma(2)} + ... + m_n x_{\sigma(n)},$$

die sich bei Permutationen σ der Indizes 1, ..., n ergeben, voneinander verschieden sind.[95] Eine solchermaßen konstruierte Größe t hat nun, wie schon Lagrange festgestellt hatte, die Eigenschaft, dass sämtliche Lösungen x_1, ..., x_n durch t mittels polynomialer Ausdrücke, also insbesondere ohne Verwendung von Wurzeloperationen, darstellbar sind:[96] $x_1 = g_1(t)$, ..., $x_n = g_n(t)$. Jedes Polynom aus der zur Definition

---

[95] Für die auszuwählenden Werte m_1, ..., m_n darf also keine der Gleichungen

$$m_1(x_{\sigma(1)} - x_{\tau(1)}) + ... + m_n(x_{\sigma(n)} - x_{\tau(n)}) = 0$$

für irgend zwei verschiedene Permutationen σ und τ erfüllt sein. Jede dieser insgesamt $\frac{1}{2}n!(n!-1)$ Gleichungen verringert damit die mögliche Auswahl der Werte m_1, ..., m_n um eine so genannte Hyperebene im K^n: Bei $n = 2$ ist das eine Gerade im K^2, bei $n = 3$ eine Ebene im K^3 und so weiter. Es bleiben damit auf jeden Fall noch unendlich viele Möglichkeiten zur Wahl der Werte m_1, ..., m_n übrig.

[96] Der Beweis dieses Satzes – die „moderne" Variante $K(x_1, ..., x_n) = K(t)$ findet man in Algebra-Büchern als Satz über die Existenz eines primitiven Elements – wurde von Galois nur skizziert. Passend zur konstruierten Galois-Resolvente t bildete Galois auf Basis aller den Index 1 festlassenden Permutationen σ das $(n-1)!$ Faktoren umfassende Produkt-Polynom

$$G(T, X_1, ..., X_n) = \prod_{\substack{\sigma \in S_n \\ \sigma(1)=1}} \left(T - (m_1 X_{\sigma(1)} + \cdots + m_n X_{\sigma(n)}) \right).$$

Das Produkt ist ein Polynom in T vom Grad $(n-1)!$, bei dessen Koeffizienten es sich um Polynome in den Variablen X_1, ..., X_n handelt, die in den Variablen X_2, ..., X_n sogar symmetrisch sind. Fasst man das Polynom G als Polynom in den beiden Variablen T und X_1 auf, so lassen sich dessen Koeffizienten polynomial durch die elementarsymmetrischen Polynome in den Variablen X_2, ..., X_n ausdrücken. Da außerdem jedes dieser in X_2, ..., X_n elementarsymmetrischen Polynome polynomial durch die Variable X_1 sowie die elementarsymmetrischen Polynome in den Variablen X_1, ..., X_n ausgedrückt werden kann (beispielsweise ist $X_2 + ... + X_n = (X_1 + ... + X_n) - X_1$), erhält man insgesamt

$$G(T, X_1, ..., X_n) = h(S_{n-1}(X_1, ..., X_n), ..., S_0(X_1, ..., X_n), X_1, T),$$

wobei $S_0(X_1, ..., X_n)$, ..., $S_{n-1}(X_1, ..., X_n)$ die elementarsymmetrischen Polynome in den Variablen X_1, ..., X_n sind und h ein Polynom in $n+2$ Variablen ist. Man definiert nun der Galois-Gruppe verwendeten Menge B_K entspricht damit einer Polynomgleichung, welche von der Galois-Resolvente t erfüllt wird. Und solche Polynome in einer Variablen sind, wie im Punkt 3 des Kastens „Das Rechnen mit Polynomen: Ein Schnellkurs" erläutert wird, alle Vielfache eines über dem Körper K irreduziblen Polynoms mit t als Nullstelle. Damit kann jede Permutation einzig anhand dieser *einen* Gleichung darauf hin untersucht werden, ob sie zur Galois-Gruppe gehört oder nicht. Und dieses eine irreduzible Polynom mit t als Nullstelle kann allgemein „einfach" dadurch gefunden werden, dass man gemäß dem Ansatz von Lagrange das Produkt aller $n!$ Linearfaktoren $(T - t_\sigma)$ bildet und diese Resolventen-Gleichung $n!$-ten Grades dann in irreduzible Faktoren zerlegt, wobei derjenige Faktor $\mathfrak{G}(T)$ ausgesucht werden muss, der t als Nullstelle besitzt.

Die Untersuchung einer konkreten Gleichung soll das Gesagte verdeutlichen und zugleich zeigen, wie man in der Praxis sogar die numerischen Werte der Lösungen dazu verwenden kann, die Galois-

---

ein Polynom in der Variablen X:
$$F(X) = h(S_{n-1}(x_1,...,x_n),...,S_0(x_1,...,x_n),X,t)$$
Dabei sind die Werte $S_{n-1}(x_1,...,x_n)$, ..., $S_0(x_1,...,x_n)$ abgesehen vom Vorzeichen gleich den Koeffizienten der ursprünglichen Gleichung. Wie wir gleich abschließend zeigen werden, besitzt die Gleichung $F(X) = 0$ mit der ursprünglichen Gleichung einzig x_1 als gemeinsame Lösung, so dass der Linearfaktor $(X - x_1)$ mittels des euklidischen Algorithmus (siehe nachfolgender Kasten) aus den Koeffizienten der beiden Gleichungen, das heißt aus Werten des Körpers K und zusätzlich dem Wert t, mittels der *vier* Grundrechenarten berechnet werden kann. Dass man dabei sogar auf die Division verzichten kann, lässt sich mit Methoden der Linearen Algebra beweisen (siehe Abschnitt 10.9).
Damit haben wir abschließend nur noch die Nullstellen des Polynoms $F(X)$ zu untersuchen: Zunächst gilt
$$F(x_1) = h(S_{n-1}(x_1,...,x_n),...,S_0(x_1,...,x_n),x_1,t) = G(t,x_1,...,x_n) = 0,$$
wobei die letzte Identität durch denjenigen Faktor im Produkt verursacht wird, der zur identischen, das heißt nichts verändernden, Permutation σ gehört.
Weiterhin ist
$$F(x_2) = h(S_{n-1}(x_1,...,x_n),...,S_0(x_1,...,x_n),x_2,t)$$
$$= h(S_{n-1}(x_2,x_1,...,x_n),...,S_0(x_2,x_1,...,x_n),x_2,t) = G(t,x_2,x_1...,x_n)$$
$$= \prod_{\substack{\sigma \in S_n \\ \sigma(1)=2}} \left(t - (m_1 x_2 + m_2 x_{\sigma(2)} +...+ m_n x_{\sigma(n)})\right) \neq 0$$
und entsprechend auch für die anderen Lösungen x_3, ..., x_n.

Gruppe zu berechnen. Zwar eignen sich die numerischen Werte aufgrund der unvermeidlichen Rundungsfehler nicht für den direkten Nachweis einer Gleichheit, wohl aber für den häufig völlig ausreichenden Beweis einer Ungleichheit. Als Beispiel soll uns die schon in den Abschnitten 9.4 und 9.5 analysierte Gleichung

$$x^4 - 4x^3 - 4x^2 + 8x - 2 = 0$$

dienen. Sie besitzt vier reelle Lösungen, deren numerische Werte man mittels eines der diversen dafür geeigneten Näherungsverfahren finden kann:

$$x_1 = 4{,}51521655..., \quad x_2 = 0{,}84506656...,$$
$$x_3 = 0{,}31321057..., \quad x_4 = -1{,}67349368...$$

Eine Galois-Resolvente sucht man nun schlicht durch Probieren, wobei beispielsweise $t = -x_2 + x_3 - 2x_4$ die gewünschte Eigenschaft besitzt: Durch numerische Berechnung lässt sich nämlich bestätigen, dass die $4! = 24$ Werte $-x_{\sigma(2)} + x_{\sigma(3)} - 2x_{\sigma(4)}$ voneinander verschieden sind. Anschließend findet man durch Multiplikation der 24 Linearfaktoren $(T - (-x_{\sigma(2)} + x_{\sigma(3)} - 2x_{\sigma(4)}))$ für die Galois-Resolvente t eine Gleichung 24-ten Grades, deren Koeffizienten ganz sind und daher mittels minimaler Rundungen der numerischen Ergebnisse auf die jeweils nächste Ganzzahl exakt bestimmt werden können.

Auch bei der Suche nach einem irreduziblen Polynom $\mathfrak{G}(T)$ mit rationalen Koeffizienten, welche die Galois-Resolvente t als Nullstelle besitzt, kann das Wissen über die numerischen Werte nochmals vorteilhaft eingesetzt werden. Zu prüfen ist dabei, welche der 24 Linearfaktoren $(T - (-x_{\sigma(2)} + x_{\sigma(3)} - 2x_{\sigma(4)}))$ als Produkt ein ganzzahliges Polynom ergeben: Offensichtlich kann dabei jede Kombination von Permutationen verworfen werden, bei der das numerisch berechnete Produkt kein annähernd ganzzahliges Polynom ist. Im umgekehrten Fall, wenn das numerische Resultat annähernd einem ganzzahligen Polynom entspricht, muss dieses ganzzahlige Polynom allerdings noch dahingehend geprüft werden, ob es tatsächlich ein Teiler des zu zerlegenden Polynoms 24-ten Grades ist.

Für das konkrete Beispiel erhält man für die Galois-Resolvente t ein in Bezug auf die rationalen Zahlen irreduzibles Polynom achten Grades $\mathfrak{G}(T)$ mit $\mathfrak{G}(t) = 0$:

$$\mathfrak{G}(T) = \quad T^8 + 16T^7 - 40T^6 - 1376T^5 - 928T^4$$
$$+ 34048T^3 + 22208T^2 - 253184T + 72256$$

Dabei entsprechen die Linearfaktoren, auf deren Basis das Polynom $\mathfrak{G}(T)$ gebildet ist, den folgenden acht Permutationen von Indizes:

	1 2 3 4
σ_0	1 2 3 4
σ_1	3 2 1 4
σ_2	1 4 3 2
σ_3	3 4 1 2
σ_4	2 1 4 3
σ_5	4 1 2 3
σ_6	2 3 4 1
σ_7	4 3 2 1

Die Menge von Permutationen, die man mit diesem allgemein verwendbaren Verfahren erhält, ist die gesuchte Galois-Gruppe. Denn zum einen ergibt sich aus der Identität

$$(-x_2 + x_3 - 2x_4)^8 + 16(-x_2 + x_3 - 2x_4)^7 - \ldots$$
$$- 253184(-x_2 + x_3 - 2x_4) + 72256 = 0$$

ein zur Polynom-Menge $B_\mathbb{Q}$ gehörendes Polynom. Und diese Identität bleibt aufgrund der der Konstruktion der Galois-Resolvente zugrunde liegenden Bedingung nur bei solchen Permutationen gültig, die einem der acht Linearfaktoren des irreduziblen Polynoms $\mathfrak{G}(T)$ entsprechen – das sind aber gerade die tabellierten Permutationen. Aber auch umgekehrt lässt sich beweisen, dass jede dieser Permutationen σ ebenso alle anderen für die Lösungen $x_1, \ldots, x_n$ geltenden Polynom-Identitäten respektiert, das heißt, mit $h(x_1, \ldots, x_n) = 0$ gilt immer auch $h(x_{\sigma(1)}, \ldots, x_{\sigma(n)}) = 0$.[97]

---

[97] Ausgangspunkt eines Beweises sind polynomiale Darstellungen der Lösungen auf Basis der Galois-Resolvente t, das heißt

$$x_1 = g_1(t), \cdots, x_n = g_n(t).$$

Setzt man diese Darstellungen in die zu lösende Ausgangsgleichung $f(x) = 0$ ein, ergibt sich zunächst $f(g_j(t)) = 0$. Gemäß Punkt 3 des nachfolgenden Kastens muss da-

Fassen wir zusammen: Um die Galois-Gruppe zu berechnen, wird zunächst eine Galois-Resolvente t konstruiert und das dazugehörige Polynom $n!$-ten Grades gebildet. Unter seinen irreduziblen Faktoren liefert derjenige Faktor $\mathfrak{G}(T)$, der t als Nullstelle besitzt, eine vollständige Beschreibung der Galois-Gruppe. Dabei wird jede Permutation der Lösungen $x_1, \ldots, x_n$ durch die Veränderung eines einzelnen Wertes bestimmt, nämlich durch den Übergang der Galois-Resolvente t auf eine andere Nullstelle t_σ des irreduziblen Faktors $\mathfrak{G}(T)$. Implizit wird die Permutation σ durch

$$t_\sigma = m_1 x_{\sigma(1)} + m_2 x_{\sigma(2)} + \ldots + m_n x_{\sigma(n)}$$

her der zur Nullstelle t gehörende irreduzible Faktor $\mathfrak{G}(T)$ des konstruierten Polynoms $n!$-ten Grades ein Teiler des Polynoms $f(g_j(T))$ sein. Für jede anhand der Galois-Resolvente ausgesuchte Permutation σ erfüllt damit die zugehörige Nullstelle t_σ von $\mathfrak{G}(T)$ ebenfalls $f(g_j(t_\sigma)) = 0$, so dass jeder Wert $g_j(t_\sigma)$ gleich irgendeiner der Lösungen $x_1, \ldots, x_n$ sein muss. Sind zur gleichen Permutation σ zwei solche Werte $g_j(t_\sigma)$, $g_k(t_\sigma)$ gleich, so ist t_σ eine Nullstelle des zugehörigen Differenz-Polynoms $g_j(T) - g_k(T)$, das damit durch $\mathfrak{G}(T)$ teilbar sein muss. Es folgt $g_j(t) = g_k(t)$, das heißt $x_j = x_k$. Insgesamt ist damit gezeigt, dass die Werte $g_1(t_\sigma), \ldots, g_n(t_\sigma)$ einer Permutation der Lösungen $x_1, \ldots, x_n$ entsprechen:

$$x_{\tau(1)} = g_1(t_\sigma), \cdots, x_{\tau(n)} = g_n(t_\sigma)$$

Dass es sich bei der Permutation τ der Indizes tatsächlich um die Permutation σ handelt, erkennt man wieder daraus, dass das Polynom

$$T - \big(m_1 g_1(T) + \ldots + m_n g_n(T)\big)$$

$T = t$ als Nullstelle besitzt, daher vom Polynom $\mathfrak{G}(T)$ geteilt wird und somit auch den Wert t_σ als Nullstelle besitzt:

$$t_\sigma = m_1 g_1(t_\sigma) + \ldots + m_n g_n(t_\sigma)$$

Für die $g_1(t_\sigma), \ldots, g_n(t_\sigma)$ entsprechende Permutation τ gilt damit $t_\sigma = t_\tau$. Diese Gleichheit kann aber, da alle $n!$ möglichen Werte von t_σ verschieden sind, nur für $\sigma = \tau$ eintreten. Es folgt:

$$x_{\sigma(1)} = g_1(t_\sigma), \cdots, x_{\sigma(n)} = g_n(t_\sigma).$$

Ist nun irgendeine polynomiale Beziehung $h(x_1, \ldots, x_n) = 0$ gegeben, so erkennt man zunächst, dass das Polynom $h(g_1(T), \ldots, g_n(T))$ durch $\mathfrak{G}(T)$ teilbar ist. Damit ergibt sich wie gewünscht $0 = h(g_1(t_\sigma), \ldots, g_n(t_\sigma)) = h(x_{\sigma(1)}, \ldots, x_{\sigma(n)})$.

Es bleibt anzumerken, dass hier ein einziges, nämlich das die Teilbarkeit durch $\mathfrak{G}(T)$ betreffende, Argument viermal verwendet wurde. Dies lässt vermuten, dass es sich hier ein universelles Prinzip handelt. Dies ist tatsächlich der Fall und wird im nächsten Kapitel deutlicher werden.

bestimmt. Ausgehend von polynomialen Darstellungen $x_1 = g_1(t)$, ...,
$x_n = g_n(t)$ gelten darüber hinaus die Formeln[98]

$$x_{\sigma(1)} = g_1(t_\sigma), \cdots, x_{\sigma(n)} = g_n(t_\sigma).$$

Ergänzend bleibt noch darauf hinzuweisen, dass eine Erweiterung des
Körpers K unter Umständen dazu führt, dass der über dem Körper K
irreduzible Faktor $\mathfrak{G}(T)$ in mehrere Faktoren zerlegt werden kann.
Dabei beschreibt derjenige Faktor, der die Galois-Resolvente t als
Nullstelle besitzt, die nun auf Basis des Erweiterungskörpers definierte Galois-Gruppe. Aus diesem Grund hat bereits Galois die Eigenschaften dieser Zerlegung – insbesondere haben alle Faktoren denselben Grad – studiert, um das genaue Verhalten der Galois-Gruppe bei
Körpererweiterungen aufdecken zu können.

Das Rechnen mit Polynomen: Ein Schnellkurs

Die konkrete Bestimmung von Galois-Gruppen, wie sie im vorherigen Kasten beschrieben ist, erfordert die ausgiebige Untersuchung
von Polynomen, wobei Galois' Ansatz es erlaubt, sich auf Polynome
einer Variablen zu beschränken, deren Handhabung deutlich einfacher ist. Es folgt daher eine Zusammenstellung der wichtigsten Aussagen über Polynome in einer Variablen. Angemerkt wird, dass Polynome in einer Variablen in Bezug auf Teilbarkeit und verwandte
Eigenschaften in vielen Punkten starke Analogien zu den ganzen Zahlen aufweisen.

1. Wir beginnen mit der Division mit Rest:

SATZ. Ein Polynom $f(X)$ kann durch ein von 0 verschiedenes Polynom $g(X)$ mit Rest dividiert werden. Konkret heißt dies, dass es
zwei Polynome $q(X)$ und $r(X)$ gibt mit

$$f(X) = q(X) \cdot g(X) + r(X),$$

wobei der Grad des Rest-Polynoms $r(X)$ kleiner ist als der von
$g(X)$.

---

[98] Ein Beweis ist in Fußnote 97 enthalten.

Praktisch erfolgt die Berechnung der beiden Polynome $q(X)$ und $r(X)$ in einer Weise, die sehr stark an den für Dezimalzahlen verwendeten Divisionsalgorithmus erinnert, was übrigens keineswegs ein Zufall ist, da Dezimalzahlen als Werte eines Polynoms an der Stelle 10 verstanden werden können. Im Unterschied zum Dezimalalgorithmus fallen allerdings keine Überträge an, so dass die Sache eigentlich noch einfacher wird. Wir wollen uns mit einem Beispiel begnügen, da eine allgemeine Beschreibung des Verfahrens im Rahmen einer Kurzübersicht eher weniger denn mehr Erhellung bringen dürfte:

$$(X^4 - 2X^3 + 3X^2 - X + 2) : (X^2 - 2X - 1) = X^2 + 4$$

$$\underline{X^4 - 2X^3 - X^2}$$

$$4X^2 - X + 2$$

$$\underline{4X^2 - 8X - 4}$$

$$7X + 6$$

Das Ergebnis lautet damit

$$X^4 - 2X^3 + 3X^2 - X + 2 = (X^2 - 2X - 1)(X^2 + 4) + 7X + 6 .$$

2. Wie von den ganzen Zahlen her gewohnt heißt ein Polynom $g(X)$ **Teiler** eines Polynoms $f(X)$, wenn $f(X)$ ohne Rest durch $g(X)$ teilbar ist. Der **größte gemeinsame Teiler** ggt($f(X)$, $g(X)$) zweier Polynome $f(X)$ und $g(X)$ ist ein Polynom maximalen Grades, das beide Polynome $f(X)$ und $g(X)$ teilt. Wir bemerken zunächst, dass der größte gemeinsame Teiler bei einer Ersetzung von $f(X)$ durch $f(X) - h(X)g(X)$ unverändert bleibt, das heißt, es gilt

$$\text{ggt}(f(X), g(X)) = \text{ggt}(f(X) - h(X)g(X), g(X)).$$

Grund ist, dass jeder gemeinsame Teiler von $f(X)$ und $g(X)$ auch $f(X) - h(X)g(X)$ teilt, und dies stimmt wegen der Umkehrbarkeit der vorgenommenen Transformation auch umgekehrt.

Besondere Bedeutung besitzt der Spezialfall, bei dem das Polynom $h(X)$ gleich dem Quotienten $q(X)$ ist, der sich bei der Division mit Rest von $f(X)$ durch $g(X)$ ergibt: Bei dieser speziellen Transformation werden die zwei Polynome $f_1(X) = g(X)$ und $g_1(X) = f(X) - q(X)g(X)$ erreicht, wobei der Grad des zweiten Polynoms kleiner ist als der

Grad des Polynoms $g(X)$ ist, da es sich um einen Divisionsrest handelt.

Wie bei ganzen Zahlen kann man mittels einer fortgesetzten Durchführung solcher Schritte der größte gemeinsame Teiler berechnet werden. Das **euklidischer Algorithmus** genannte Verfahren startet mit dem Polynom-Paar $f_0(X) = f(X)$, $g_0(X) = g(X)$ und erreicht im j-ten Schritt das Paar

$$f_j(X) = g_{j-1}(X), \quad g_j(X) = f_{j-1}(X) - q_{j-1}(X)g_{j-1}(X),$$

wobei der Grad des Polynoms $g_j(X)$ stets kleiner ist als der des Polynoms $g_{j-1}(X)$. Daher muss das Verfahren nach einer endlichen Zahl von Schritten mit $g_m(X) = 0$ terminieren. Es gilt dann

$$\mathrm{ggt}(f(X), g(X)) = \mathrm{ggt}(f_1(X), g_1(X)) = \ldots = \mathrm{ggt}(f_m(X), 0) = f_m(X).$$

Für den solchermaßen berechneten größten gemeinsamen Teiler $f_m(X)$ findet man nun für jeden Index j eine Darstellung $f_m(X) = u_j(X)f_j(X) + v_j(X)g_j(X)$ mit geeignet gewählten Polynomen $u_j(X)$ und $v_j(X)$: Das wird induktiv sofort klar, wenn man absteigend vom Index $j = m$, für den diese Darstellung trivialerweise erfüllt ist, die dem j-ten Schritt entsprechende Gleichung berücksichtigt:

$$f_m(X) = u_j(X)f_j(X) + v_j(X)g_j(X)$$

$$= u_j(X)g_{j-1}(X) + v_j(X)\big(f_{j-1}(X) - q_{j-1}(X)g_{j-1}(X)\big)$$

$$= v_j(X)f_{j-1}(X) + \big(u_j(X) - v_j(X)q_{j-1}(X)\big)g_{j-1}(X).$$

Die somit induktiv bewiesene Gleichung offenbart uns nun im Fall $j = 0$ eine wichtige Eigenschaft des größten gemeinsamen Teilers $f_m(X)$:

SATZ. Der größte gemeinsame Teiler von zwei Polynomen $f(X)$ und $g(X)$ besitzt eine Darstellung $u(X)f(X) + v(X)g(X)$ mit geeignet gewählten Polynomen $u(X)$ und $v(X)$.

3. Wir kommen nun zu einem von Galois bewiesenen Ergebnis, das er maßgeblich als Grundlage seiner Untersuchungen verwendete:

SATZ. Ist das Polynom $f(X)$ irreduzibel und besitzt es eine gemeinsame Nullstelle mit dem Polynom $g(X)$, dann ist $g(X)$ durch $f(X)$ teilbar.

Es bleibt zunächst anzumerken, dass die Formulierung nicht ganz exakt ist. Irreduzibilität muss sich nämlich immer auf eine Menge von Koeffizienten beziehen. Hier gemeint ist die Irreduzibilität in Bezug auf einen Körper K.

Übrigens lässt sich der Satz dahingehend interpretieren, dass die Nullstellen eines irreduziblen Polynoms algebraisch nicht unterscheidbar sind. Das heißt, jede auf Grundlage der vier Grundoperationen formulierbare Eigenschaft, die von einer Nullstelle erfüllt wird, gilt auch für die anderen Nullstellen des irreduziblen Polynoms.

Zum Beweis bestimmt man zunächst gemäß Punkt 2 den mit $d(X)$ bezeichneten größten gemeinsamen Teiler der Polynome $f(X)$ und $g(X)$ mittels des euklidischen Algorithmus. Dessen Koeffizienten müssen daher im Körper K liegen. Außerdem finden wir auf diesem Weg eine Darstellung $d(X) = u(X)f(X) + v(X)g(X)$ mit geeignet gewählten Polynomen $u(X)$ und $v(X)$. Die gemeinsame Nullstelle der beiden Polynome $f(X)$ und $g(X)$ ist damit auch eine Nullstelle von $d(X)$, so dass der Grad des Polynoms $d(X)$ mindestens gleich 1 ist. Dies zeigt schließlich, dass das Polynom $d(X)$ als Teiler des irreduziblen Polynoms $f(X)$ bis auf einen in K gelegenen Faktor c gleich $f(X)$ sein muss. Das heißt, $f(X) = c \cdot d(X)$ ist ein Teiler des Polynoms $g(X)$.

4. Ergänzend wollen wir noch den folgenden Satz anmerken:

> SATZ. Die Zerlegung eines Polynoms in irreduzible Faktoren ist, abgesehen von der Reihenfolge und Konstanten, eindeutig.

Für zwei Zerlegungen $f_1(X)...f_s(X) = g_1(X)...g_r(X)$ in irreduzible Faktoren muss der Faktor $f_1(X)$ eine gemeinsame Nullstelle mit einem der Faktoren $g_j(X)$ haben. Nach dem Satz aus Punkt 3 ist daher $f_1(X)$ ein Teiler des Polynoms $g_j(X)$ und umgekehrt. Es gilt damit $f_1(X) = c \cdot g_j(X)$ für einen Wert c des Koeffizientenkörpers K. Dividiert man beide Seiten der Ausgangsgleichung durch $f_1(X)$, kann es anschließend Faktor für Faktor entsprechend weitergehen.

Weiterführende Literatur zum Thema Galois-Gruppen und deren Geschichte:

H.-W. Alten (u.a.), *4000 Jahre Algebra*, Berlin 2003.

Edgar Dehn, *Algebraic equations*, New York 1960.

Harold M. Edwards, *Galois theory*, New York 1984.

Helmut Koch, *Einführung in die klassische Mathematik I*, Berlin 1986.

Gerhard Kowol, *Gleichungen*, Stuttgart 1990.

Timo Leuders, *Erlebnis Algebra zum aktiven Entdecken und selbstständigen Erarbeiten*, Berlin 2016.

Ivo Radloff, *Evariste Galois: Principles and applications*, Historia Mathematica, **29** (2002), S. 114–137.

Ian Stewart, *Galois theory*, Boca Raton 2004.

Jean-Pierre Tignol, *Galois' theory of algebraic equations*, Singapur 2001.

Jeremy Gray, *A history of abstract algebra: From algebraic equations to modern algebra*, Cham 2018.

Aufgaben

1. Bestimmen Sie mit dem euklidischen Algorithmus (in der „Original"-Version für ganze Zahlen) den größten gemeinsamen Teiler der Zahlen 145673 und 2134197.

2. Zeigen Sie: Bei einer Gleichung mit rationalen Koeffizienten und genau zwei nicht-reellen Nullstellen enthält die über den rationalen Zahlen gebildete Galois-Gruppe eine Permutation, welche die beiden nicht-reellen Lösungen miteinander vertauscht und alle anderen Lösungen unverändert lässt.

3. In welcher Weise können die Schritte der Auflösung der Gleichung

$$x^4 - 2 = 0$$

gestaltet werden, das heißt, über welche Körper, die zwischen $\mathbb{Q}$ und $\mathbb{Q}(i, \sqrt[4]{2})$ liegen, kann die Auflösung erfolgen? Geben Sie außerdem für jede Kette von Körpererweiterungen die dazugehörigen Zerlegungsschritte der Galois-Gruppe an.

Hinweis: Insgesamt gibt es sieben verschiedene Möglichkeiten für solche Ketten von Körpererweiterungen. Für die entsprechenden Zerlegungssequenzen der Galois-Gruppe kann diese Anzahl mit etwas Fleiß durch Ausprobieren bestätigt werden. Dass sich diese Anzahl auch auf die Ketten von Körpererweiterungen überträgt, wird aus den Untersuchungen des nächsten Kapitels ersichtlich werden.

4. Bestimmen Sie die Galois-Gruppe der Kreisteilungsgleichung

$$x^{17} - 1 = 0$$

und zeigen Sie, dass die Galois-Gruppe auflösbar ist, wobei der dazugehörige schrittweise Zerlegungsprozess eindeutig bestimmt ist. Geben Sie außerdem entsprechende Körpererweiterungen an.

10 Algebraische Strukturen und Galois-Theorie

In einem Lexikon[99] findet man unter dem Stichwort „Galois-Theorie":

Nach der Galois-Theorie ist die Auflösung einer Gleichung äquivalent der Konstruktion desjenigen Körpers E über dem Körper K der Koeffizienten der Gleichung, der durch Adjunktion der gesuchten Lösungen entsteht. Alle Vertauschungen der Lösungen induzieren eine Gruppe von Abbildungen von E auf sich selbst (Automorphismen), die die Elemente von K einzeln fest lassen. Durch Bestimmung aller möglichen Untergruppen dieser Gruppe gelingt es, den Körper E schrittweise über die den Untergruppen entsprechenden Zwischenkörper aufzubauen. Der Vorteil dieser Methode liegt darin, dass sie Beziehungen zwischen Körpern mit ihren zwei Kompositionen Addition und Multiplikation durch Beziehungen zwischen Gruppen mit ihrer einen Komposition ersetzt.

Wie steht diese Beschreibung der Galois-Theorie mit der im vorangegangenen Kapitel gegebenen Einführung in Verbindung?

10.1. Das letzte Kapitel soll dazu dienen, eine Brücke zu schlagen zwischen zwei Sichtweisen der Galois-Theorie, nämlich der im vorherigen Kapitel dargelegten „elementaren", das heißt stark an Polynomen orientierten, Sichtweise einerseits und der „modernen", das heißt zu Beginn des zwanzigsten Jahrhundert begründeten, Sichtweise andererseits. Dabei wird sich zeigen, dass die „moderne", begrifflich auf algebraischen Strukturen aufbauende Theorie trotz oder gerade wegen ihrer Abstraktion in vielen Punkten einfacher verständlich ist, sofern man auf einem bestimm-

---

[99] Brockhaus in 12 Bänden, 16. Auflage, Wiesbaden 1956. Mit speziell dieser Auflage verbindet der Autor die Erinnerung an seinen vergeblichen Versuch, als fünfzehnjähriger Schüler zu verstehen, warum es für Gleichungen fünften Grades keine allgemeine Auflösungsformel geben kann.
Gegenüber der Quelle wurden die Bezeichnungen der Körper von k in K und von K in E geändert. Außerdem wurde der Begriff „Wurzeln" zweimal durch den Begriff „Lösungen" ersetzt.
Übrigens verweist die Brockhaus Enzyklopädie in 30 Bänden, 21. Auflage, Leipzig 2005, unter dem Stichwort „Galois-Theorie" auf das vorliegende Buch.

© Springer Fachmedien Wiesbaden GmbH, ein Teil von Springer Nature 2019
J. Bewersdorff, *Algebra für Einsteiger*,
https://doi.org/10.1007/978-3-658-26152-8_10

ten Grundwissen aufbauen kann. Konkret dürften in den Genuss dieses einfacheren Zugangs diejenigen kommen können, die das erste Semester Mathematik bereits hinter sich gebracht haben und denen dabei Begriffe wie Gruppe, Normalteiler, Faktorgruppe, Körper, Vektorraum, Basis, Dimension, Homomorphismus und Automorphismus im Rahmen einer Vorlesung über „Lineare Algebra" vertraut geworden sind. Da sich das vorliegende Buch ausdrücklich auch an Leser richtet, denen diese Vorkenntnisse ganz oder teilweise fehlen, wird der angeführte Begriffsapparat im Verlauf dieses Kapitels nach und nach in einer auf das Notwendigste beschränkten Weise erläutert.

Wie im letzten Kapitel gehen wir von einer Gleichung n-ten Grades

$$x^n + a_{n-1}x^{n-1} + a_{n-2}x^{n-2} + \ldots + a_1x + a_0 = 0$$

mit komplexwertigen Koeffizienten a_{n-1}, ..., a_1, a_0 ohne mehrfache Lösung aus, das heißt, die Lösungen x_1, ..., x_n, werden als voneinander verschieden vorausgesetzt. Im Unterschied zum letzten Kapitel soll nun aber (noch) mehr die durch die Lösungen verursachte Körpererweiterung im Vordergrund stehen: Ausgegangen wird wieder von einem Körper K, der die Koeffizienten der Gleichung enthält. Wie schon im letzten Kapitel adjungieren wir zu diesem Körper K dann sämtliche Lösungen x_1, ..., x_n und erhalten so den Körper $K(x_1,...,x_n)$. Definiert wurde dieser Erweiterungskörper bekanntlich als die Menge der Zahlen, die durch die vier Grundrechenarten aus den Werten des Körpers K sowie den Lösungen x_1, ..., x_n hervorgehen. Übrigens kann dabei, wie wir noch sehen werden, auf die Division verzichtet werden, so dass jeder Wert des Körpers $K(x_1,...,x_n)$ einem polynomialen Ausdruck in den Lösungen x_1, ..., x_n mit Koeffizienten aus dem Körper K entspricht. Es bleibt noch anzumerken, dass der Körper $K(x_1,...,x_n)$ **Zerfällungskörper** der gegebenen Gleichung genannt wird, da es sich bei ihm um den kleinsten Körper handelt, in dem die Gleichung in Linearfaktoren zerfällt.

10.2. Der zentrale Begriff des Körpers wurde bereits im letzten Kapitel definiert, wobei wir – für uns völlig ausreichend – die dort formulierte Definition einer hinsichtlich der vier Grundrechenarten abgeschlossenen Teilmenge der komplexen Zahlen auch weiterhin zugrunde legen wollen[100]. Einen kleinen Ausblick auf die allgemeine Definition eines Kör-

---

[100] In historischer Sicht wurden Körper durch Richard Dedekind (1831–1916) zunächst

pers, die über den Fall der hier ausschließlich untersuchten Unterkörper der komplexen Zahlen hinausreicht, wird im Kasten „Gruppen und Körper" gegeben (Seite 167).

Wie wir bereits im letzten Kapitel gesehen haben, steht die Auflösung einer Gleichung in einer engen Beziehung zu denjenigen Körpern, die zwischen den beiden Körpern K und $K(x_1,...,x_n)$ liegen. Wir werden daher diese Körper in den folgenden Untersuchungen systematisch klassifizieren, und zwar auf Basis der Galois-Gruppe. Dazu werden wir zunächst die Galois-Gruppe in einer alternativen Weise charakterisieren.

10.3. Den Begriff der Gruppe haben wir bisher nur als Bestandteil der Bezeichnung Galois-Gruppe verwendet. Da wir uns im Weiteren etwas detaillierter mit der Hintereinanderschaltung von Permutationen und deren Eigenschaften auseinander setzen wollen, formulieren wir zunächst die folgende Aussage:

SATZ. Jede Galois-Gruppe bildet zusammen mit der Hintereinanderschaltung von Permutationen eine **Gruppe**, das heißt, die der Definition der Gruppe zugrunde liegenden Anforderungen sind erfüllt:

DEFINITION. Bei einer **Gruppe** handelt es sich um eine Menge G und eine darauf definierte **Verknüpfung**, bei der je zwei Elementen σ und τ aus G ein Element $\sigma \circ \tau$ aus G zugeordnet wird. Dabei müssen die folgenden Bedingungen erfüllt sein:

- Es gilt das **Assoziativgesetz**, das heißt drei Elemente σ, τ, υ aus G erfüllten stets die Identität $(\sigma \circ \tau) \circ \upsilon = \sigma \circ (\tau \circ \upsilon)$.

- In G gibt es ein **neutrales Element** ε mit $\varepsilon \circ \sigma = \sigma \circ \varepsilon = \sigma$ für alle Elemente σ aus G.

- Zu jedem Elemente σ in G gibt es in G ein **inverses Element**, das mit σ^{-1} bezeichnet wird und das $\sigma^{-1} \circ \sigma = \sigma \circ \sigma^{-1} = \varepsilon$ erfüllt.

---

tatsächlich so definiert – erstmals veröffentlicht in einer 1871 erschienenen Arbeit. Erst ungefähr 20 Jahre später ging man dazu über, den Begriff des Körpers auch auf andere Systeme mit ähnlichen Eigenschaften auszudehnen, selbst wenn diese nicht als Teil der komplexen Zahlen aufgefasst werden können – so etwa Heinrich Weber (1842–1913) im Jahr 1893. Weitere Details und Referenzen findet man bei Erhard Scholz, *Die Entstehung der Galois-Theorie*, in: Erhard Scholz (Hrsg.), *Geschichte der Algebra*, Mannheim 1990, S. 365–398.

Dass die Hintereinanderschaltung $\sigma \circ \tau$ zweier Permutationen σ und τ einer Galois-Gruppe wieder zur Galois-Gruppe gehört, haben wir bereits im letzten Kapitel begründet und auch anhand einiger Beispiele von Gruppentafeln verdeutlicht. Ursache ist schlicht, dass die zur Definition der Galois-Gruppe verwendete Menge von Polynomen B_K (siehe Seite 149) zunächst durch τ in sich überführt wird und anschließend nochmals durch σ:

$$(\sigma \circ \tau)(B_K) = \sigma\big(\tau(B_K)\big) \subset \sigma(B_K) \subset B_K$$

Auch die **Assoziativität** von Permutationen ist sofort verifizierbar. Anzumerken ist, dass sie für die Hintereinanderschaltung beliebiger Funktionen und Abbildungen gilt. Für drei Permutationen σ, τ und υ der Galois-Gruppe sowie einen beliebigen Index j einer Lösung x_j gilt nämlich:

$$(\sigma \circ (\tau \circ \upsilon))(j) = \sigma((\tau \circ \upsilon)(j)) = \sigma(\tau(\upsilon(j))) = (\sigma \circ \tau)(\upsilon(j)) = ((\sigma \circ \tau) \circ \upsilon)(j)$$

Vom Assoziativgesetz wird zukünftig meist nur wenig merkbar Gebrauch gemacht, nämlich dadurch, dass auf die sowieso nicht gerade übersichtliche Klammerung einfach verzichtet wird. Dass uns diese mathematische Sorglosigkeit bei Permutationen und anderen Gruppen nicht auf's „Glatteis" führt, verdanken wir dem Assoziativgesetz.

Als **neutrales Element** der Galois-Gruppe fungiert offensichtlich die mit id bezeichnete Identität, also jene Permutation, die alle Indizes auf ihrem Platz belässt. Trivialerweise gehört sie zu jeder Galois-Gruppe.

Dass es zu jeder Permutation σ eine **inverse** Permutation τ mit der gewünschten Eigenschaft gibt, ist fast offensichtlich: Dazu definiert man für jeden Index j einfach $\tau(j) = k$, wobei jeweils der eindeutig bestimmte Index k mit $\sigma(k) = j$ genommen wird. Zwar kann man sich sofort von den beiden Identitäten $\tau \circ \sigma = \sigma \circ \tau = $ id überzeugen; dagegen ist es a priori weit weniger klar, ob für eine Permutation σ aus der Galois-Gruppe stets auch $\tau = \sigma^{-1}$ wieder zur Galois-Gruppe gehört. Das einfachste Argument dafür macht davon Gebrauch, dass unter den auf jeden Fall zur (endlichen!) Gruppe gehörenden Potenzen σ, $\sigma^2 = \sigma \circ \sigma$, $\sigma^3 = \sigma \circ \sigma \circ \sigma$, ... zwei gleich sein müssen. Aus $\sigma^p = \sigma^q$ mit $p > q$ folgt aber $\sigma^{p-q} = $ id, so dass σ^{p-q-1}

eine Darstellung des inversen Elementes $\tau = \sigma^{-1}$ ist, die uns zeigt, dass diese Permutation zur Galois-Gruppe gehört.

Insgesamt ist damit gezeigt, dass jede Galois-Gruppe tatsächlich eine Gruppe ist. Weitere Beispiele für Gruppen werden im Kasten „Gruppen und Körper" vorgestellt (Seite 167).

10.4. Enthält eine Gruppe G eine Teilmenge, welche unter der Gruppen-Verknüpfung und der Inversen-Bildung abgeschlossen ist, spricht man von einer **Untergruppe**. Wichtig für uns ist der folgende Satz:

SATZ. Enthält eine endliche Gruppe G die Untergruppe U, so ist die Elemente-Anzahl $|U|$ der Untergruppe U ein Teiler der Elemente-Anzahl $|G|$ der Gruppe G.

Im speziellen Fall einer Galois-Gruppe wurde diese Tatsache erstmals von Galois und implizit bereits zuvor von Lagrange erkannt[101]. Zum Beweis der allgemeinen Aussage bildet man zu jedem beliebigen Element σ der Gruppe G die als (Links-)**Nebenklasse** bezeichnete Menge

$$\sigma U = \{\sigma \circ \tau \mid \tau \in U\}.$$

Sind zwei zur Nebenklasse σU gehörende Produkte $\sigma \circ \tau_1$ und $\sigma \circ \tau_2$ identisch, so hat dies $\tau_1 = \sigma^{-1} \circ \sigma \circ \tau_1 = \sigma^{-1} \circ \sigma \circ \tau_2 = \tau_2$ zur Konsequenz. Das zeigt, dass alle Nebenklassen genau $|U|$ Elemente enthalten und damit gleich groß sind. Außerdem bilden die Nebenklassen eine **disjunkte**, das heißt überlappungsfreie, Zerlegung der Gruppe: Im Fall einer Überlappung

$$\sigma_1 U \cap \sigma_2 U \neq \varnothing$$

findet man nämlich zwei Elemente τ_1, τ_2 in der Untergruppe U mit $\sigma_1 \circ \tau_1 = \sigma_2 \circ \tau_2$, so dass $\sigma_1 U = \sigma_2 \circ \tau_2 \circ \tau_1^{-1} U = \sigma_2 U$ gilt, das heißt, bei den beiden sich überlappenden Nebenklassen handelt es sich in Wahrheit um dieselbe Nebenklasse. Da somit die gesamte Gruppe G überlappungsfrei in

---

[101] Der Quotient $|G|/|U|$ wird im Allgemeinen als **Index** der Untergruppe U bezeichnet. Allerdings wird im Folgenden der Begriff zu Gunsten direkter Charakterisierungen nicht verwendet.

gleich große Nebenklassen der Größe $|U|$ zerlegt werden kann, muss $|U|$ ein Teiler von $|G|$ sein.

Wir wollen noch zwei direkte Konsequenzen aus dem gerade bewiesenen Satz anfügen:

FOLGERUNG. Für jedes Element σ einer endlichen Gruppe G ist die kleinste positive Zahl n, für die $\sigma^n = \varepsilon$ gilt und die **Ordnung** des Elements σ genannt wird, ein Teiler der Elemente-Anzahl $|G|$ der Gruppe.

Die Richtigkeit der Folgerung lässt sich sofort erkennen, wenn man für ein gegebenes Element σ die Untergruppe $\{\varepsilon, \sigma, \sigma^2, \dots \}$ untersucht. Die erste Übereinstimmung $\sigma^p = \sigma^q$, die innerhalb dieser Aufzählung zwischen zwei Elementen unvermeidlich auftaucht, ergibt sich, wie schon im Abschnitt 10.3 erörtert, für $p = 0$ und $q = n$, das heißt für $\varepsilon = \sigma^n$. Die Untergruppe enthält damit genau n Elemente, so dass diese Zahl ein Teiler der Elemente-Anzahl $|G|$ sein muss.

FOLGERUNG. Eine Gruppe, deren Elemente-Anzahl n eine Primzahl ist, kann in der Form $\{\varepsilon, \sigma, \sigma^2, \dots, \sigma^{n-1}\}$ mit einem geeignet gewählten Element σ aufgelistet werden – man nennt eine solche Gruppe **zyklisch** von der Ordnung n.

Auch diese Folgerung wird sofort klar, wenn man für ein Element σ, das vom neutralen Element ε verschieden ist, die Untergruppe $\{\varepsilon, \sigma, \dots, \sigma^{k-1}\}$ untersucht, wobei k die Ordnung des Elementes σ ist. Damit teilt $k > 1$ die Elemente-Anzahl der Gruppe. Da es sich bei dieser Anzahl um eine Primzahl handelt, stimmt die Untergruppe mit der vollen Gruppe überein.

10.5. Wir wollen die soeben gewonnenen Erkenntnisse sofort anwenden und dabei unsere Untersuchungen des letzten Kapitels ergänzen. Dazu gehen wir von der Situation aus, bei welcher der unseren Betrachtungen zugrunde gelegte Körper K zu einem Körper L erweitert wird. Die dadurch bedingte Ausweitung der Polynom-Menge B_K zu einer Polynom-Menge B_L bewirkt nun eine (nicht unbedingt echte) Verkleinerung der Galois-Gruppe. Dies haben wir bereits im letzten Kapitel erläutert. Wir können aber nun ergänzen, dass diese Eingrenzung zu einer Untergruppe führen muss. Folglich muss die Elemente-Anzahl der Galois-Gruppe auf einen ihrer Teiler zusammenschrumpfen. Dies haben wir zwar im letzten

Kapitel anhand zahlreicher Beispiele gesehen, bisher aber nicht formal bewiesen.

Gruppen und Körper

Die Beispiele für **Gruppen**, die uns weit vertrauter sind als Permutationsmengen mit der Hintereinanderschaltung als Verknüpfung, sind sehr zahlreich:

- Die ganzen Zahlen $\mathbb{Z}$ mit der Addition.
- Die rationalen Zahlen $\mathbb{Q}$ mit der Addition; entsprechend auch die reellen Zahlen $\mathbb{R}$ sowie die komplexen Zahlen $\mathbb{C}$ mit der Addition.
- Die von Null verschiedenen rationalen Zahlen $\mathbb{Q}-\{0\}$ mit der Multiplikation; entsprechend auch die von Null verschiedenen reellen Zahlen $\mathbb{R}-\{0\}$ sowie die von Null verschiedenen komplexen Zahlen $\mathbb{C}-\{0\}$ mit der Multiplikation.
- Der n-dimensionale reelle Vektorraum $\mathbb{R}^n$ mit der koordinatenweisen Addition.
- Die Menge der reellen $n \times m$-Matrizen mit der Addition.
- Die Menge der reellen $n \times n$-Matrizen, deren Determinante ungleich 0 ist, mit der Multiplikation.
- Die Menge der reellen 3×3-Matrizen mit Determinante ungleich 0, deren zugehörige Abbildungen die Ecken eines platonischen Körpers, dessen Schwerpunkt im Nullpunkt liegt, in sich überführt. Die Verknüpfung für diese Symmetrietransformationen ist die Matrizenmultiplikation beziehungsweise äquivalent dazu die Hintereinanderausführung der entsprechenden Abbildungen.
- Für eine positive ganze Zahl $n \geq 2$ bildet die Menge der bei der Division durch n möglichen Reste $\{0, 1, 2, ..., n-1\}$ zusammen mit der Addition eine Gruppe („man addiert modulo n"): Grund ist, dass es beispielsweise für $n = 3$ keinen Unterschied macht, welche Zahlen man aus den drei Nebenklassen
$$\{0, 3, ..., -3, -6, ...\}, \quad \{1, 4, ..., -2, -5, ...\}, \quad \{2, 5, ..., -1, -4, ...\}$$
auswählt und dann addiert. Immer hängt die mit dem Ergebnis erreichte Nebenklasse nur von den beiden Nebenklassen ab, aus denen die zueinander addierten Zahlen ausgewählt wurden, nicht aber von den ausgewählten Zahlen selbst. Die entstehende Gruppe wird als **zyklische Gruppe** der Ordnung n bezeichnet und mit

$\mathbb{Z}/n\mathbb{Z}$ abgekürzt (die Notation steht für ein allgemeines Konstruktionsprinzip auf Basis der Untergruppe $n\mathbb{Z}$). Die Elemente der Gruppe $\mathbb{Z}/n\mathbb{Z}$, das heißt die Nebenklassen, werden auch Restklassen modulo n genannt. In einer **isomorphen**, das heißt äquivalenten, Form haben wir diese Gruppe bereits kennen gelernt, nämlich als multiplikative Gruppe der n-ten Einheitswurzeln.

- Für eine Primzahl n bilden die bei der Division durch n möglichen, von 0 verschiedenen Reste eine multiplikative Gruppe.

Mit Ausnahme der multiplikativen Matrizengruppen, der Symmetriegruppen für platonische Körper und der Permutationsgruppen sind übrigens alle hier erwähnten Gruppen **kommutativ** oder auch **abelsch**, denn die Anforderung der diesbezüglichen Definition ist erfüllt:

- Es gilt das **Kommutativgesetz**, das heißt zwei Elemente σ und τ aus G erfüllen stets die Identität $\sigma \circ \tau = \tau \circ \sigma$.

Ein **Körper** wird allgemein definiert als eine Menge K mit zwei Verknüpfungen, die mit „+" und „·" bezeichnet werden, wobei die folgenden Anforderungen erfüllt sein müssen:

- Die Menge K bildet mit der Addition eine kommutative Gruppe, wobei das neutrale Element mit 0 bezeichnet wird.
- Die Menge $K-\{0\}$ bildet zusammen mit der Multiplikation eine kommutative Gruppe (deren neutrales Element mit 1 bezeichnet wird).
- Es gilt das **Distributivgesetz**, das heißt drei Elemente x, y und z aus K erfüllen stets die Identität $x \cdot (y + z) = x \cdot y + x \cdot z$.

Die uns vertrautesten Beispiele für Körper sind natürlich die rationalen Zahlen $\mathbb{Q}$, die reellen Zahlen $\mathbb{R}$ sowie die komplexen Zahlen $\mathbb{C}$. Zu erinnern ist aber selbstverständlich auch an die im letzten Kapitel erörterten Beispiele der Körper $\mathbb{Q}(a, b, c, ...)$, die durch Adjunktion einzelner komplexer Zahlen a, b, c, ... aus den rationalen Zahlen konstruiert wurden.

Auch einen Körper bilden übrigens die so genannten **rationalen Funktionen** in den Variablen X_1, ..., X_n. Sie sind definiert als Brüche, wobei im Zähler und Nenner Polynome in den Variablen X_1, ..., X_n

und Koeffizienten in einem Körper K stehen; im Nenner ist dabei das Nullpolynom freilich ausgeschlossen[102]. Einen Unterkörper erhält man, wenn man nur solche rationalen Funktionen zulässt, bei denen die mit A_0, ..., A_{n-1} bezeichneten Variablen durch die elementarsymmetrische Polynome in den Variablen X_1, ..., X_n ersetzt werden[103]. Die Erweiterung dieses Körpers zum Körper aller rationalen Funktionen bildet dann die Grundlage dafür, auch die allgemeine Gleichung innerhalb des Konzepts von Körpern (und deren Automorphismen) untersuchen zu können.

Unter Rückgriff auf die im Kasten eingangs erörterten Beispiele für Gruppen findet man schließlich sogar Beispiele für **endliche Körper**: Für eine Primzahl n ist $\mathbb{Z}/n\mathbb{Z}$ ein Körper. Im Gegensatz zu den hier ansonsten ausschließlich betrachteten Unterkörpern der komplexen Zahlen weisen sie eine Besonderheit auf: Die n-fache Summe der Eins ist nämlich gleich Null. Man spricht in diesem Fall von einer **endlichen Charakteristik** beziehungsweise von einer Charakteristik n; im Unterschied zur so genannten **Charakteristik 0**, die insbesondere für alle Unterkörper der komplexen Zahlen gegeben ist. Mit einigen Modifikationen lässt sich auch für endliche und andere, nicht in den komplexen Zahlen enthaltene Körper eine Galois-Theorie entwickeln, deren Resultate zum Teil sogar hilfreich bei der Berechnung von Galois-Gruppen zu Erweiterungen des Körpers der rationalen Zahlen sind.

10.6. Als nächsten der eingangs angeführten Begriffe wollen wir den des Automorphismus erläutern, wozu allerdings eine vorbereitende Motivation hilfreich ist. Der Begriff des Automorphismus wird uns in die Lage versetzen, die Galois-Gruppe auf Basis der Körpererweiterung von K zu

---

[102] Zur Klarstellung wird angemerkt, dass die Bezeichnung „rationale Funktion" historisch bedingt und eigentlich nicht ganz korrekt ist, da es sich bei einer rationalen Funktion wie bei einem Polynom um einen formalen Rechenausdruck und nicht um eine Funktion im eigentlichen Sinn handelt (wohl kann auf ihrer Basis stets eine Funktion definiert werden).

[103] Dieser Körper enthält alle rationalen Funktionen, die symmetrisch sind: Bei jeder solchen rationalen Funktion, deren Zähler und Nenner a priori nicht symmetrisch sein müssen, kann nämlich durch die Erweiterung des Bruchs der Nenner symmetrisch gemacht werden. Damit muss dann auch der Zähler des erweiterten Bruchs symmetrisch sein.

$K(x_1,...,x_n)$ statt wie bisher auf Basis der Gleichung zu charakterisieren – insbesondere haben damit automatisch zwei Gleichungen mit Koeffizienten in K und übereinstimmendem Zerfällungskörper identische Galois-Gruppen.

Bisher wurden die Elemente der Galois-Gruppe ausschließlich als Permutationen der Lösungen aufgefasst. Allerdings hat schon Galois, und vor ihm sogar bereits Lagrange, sehr intensiv von der Tatsache Gebrauch gemacht, dass diese Permutationen auch als Funktionen aufgefasst werden können, die jedem polynomial in den Lösungen x_1, ..., x_n darstellbaren Wert einen anderen Wert zuordnen: Ist ein Polynom $h(X_1, ..., X_n)$ mit Koeffizienten im zugrunde gelegten Körper K gegeben, so definiert man für eine zur Galois-Gruppe σ gehörende Permutation

$$\sigma\big(h(x_1, ..., x_n)\big) = h(x_{\sigma(1)}, ..., x_{\sigma(n)}).$$

Einer beispielsweise durch $z = x_2^2 - x_1 x_2 x_3$ darstellbaren Zahl z wird also der Funktionswert $\sigma(z) = x_{\sigma(2)}^2 - x_{\sigma(1)} x_{\sigma(2)} x_{\sigma(3)}$ zugeordnet. Allgemein ist die gegebene Definition des Funktionswertes $\sigma(z)$ nur deshalb sinnvoll, weil sie unabhängig von der offensichtlich nie eindeutigen polynomialen Darstellung $z = h(x_1, ..., x_n)$ ist. Hat man nämlich zwei Polynome h_1 und h_2 mit übereinstimmendem Wert $h_1(x_1, ..., x_n) = h_2(x_1, ..., x_n)$, so liegt die Differenz der beiden Polynome in der Menge B_K, die im letzten Kapitel zur Definition der Galois-Gruppe verwendet wurde. Und dabei wurde die Galois-Gruppe gerade so definiert, dass die in B_K liegende Differenz die Gleichheit $h_1(x_{\sigma(1)}, ..., x_{\sigma(n)}) = h_2(x_{\sigma(1)}, ..., x_{\sigma(n)})$ nach sich zieht, womit es keine Rolle spielt, ob der zugehörige Funktionswert $\sigma(z)$ auf Basis von h_1 oder h_2 definiert wird.

Mit der angegebenen Definition ist es uns also gelungen, den Definitionsbereich der zur Galois-Gruppe gehörenden Permutationen von der Menge $\{x_1, ..., x_n\}$ auf die Menge der polynomial durch die Lösungen x_1, ..., x_n darstellbaren Werte zu erweitern. Bei dieser Menge handelt es sich, wie bereits ohne Beweis angemerkt wurde, um den Zerfällungskörper $K(x_1,...,x_n)$. Aber auch ohne Rückgriff auf diese noch unbewiesene Tatsache kann für zur Galois-Gruppe gehörende Permutationen eine Erweiterung des Definitionsbereichs auf den gesamten Zerfällungskörper $K(x_1,...,x_n)$ sichergestellt werden, wenn man bei der Definition auch Brüche von Polynomen in den Lösungen x_1, ..., x_n zulässt – mit verschwindenden Nennern kann es dabei nämlich keine Probleme geben: Wir werden gleich sehen, dass für $y \neq 0$ stets auch $\sigma(y) \neq 0$ gilt.

Die in Bezug auf ihren Definitionsbereich fortgesetzten Permutationen erfüllen nun Eigenschaften, die wir anschließend der Definition des Begriffes (Körper-)Automorphismus zugrunde legen werden. Zunächst erkennt man unmittelbar aus der Definition der fortgesetzten Permutationen zwei („Verträglichkeits"-)Identitäten, die für zwei beliebige polynomial in den Lösungen x_1, ..., x_n darstellbare Werte y und z gelten:

$$\sigma(y+z) = \sigma(y) + \sigma(z)$$
$$\sigma(yz) = \sigma(y)\sigma(z)$$

Etwas anspruchsvoller ist der Nachweis, dass $\sigma(y) = 0$ einzig für $y = 0$ gelten kann und dass die Abbildung σ umkehrbar ist.[104]

Schließlich folgt noch $\sigma(y) = y$ für alle Werte y aus K: Dazu wird zur Ermittlung des Funktionswertes $\sigma(y)$ einer Permutation σ einfach das konstante Polynom $h(X_1, ..., X_n) = y$ verwendet.

Wichtig ist, dass die vier angeführten Eigenschaften auch umgekehrt reichen, eine Permutation der Galois-Gruppe zu bestimmen: Liegt eine mit σ bezeichnete Funktion – eher gebräuchlich in diesem Kontext ist allerdings der synonyme Begriff der Abbildung – auf dem Körper $K(x_1,...,x_n)$ vor, welche diese vier Eigenschaften erfüllt, so kann man σ auf beide Seiten der ursprünglichen Gleichung anwenden. Für $j = 1$, ..., n erhält man auf diesem Weg

$$\sigma(x_j)^n + a_{n-1}\sigma(x_j)^{n-1} + ... + a_1\sigma(x_j) + a_0 = 0,$$

das heißt, auch $\sigma(x_j)$ ist eine Lösung der Gleichung. Da für $j \neq k$

---

[104] Ausgehend von einem Wert y mit $\sigma(y) = 0$ und der zu einer Galois-Resolvente t existierenden polynomialen Darstellung $y = g(t)$ ergibt sich $0 = \sigma(y) = g(t_\sigma)$, das heißt, t_σ ist eine Nullstelle des Polynoms $g(T)$. Analog zur Argumentation, wie sie schon mehrfach in Fußnote 97 verwendet wurde, folgt damit, dass das Polynom $g(T)$ durch das von Galois konstruierte, irreduzible Polynom $\mathbf{G}(T)$ teilbar ist. Und deshalb besitzt $g(T)$ auch t als Nullstelle: $0 = g(t) = y$.

Wir werden gleich noch sehen, dass die hier konstruierten Abbildungen lineare Abbildungen auf dem endlichdimensionalen K-Vektorraum $K(x_1,..., x_n)$ sind. Daher ist jede dieser Abbildungen σ wegen $\sigma(y) \neq 0$ für $y \neq 0$ sogar invertierbar.

$$\sigma(x_j) - \sigma(x_k) = \sigma(x_j) + \sigma(-1)\sigma(x_k) = \sigma(x_j - x_k) \neq 0$$

gilt, sind die Werte $\sigma(x_1)$, ..., $\sigma(x_n)$ voneinander verschieden, so dass es sich tatsächlich um eine Permutation der Lösungen handelt. Für ein Polynom $h(X_1, ..., X_n)$ mit Koeffizienten im Körper K und $h(x_1, ..., x_n) = 0$ gilt außerdem $h(\sigma(x_1), ..., \sigma(x_n)) = \sigma(h(x_1, ..., x_n)) = 0$. Damit gehört die durch die Abbildung σ definierte Permutation der Lösungen tatsächlich zur Galois-Gruppe.

Mit dem somit abgeschlossenen Nachweis der Äquivalenz erhalten wir eine dritte Charakterisierung der Galois-Gruppe. Abgesehen von der ursprünglichen Definition auf Basis der Polynom-Menge B_K einerseits und der Charakterisierung mittels der Galois-Resolvente andererseits, wie sie im Kasten „Die Berechnung der Galois-Gruppe" in Kapitel 9 beschrieben wurde, gilt:

SATZ. Eine zu einer gegebenen Gleichung über dem Körper K gebildete Galois-Gruppe erhält man auch dadurch, dass man nach der Adjunktion sämtlicher Lösungen x_1, ..., x_n im so entstandenen Zerfällungskörper $K(x_1, ..., x_n)$ die mit $\mathrm{Aut}(K(x_1, ..., x_n) \mid K)$ bezeichnete Menge von denjenigen Automorphismen des Körpers $K(x_1, ..., x_n)$ bestimmt, die jeden Wert des Körpers K unverändert lassen.

Dabei ist der Begriff des Automorphismus folgendermaßen definiert:

DEFINITION. Ein **Automorphismus** eines Körpers L ist eine umkehrbare Abbildung σ, die jedem Wert y aus L derart einen Wert $\sigma(y)$ in L zuordnet, dass die beiden folgenden Eigenschaften für beliebige Werte y und z aus L erfüllt sind:

- $\sigma(y + z) = \sigma(y) + \sigma(z)$
- $\sigma(yz) = \sigma(y)\sigma(z)$

Bei der dritten Charakterisierung der Galois-Gruppe taucht die ursprüngliche Gleichung nur noch implizit auf, nämlich in Form der Körpererweiterung von K nach $K(x_1, ..., x_n)$, der die Lösungen x_1, ..., x_n zugrunde liegen. Wie schon angekündigt haben damit zwei Gleichungen mit Koeffizienten in K und übereinstimmendem Zerfällungskörper automatisch identische Galois-Gruppen. Ein weiterer Vorteil dieser dritten Charakterisierung, die heute üblicherweise als *die* Definition der Galois-Gruppe verwendet wird, ist ihre Universalität. Automorphismen lassen sich natürlich auch für andere Körpererweiterungen untersuchen, die keinem Zerfällungskörper entsprechen – dort lassen sich dann aber die hier interessierenden Eigenschaften nur noch zum Teil wieder finden.

10.7. Wir wollen nun die Eigenschaften der Galois-Gruppe untersuchen, wobei wir ab jetzt die Interpretation einer Gruppe von Automorphismen $G = \mathrm{Aut}(K(x_1, ..., x_n) \mid K)$ zugrunde legen – daher brauchen wir nun auch nicht mehr vorauszusetzen, dass die Lösungen $x_1, ..., x_n$ der Gleichung verschieden sind.

Der erste von insgesamt drei wesentlichen Sätzen, die wir nun herleiten werden, wurde inhaltlich bereits von Galois erkannt:

SATZ. Adjungiert man ausgehend von einem Körper K sämtliche Lösungen $x_1, ..., x_n$ einer Gleichung mit Koeffizienten aus dem Körper K, so ist im derart entstandenen Zerfällungskörper $K(x_1, ..., x_n)$ die Menge der Werte, die unter jedem Automorphismus der Galois-Gruppe unverändert bleiben, glcich dem Körper K.

Zu zeigen ist also, dass ein Wert z, bei dem $\sigma(z) = z$ für alle Automorphismen σ der Galois-Gruppe gilt, zum Körper K gehört. Die zum Beweis[105] notwendige Argumentation haben wir übrigens im Rahmen eines

---

[105] Auf Basis der bisherigen Darlegungen kann ein Beweis am einfachsten unter Verwendung der in Fußnote 97 für die Galois-Resolvente t bewiesenen Eigenschaften

$$x_{\sigma(1)} = g_1(t_\sigma), \cdots, x_{\sigma(n)} = g_n(t_\sigma)$$

geführt werden. Fasst man σ als Automorphismus auf, dann lassen sich diese Identitäten umformen zu

$$\sigma(x_1) = g_1(t_\sigma), \cdots, \sigma(x_n) = g_n(t_\sigma).$$

Für einen Wert $z = h(x_1, ..., x_n)$, der unter allen Automorphismen σ der Galois-Gruppe unverändert bleibt, summiert man die verschiedenen Darstellungen des Wertes z und erhält, wenn $|G|$ die Größe der Galois-Gruppe bezeichnet, auf diese Weise

$$|G| \cdot z = \sum_{\sigma \in G} \sigma(z) = \sum_{\sigma \in G} h(\sigma(x_1), ..., \sigma(x_n)) = \sum_{\sigma \in G} h(g_1(t_\sigma), ..., g_n(t_\sigma)).$$

Dabei kann die Summe auf der rechten Seite aufgrund ihrer Symmetrie in den Werten t_σ polynomial durch die Koeffizienten desjenigen Polynoms ausgedrückt werden, das diese Werte t_σ als Nullstellen besitzt. Bei diesem Polynom handelt es sich um das t als Nullstelle besitzenden irreduziblen Faktor $\mathfrak{G}(T)$, wie er von Galois aus der Resolventen-Gleichung $n!$-ten Grades konstruiert wurde (siehe Kasten „Die Berechnung der Galois-Gruppe", Seite 126). Da die Koeffizienten dieses Polynoms $\mathfrak{G}(T)$ im Körper K liegen, gehört auch der Wert z zum Körper K.

Spezialfalles bereits kennen gelernt, als wir die Kreisteilungsgleichung gelöst haben (siehe Seite 107 f.).

10.8. Es ist wohl mehr als ratsam, die gerade angestellten Neuerungen im Rahmen von Beispielen zu konkretisieren. Bei der quadratischen Gleichung

$$x^2 - 6x + 1 = 0$$

erweitern die beiden Lösungen den Körper der rationalen Zahlen $\mathbb{Q}$ zu

$$\mathbb{Q}(\sqrt{2}) = \left\{ a + b\sqrt{2} \mid a, b \in \mathbb{Q} \right\}.$$

Die Galois-Gruppe besteht aus zwei Permutationen, wobei die nicht-identische Permutation σ_1 die beiden Lösungen $3 \pm 2\sqrt{2}$ miteinander vertauscht. Sie lässt sich erweitern zur Abbildung $(a, b \in \mathbb{Q})$

$$\sigma_1(a + b\sqrt{2}) = a - b\sqrt{2}.$$

Wir wollen das Beispiel dazu verwenden, noch eine andere Interpretation von Automorphismen zu erläutern. Bei den Automorphismen der Galois-Gruppe handelt es sich nämlich offensichtlich um **lineare Abbildungen**, wobei der Erweiterungskörper aufgefasst wird als **Vektorraum**, der über dem Ausgangskörper K definiert ist. Wer mit diesen Begriffen vertraut ist, dem wird dieser Hinweis sicherlich sofort einleuchten. Für den anderen Teil der Leserschaft, dessen Erfahrungen mit analytischer Geometrie, **Vektoren** und vielleicht sogar **Matrizen** auf koordinatenweise Berechnungen beschränkt sind, ist in Bezug auf das Beispiel sicher die auf die **Basis** 1, $\sqrt{2}$ bezogene vektorielle Darstellung

$$\sigma_1\left(\begin{pmatrix} a \\ b \end{pmatrix}\right) = \begin{pmatrix} 1 & 0 \\ 0 & -1 \end{pmatrix}\begin{pmatrix} a \\ b \end{pmatrix} = \begin{pmatrix} a \\ -b \end{pmatrix}$$

suggestiver. Allerdings ist zu betonen, dass solche koordinatenweisen Darstellungen nur der Verdeutlichung dienen. Der Vorteil der innerhalb der Linearen Algebra definierten Begriffsbildungen besteht ja gerade darin, solche expliziten, immer die Auswahl einer ganz speziellen Basis voraussetzende Darstellungen vermeiden zu können. Wichtig ist einzig, dass es solche Darstellungen gibt und dass die Anzahl der Elemente einer

Basis nicht von der speziellen Wahl der Basis abhängt. Diese bekanntlich als **Dimension** bezeichnete Invariante eines Vektorraums ist natürlich auch jeder anderen Köpererweiterung zugeordnet, wobei man vom Grad der Körpererweiterung spricht. Konkret definiert man:

DEFINITION. Der **Grad** einer ausgehend vom Körper K vorgenommenen Erweiterung zu einem Körper E ist gleich der natürlichen Zahl m, sofern sich im Körper E genau m Werte e_1, ..., e_m finden lassen, so dass jeder Wert im erweiterten Körper E *eindeutig* in der Form

$$k_1 e_1 + ... + k_m e_m$$

mit Werten („Koordinaten") k_1, ..., k_m aus dem Körper K darstellbar ist.[106]

Beispielsweise ist der Grad der Körperweiterung von $\mathbb{Q}$ zu $\mathbb{Q}(\sqrt{2})$ gleich 2. Als zweites Beispiel soll uns der durch die Adjunktion der fünften Einheitswurzel $\zeta = \cos(2\pi/5) + i \cdot \sin(2\pi/5)$ entstehende Körper $\mathbb{Q}(\zeta)$ dienen. Um zu zeigen, dass der Grad der Körpererweiterung von $\mathbb{Q}$ zu $\mathbb{Q}(\zeta)$ gleich 4 ist, gehen wir von der bereits in Kapitel 7 und 9 untersuchten, irreduziblen Gleichung

$$x^4 + x^3 + x^2 + x + 1 = 0$$

aus, deren vier Lösungen die von 1 verschiedenen fünften Einheitswurzeln ζ, ζ^2, ζ^3, ζ^4 sind. Eine Basis des Vektorraums, die zugleich eine einfache Durchführung von Multiplikation und Division im Körper $\mathbb{Q}(\zeta)$ erlaubt, umfasst die vier Werte 1, ζ, ζ^2, ζ^3. Der Nachweis, dass diese vier Werte tatsächlich eine Basis bilden, ist höchst lehrreich, da die darin verwendeten Argumente weitgehend verallgemeinert werden können: Zu-

---

[106] Wer mit der Definition gleich etwas „experimentieren" möchte, dem sei zur Übung der einfache Beweis der folgenden Gradformel für geschachtelte Körpererweiterungen empfohlen:

SATZ. Für eine geschachtelte Körpererweiterung $K \subset L \subset E$ ist der Grad der Gesamterweiterung von E über K gleich dem Produkt der Grade von E über L einerseits und L über K andererseits.

Zum Beweis geht man von zwei Basen für die beiden zuletzt genannten Erweiterungen aus, bildet daraus zu allen möglichen Paarungen die Produkte und überzeugt sich dann davon, dass man so eine Basis der Gesamterweiterung gefunden hat.

Die Gradformel ist übrigens der wesentliche Bestandteil der Unmöglichkeitsbeweise für die klassischen Konstruktionsaufgaben mit Zirkel und Lineal (siehe Kasten Seite 180).

nächst weist jeder durch rationale Zahlen und die Einheitswurzel ζ polynomial darstellbare Wert die Form $k_0 1 + k_1 \zeta + \ldots + k_s \zeta^s$ mit rationalen Koeffizienten $k_0, k_1, \ldots$ auf. Wegen $\zeta^4 = -1 - \zeta - \zeta^2 - \zeta^3$ kann jede solche Summe auf eine Form mit $k_4 = k_5 = \ldots = 0$ gebracht werden. Dabei sind die Koeffizienten k_0, k_1, k_2, k_3 eindeutig bestimmt. Andernfalls, das heißt bei zwei unterschiedlichen Koordinaten-Darstellungen für ein und denselben Wert, würde man nämlich für die Einheitswurzel ζ eine Gleichung höchstens dritten Grades mit rationalen Koeffizienten finden. Da die oben angeführte Gleichung vierten Grades irreduzibel ist, kann aber keine ihrer Lösungen zugleich Lösung einer Gleichung mit niedrigerem Grad und rationalen Koeffizienten sein (siehe Punkt 3 des Kastens von Seite 155). Es bleibt nun nur noch zu zeigen, dass die Division nicht aus der Menge

$$\left\{ k_0 + k_1 \zeta + k_2 \zeta^2 + k_3 \zeta^3 \mid k_0, k_1, k_2, k_3 \in \mathbb{Q} \right\}$$

herausführt, so dass es sich bei dieser Menge um einen Körper und damit um $\mathbb{Q}(\zeta)$ handelt: Für zwei Polynome $f(X)$ und $g(X)$, deren Koeffizienten rationale Zahlen sind, gilt im Fall von $g(\zeta) \neq 0$:

$$\frac{f(\zeta)}{g(\zeta)} = \frac{f(\zeta)g(\zeta^2)g(\zeta^3)g(\zeta^4)}{g(\zeta)g(\zeta^2)g(\zeta^3)g(\zeta^4)}.$$

Dabei besitzt der Bruch auf der rechten Seite der Identität wie gewünscht eine Darstellung der Form $k_0 1 + k_1 \zeta + k_2 \zeta^2 + k_3 \zeta^3$, da sein Nenner rational ist: Um diese Eigenschaft des Nenners zu erkennen, kann man sich einerseits die Arbeit machen, das Produkt im Nenner für eine Zahl der Form $g(\zeta) = k_0 1 + k_1 \zeta + k_2 \zeta^2 + k_3 \zeta^3$ auszumultiplizieren. Glücklicherweise ist aber eine solche stupide Vorgehensweise vermeidbar, wenn man allgemein gültige Argumente verwendet, was wir im nächsten Abschnitt tun wollen.

10.9. Zur Verallgemeinerung der gerade für den Körper $\mathbb{Q}(\zeta)$ erzielten Ergebnisses wollen wir den folgenden Satz beweisen:

SATZ. Adjungiert man ausgehend von einem Körper K sämtliche Lösungen $x_1, \ldots, x_n$ einer Gleichung mit Koeffizienten in K, so ist der Grad dieser Körpererweiterung gleich der Elemente-Anzahl $|G|$ der Galois-Gruppe $G = \text{Aut}(K(x_1, \ldots, x_n) \mid K)$.

Zum Beweis wird die eben für den Körper $\mathbb{Q}(\zeta)$ durchgeführte Argumentationskette unter Verwendung der Galois-Resolvente t zunächst in vollkommener Analogie übertragen: Demnach ist jeder Wert des Körpers $K(x_1, ..., x_n)$ als Quotient darstellbar, wobei Zähler und Nenner die Form $k_0 + k_1 t + ... + k_m t^m$ aufweisen und alle Koeffizienten k_j zum Körper K gehören. Außerdem kann der höchste Exponent m auf den Wert $|G|-1$ beschränkt werden, da $|G|$ der Grad des Polynoms $\mathfrak{G}(T)$ ist, das t als Nullstelle besitzt. Es bleibt noch zu zeigen, dass jeder solcher Quotient sogar polynomial in t darstellbar ist: Dazu betrachtet man auf dem $|G|$-dimensionalen K-Vektorraum $K[t] = \{k_0 + ... + k_{|G|-1} t^{|G|-1} \mid k_0, ..., k_{|G|-1} \in K\}$ die der Multiplikation mit einem Element $g(t) \in K[t]$ entsprechende Abbildung

$$h(t) \in K[t] \mapsto g(t) \cdot h(t).$$

Diese Abbildung ist linear. Außerdem zeigt die Interpretation der Abbildung als Multiplikation, dass im Fall von $g(t) \neq 0$ kein von 0 verschiedenes Element auf die 0 abgebildet wird. Die Resultate der Linearen Algebra über lineare Gleichungssysteme besagen daher, dass jedes Element in $K[t]$ ein Urbild besitzt, wobei speziell das Urbild zur Zahl 1 den Kehrwert der Zahl $g(t)$ ergibt. Und dieser Kehrwert erlaubt es, Ausdrücke mit $g(t)$ im Nenner polynomial durch t auszudrücken, so dass jeder Wert im Zerfällungskörper $K(x_1, ..., x_n)$ polynomial durch die Galois-Resolvente t darstellbar ist. Damit ist der Satz bewiesen.

Unter Beachtung von $t = m_1 x_1 + ... + m_n x_n$ erkennt man außerdem, dass jede Zahl im Zerfällungskörper $K(x_1, ..., x_n)$ auch polynomial durch die Lösungen $x_1, ..., x_n$ darstellbar ist. Bei der Adjunktion der Lösungen ist die Division als Operation also entbehrlich. Der bisher ausstehende Beweis dieser schon erwähnten Tatsache ist nunmehr nachgetragen.

10.10. Die enge Beziehung, die bereits zwischen der Galois-Gruppe und der ihr zugrunde liegenden Körpererweiterung erkennbar geworden ist, wird noch durch einen weiteren Satz ergänzt:

SATZ. Adjungiert man ausgehend von einem Körper K sämtliche Lösungen $x_1, ..., x_n$ einer Gleichung mit Koeffizienten in K, so ist im derart entstandenen Zerfällungskörper $K(x_1, ..., x_n)$ die Menge der Werte, die unter *jedem* Automorphismus einer Untergruppe U der Galois-Gruppe $G = \text{Aut}(K(x_1, ..., x_n) \mid K)$ unverändert bleiben, nur dann gleich K, wenn U die volle Galois-Gruppe ist.

Dass alle Werte des Körpers K unter sämtlichen Automorphismen der Untergruppe U unverändert bleiben, ist natürlich klar. Wichtig ist aber die Umkehrung: Gibt es außerhalb des Körpers K keine weiteren Elemente, die unter *jedem* Automorphismus der Untergruppe U unverändert bleiben, dann muss diese Untergruppe U gleich der vollen Galois-Gruppe sein. Mit anderen Worten: Jede echte Untergruppe lässt auch Elemente unverändert, die außerhalb des Körpers K liegen.

Zum Beweis des Satzes geht man von einer Untergruppe U der Galois-Gruppe aus, bei welcher die Werte des Körpers K die einzigen Werte im Erweiterungskörper $K(x_1, ..., x_n)$ sind, die unter allen Automorphismen unverändert bleiben. Ausgehend von der Galois-Resolvente t bildet man dann das Polynom

$$\prod_{\sigma \in U} \big(X - \sigma(t) \big).$$

Unterwirft man die Koeffizienten dieses Polynoms einem zur Untergruppe U gehörenden Automorphismus τ, so entspricht das einer Permutation der Linearfaktoren, so dass die Koeffizienten unverändert bleiben.[107] Nach der gemachten Annahme liegen die Polynomkoeffizienten, da sie unter allen Automorphismen von U invariant sind, also im Körper K. Wäre nun U eine echte Untergruppe, so wäre die Galois-Resolvente t Lösung einer Gleichung mit Koeffizienten in K, deren Grad niedriger als die Elemente-Anzahl $|G|$ der Galois-Gruppe ist – im Widerspruch dazu, dass die Galois-Resolvente t gemäß Galois' Konstruktion Nullstelle von $\mathfrak{G}(T)$ ist, das heißt von einem über dem Körper K irreduziblen Polynom vom Grad $|G|$.

Mit einer ganz ähnlichen Überlegung lässt sich übrigens auch die schon in Abschnitt 9.8 angemerkte Tatsache beweisen, dass die Galois-Gruppe G einer irreduziblen Gleichung stets transitiv auf den Lösungen operiert, das heißt, dass es zu je zwei Lösungen x_j und x_k einen Automorphismus σ der Galois-Gruppe gibt mit $\sigma(x_j) = x_k$.[108]

---

[107] Für zwei verschiedene Automorphismen σ_1 und σ_2 aus U sind auch $\tau \circ \sigma_1$ und $\tau \circ \sigma_2$ voneinander verschieden. Außerdem wird jeder Automorphismus υ aus U auf diese Weise erreicht, nämlich in der Form $\tau \circ (\tau^{-1} \circ \upsilon) = \upsilon$.

[108] Unterwirft man die Koeffizienten des Polynoms

10.11. Die drei Sätze aus den Abschnitten 10.7, 10.9 und 10.10 ermöglichen es uns nun, in wenigen Schritten den so genannten Hauptsatz der Galois-Theorie zu beweisen. Anders als man es vielleicht vermutet, hat der Hauptsatz zunächst nicht unmittelbar damit zu tun, ob eine Gleichung mit Radikalen auflösbar ist oder nicht. Er stellt vielmehr eine 1:1-Beziehung her zwischen den Untergruppen der Galois-Gruppe $\text{Aut}(K(x_1, ..., x_n) \mid K)$ und den Körpern, die zwischen K und $K(x_1, ..., x_n)$ liegen. Der Hauptsatz systematisiert damit die im letzten Kapitel anhand von Beispielen dargelegten Untersuchungen (siehe zum Beispiel Bild 28, Seite 137). Da Untergruppen relativ einfach gefunden werden können – und sei es durch ein Ausprobieren der endlich vielen Möglichkeiten –, erhält man mittels des Hauptsatzes der Galois-Theorie eine vollständige Klassifizierung der Zwischenkörper. Insofern sind dann in speziellen Fällen auch mittelbar Aussagen darüber möglich, ob und welche Zwischenkörper durch die Adjunktion von Wurzeln entstehen können.

Der **Hauptsatz der Galois-Theorie** lautet:

SATZ. Adjungiert man ausgehend von einem Unterkörper der komplexen Zahlen K sämtliche Lösungen $x_1, ..., x_n$ einer Gleichung mit Koeffizienten in K, so besitzt die Galois-Gruppe $G = \text{Aut}(K(x_1, ..., x_n) \mid K)$ dieser Körpererweiterung, das heißt die Gruppe aller Automorphismen des Körpers $K(x_1, ..., x_n)$, die jeden Wert des ursprünglichen Körpers K unverändert lassen, die nachfolgend zusammengestellten Eigenschaften. Im Detail betreffen diese Eigenschaften die Zwischenkörper L, das heißt die Körper L mit $K \subset L \subset K(x_1, ..., x_n)$, und die jedem solchen Körper L zugeordnete Untergruppe $\text{Aut}(K(x_1, ..., x_n) \mid L)$, welche jeweils diejenigen Automorphismen der Galois-Gruppe umfasst, die jeden Wert von L unverändert lassen (siehe auch Bild 29):

1. Die Abbildung, die jedem Zwischenkörper L die Untergruppe $\text{Aut}(K(x_1, ..., x_n) \mid L)$ zuordnet, liefert eine 1:1-Entsprechung (eine

---

$$\prod_{\sigma \in G} \left(X - \sigma(x_j) \right)$$

einem Automorphismus τ der Galois-Gruppe G, so bleiben diese unverändert, da im Produkt die Linearfaktoren permutiert werden. Aufgrund des Satzes in Abschnitt 10.7 liegen die Koeffizienten damit im Körper K. Wegen der Irreduzibilität des ursprünglichen Polynoms und des Satzes aus Punkt 3 des Kastens von Seite 132 müssen daher im Produkt alle Lösungen, insbesondere also auch die Lösung x_k, vertreten sein.

so genannte Bijektion) zwischen den Zwischenkörpern einerseits und den Untergruppen der Galois-Gruppe G andererseits.

2. Der Grad der Körpererweiterung von L zu $K(x_1, ..., x_n)$ ist gleich der Anzahl $|\mathrm{Aut}(K(x_1, ..., x_n) \mid L)|$ der Automorphismen, die in der dem Körper L zugeordneten Untergruppe $\mathrm{Aut}(K(x_1, ..., x_n) \mid L)$ liegen – das ist die Anzahl von denjenigen Automorphismen, die jeden Wert des Zwischenkörpers L unverändert lassen.

3. Entsteht ein Zwischenkörper $L = K(y_1, ..., y_m)$ aus dem Körper K durch die Adjunktion sämtlicher und allesamt im Körper $K(x_1, ..., x_n)$ liegender Lösungen $y_1, ..., y_m$ einer Gleichung mit Koeffizienten in K, so enthält die Galois-Gruppe $\mathrm{Aut}(L \mid K)$ dieser Körpererweiterung insgesamt $|G|/|\mathrm{Aut}(K(x_1, ..., x_n) \mid L)|$ Automorphismen. Dabei kann man alle Automorphismen dieser Galois-Gruppe $\mathrm{Aut}(L \mid K)$ dadurch erhalten, dass man den Definitionsbereich $K(x_1, ..., x_n)$ der zu G gehörenden Automorphismen auf den Zwischenkörper $L = K(y_1, ..., y_m)$ einschränkt.

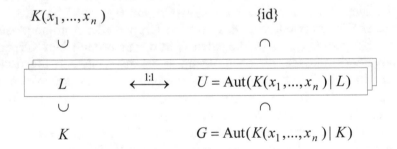

Bild 29 Hauptsatz der Galois-Theorie: Die Zwischenkörper L, das heißt die Körper L mit $K \subset L \subset K(x_1, ..., x_n)$, stehen in einer 1:1-Entsprechung zu den Untergruppen U, welche die Galois-Gruppe $\mathrm{Aut}(K(x_1, ..., x_n) \mid K)$ besitzt.

Der Beweis des Hauptsatzes besteht aus einer fast direkten Zurückführung auf die bereits bewiesenen Sätze der Abschnitte 10.7, 10.9 und 10.10. Dazu wird die Erweiterung eines Zwischenkörpers L zum Körper

$L(x_1, ..., x_n) = K(x_1, ..., x_n)$ auf Grundlage der drei Sätze untersucht. Anzumerken bleibt, dass die Körper $L(x_1, ..., x_n)$ und $K(x_1, ..., x_n)$ identisch sind, weil der Körper L einerseits ein Erweiterungskörper von K ist und andererseits ein Unterkörper von $K(x_1, ..., x_n)$ ist.

Mit dieser Vorbemerkung ist ein Teil der ersten Aussage, nämlich dass ein Zwischenkörper L durch die zugeordnete Untergruppe $\mathrm{Aut}(K(x_1, ..., x_n) \mid L)$ eindeutig bestimmt wird (die so genannte Injektivität), bereits klar, da es sich um die Aussage von Satz 10.7 handelt: Demnach ist L charakterisierbar als Menge aller Werte im Körper $K(x_1, ..., x_n)$, die unter allen Automorphismen von $\mathrm{Aut}(K(x_1, ..., x_n) \mid L)$ fest bleiben. Damit wirklich eine 1:1-Beziehung vorliegt, muss es allerdings zu einer gegebenen Untergruppe U der Galois-Gruppe $G = \mathrm{Aut}(K(x_1, ..., x_n) \mid K)$ stets einen Zwischenkörper L geben, dem diese Untergruppe U zugeordnet ist (die so genannte Surjektivität). Ein solcher Unterkörper L mit der gesuchten Eigenschaft $U = \mathrm{Aut}(K(x_1, ..., x_n) \mid L)$ lässt sich nun dadurch konstruieren, dass man die Gesamtheit aller Werte aus $K(x_1, ..., x_n)$ nimmt, die unter jedem Automorphismus von U unverändert bleiben:

$$L = \left\{ z \in K(x_1, ..., x_n) \mid \sigma(z) = z \text{ für alle } \sigma \in U \right\}$$

Dass es sich bei L tatsächlich um einen Körper – unter Bezug auf seine Konstruktion spricht man meist von einem **Fixpunktkörper** – handelt, lässt sich leicht bestätigen, indem man prüft, dass bei zwei Elementen aus L auch immer Summe, Differenz, Produkt und Quotient in L liegen. Offensichtlich ist, dass der Fixpunktkörper L den Körper K enthält und seinerseits im Erweiterungskörper $K(x_1, ..., x_n)$ liegt. Und nun kommt die eigentliche Überlegung: Die dem solchermaßen konstruierten Zwischenkörper L zugeordnete Gruppe $\mathrm{Aut}(K(x_1, ..., x_n) \mid L)$ enthält die Gruppe U, da jeder Automorphismus aus U jeden Wert aus L unverändert lässt. Außerdem hat diese Untergruppe aufgrund der Konstruktion des Körpers L die Eigenschaft, dass nur die Werte des Körpers L von allen ihren Automorphismen unverändert gelassen werden. Gemäß dem Satz aus Abschnitt 10.10 hat das zur Konsequenz, dass die Untergruppe U gleich der vollen Galois-Gruppe $\mathrm{Aut}(K(x_1, ..., x_n) \mid L)$ sein muss.

Der zweite Teil des Hauptsatzes folgt unmittelbar aus dem Satz von Abschnitt 10.9, wenn dieser auf die Erweiterung von L nach $K(x_1, ..., x_n)$ angewendet wird.

Der dritte Punkt des Hauptsatzes bezieht sich auf eine Situation, die wir im letzten Kapitel bereits anhand von diversen Beispielen kennen gelernt haben, wenn *sämtliche* Lösungen y_1, ..., y_m einer Resolventen-Gleichung zum Körper K adjungiert werden. Die Werte eines solchen Zwischenkörpers L werden aufgrund der speziellen Gegebenheiten von allen Automorphismen σ aus der Galois-Gruppe G wieder in den Körper L abgebildet. Um dies zu erkennen, braucht man nur einen solchen Automorphismus σ der Galois-Gruppe $G = \mathrm{Aut}(K(x_1, ..., x_n) \mid K)$ auf beide Seiten der dem Zwischenkörper L zugrunde liegenden Gleichung anzuwenden. Dies zeigt, dass jede ihrer Lösungen y_j durch σ auf eine andere Lösung $\sigma(y_j) = y_k$ abgebildet wird.

Dadurch, dass der Körper L durch alle Automorphismen der Galois-Gruppe G auf sich selbst abgebildet wird, kann man bei jedem Automorphismus der Galois-Gruppe G den Definitionsbereich vom Körper $K(x_1, ..., x_n)$ auf den Zwischenkörper $L = K(y_1, ..., y_m)$ einschränken, um so jeweils einen zur Gruppe $\mathrm{Aut}(L \mid K)$ gehörenden Automorphismus zu erhalten. Dabei ergeben zwei Automorphismen σ, τ aus G genau dann die gleiche Einschränkung, wenn $\sigma^{-1} \circ \tau$ auf L gleich der Identität ist, das heißt, wenn $\sigma^{-1} \circ \tau$ zu der dem Zwischenkörper L zugeordneten Untergruppe $\mathrm{Aut}(K(x_1, ..., x_n) \mid L)$ gehört. Dass man auf diese Weise alle Automorphismen erhält, folgt am einfachsten aus der Grad-Formel für geschachtelte Körpererweiterungen (siehe Fußnote 106). Und damit ist der Hauptsatz der Galois-Theorie vollständig bewiesen.

Der Hauptsatz der Galois-Theorie: Ein Beispiel

Als Beispiel für die Bestimmung sämtlicher in einem Zerfällungskörper enthaltenen Zwischenkörper greifen wir nochmals auf die bereits in Kapitel 9 ausgiebig untersuchte biquadratische Gleichung

$$x^4 - 4x^3 - 4x^2 + 8x - 2 = 0$$

zurück. Die vier Lösungen dieser Gleichung sind, wie schon dargelegt wurde, gleich

$$x_{1,3} = 1 + \sqrt{2} \pm \sqrt{3 + \sqrt{2}} \,,$$

$$x_{2,4} = 1 - \sqrt{2} \pm \sqrt{3 - \sqrt{2}} \,.$$

Als Galois-Gruppe über den rationalen Zahlen $\mathbb{Q}$ wurde in Kapitel 9 eine Gruppe von 8 Elementen bestimmt. Fasst man die Elemente als Permutationen der Lösungen auf, so handelt es sich dabei um

	1 2 3 4
σ_0	1 2 3 4
σ_1	3 2 1 4
σ_2	1 4 3 2
σ_3	3 4 1 2
σ_4	2 1 4 3
σ_5	4 1 2 3
σ_6	2 3 4 1
σ_7	4 3 2 1

Die möglichen Untergruppen können durch einfaches Probieren gefunden werden. Abgesehen von der vollen Gruppe sowie der ein-elementigen Untergruppe muss eine Untergruppe entweder 2 oder 4 Elemente enthalten. Dabei ergeben sich die zwei-elementigen Untergruppen durch die insgesamt fünf Elemente der Ordnung 2:

$$\{\sigma_0, \sigma_1\}, \{\sigma_0, \sigma_2\}, \{\sigma_0, \sigma_3\}, \{\sigma_0, \sigma_4\}, \{\sigma_0, \sigma_7\}.$$

Außerdem lassen sich beispielsweise anhand der in Kapitel 9 berechneten Gruppentafel schnell die 3 Untergruppen mit 4 Elementen finden:

$$\{\sigma_0, \sigma_1, \sigma_2, \sigma_3\}, \{\sigma_0, \sigma_3, \sigma_4, \sigma_7\}, \{\sigma_0, \sigma_3, \sigma_5, \sigma_6\}.$$

Anzumerken bleibt, dass die zuletzt angeführte Gruppe zyklisch von der Ordnung 4 ist, während die beiden anderen vier-elementigen Untergruppen isomorph zur Gruppe $(\mathbb{Z}/2\mathbb{Z})^2$ sind.

Gemäß dem Hauptsatz der Galois-Theorie gibt es eine 1:1-Entsprechung zwischen den gerade bestimmten Untergruppen einerseits und andererseits den Zwischenkörpern, die zwischen den beiden Körpern $\mathbb{Q}$ und $\mathbb{Q}(x_1, x_2, x_3, x_4) = \mathbb{Q}(\sqrt{3+\sqrt{2}}, \sqrt{3-\sqrt{2}})$ liegen. Außerdem lassen sich diese Zwischenkörper aus den Untergruppen dadurch finden, dass man die Fixpunktkörper berechnet. Um dies durchzuführen, werden die Identitäten

$$\sqrt{2} = \tfrac{1}{4}(x_1 - x_2 + x_3 - x_4)$$
$$\sqrt{3+\sqrt{2}} = \tfrac{1}{2}(x_1 - x_3)$$
$$\sqrt{3-\sqrt{2}} = \tfrac{1}{2}(x_2 - x_4)$$
$$\sqrt{7} = \tfrac{1}{4}(x_1 - x_3)(x_2 - x_4)$$

herangezogen. Diese Identitäten erlauben es, die Bilder dieser Werte unter den Automorphismen direkt aus den tabellierten Permutationen zu bestimmen. Als direkte Folgerung lassen sich so die gesuchten Fixpunktkörper bestimmen. Im folgenden Diagramm sind sowohl die Untergruppen als auch die dazu korrespondierenden Zwischenkörper zusammen mit den bestehenden Inklusionsbeziehungen dargestellt:

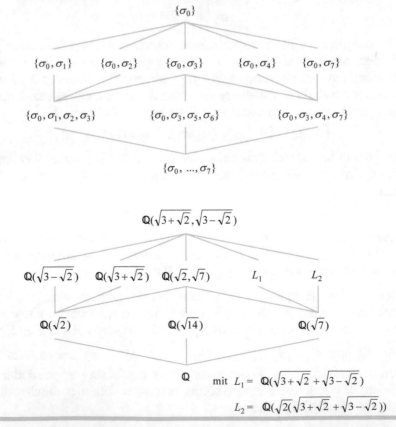

10.12. Auch nach dem Beweis des Hauptsatzes der Galois-Theorie ist es mehr als angebracht, seine Aussagen noch näher zu erläutern. Wie wir gesehen haben, entspricht jedem Zwischenkörper L genau eine Untergruppe U der Galois-Gruppe $\mathrm{Aut}(K(x_1, ..., x_n) \mid L)$ und umgekehrt.

Handelt es sich um irgendeinen Zwischenkörper L, so wird dieser durch einen Automorphismus σ aus der Galois-Gruppe G im Allgemeinen nicht auf sich selbst abgebildet. Da aber sein Bild $\sigma(L)$, wie man einfach nachprüfen kann, ebenfalls ein Körper und damit ein Zwischenkörper ist, muss auch dazu eine Untergruppe existieren. Und diese Untergruppe kann man sogar direkt aus der zu L gehörenden Untergruppe U bestimmen: Es kann sich nämlich nur um die so genannte **konjugierte** Untergruppe $\sigma U \sigma^{-1}$ handeln. Ihre Automorphismen lassen einen Wert $\sigma(z)$ genau dann unverändert, wenn es die Automorphismen der Untergruppe U beim Wert z tun.

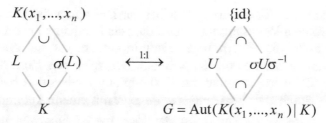

Bild 30   Hauptsatz der Galois-Theorie: Wie Zwischenkörper L, ihre Bilder $\sigma(L)$ unter Automorphismen σ der Galois-Gruppe und deren zugeordnete Untergruppen in Beziehung zueinander stehen. Aufgrund der 1:1-Entsprechung von Zwischenkörpern und Untergruppen gilt $L = \sigma(L)$ genau dann, wenn auch $U = \sigma U \sigma^{-1}$ ist.

Sind bei einer Untergruppe U alle konjugierten Untergruppen gleich der Untergruppe selbst, spricht man von einem **Normalteiler**. In der hier untersuchten Situation, wie sie Gegenstand von Punkt 3 des Hauptsatzes der Galois-Theorie ist, führt das dazu, dass jeder im Definitionsbereich von $K(x_1, ..., x_n)$ nach L eingeschränkte Automorphismus einen Automorphismus des Körpers L ergibt.[109] Es wurde schon erläutert, dass dabei

---

[109] Ein Beispiel, bei dem eine Untergruppe und die dazu konjugierte Untergruppe nicht

zwei Automorphismen σ und τ aus $\mathrm{Aut}(K(x_1, ..., x_n) \mid K)$ genau dann die gleiche Einschränkung auf L ergeben, wenn $\sigma^{-1} {\circ} \tau$ auf L gleich der identischen Abbildung ist, also zur Untergruppe $U = \mathrm{Aut}(K(x_1, ..., x_n) \mid L)$ gehört. Insofern ist die Galois-Gruppe $\mathrm{Aut}(L \mid K)$ sofort erkennbar aus der mit G/U bezeichneten Menge von Nebenklassen zur Untergruppe U, wobei natürlich auch die Verknüpfung der Automorphismen innerhalb der Gruppe $\mathrm{Aut}(L \mid K)$ aus der Verknüpfung innerhalb der Gruppe G abgelesen werden kann.

10.13. Dem gerade beschriebenen Vorgehen liegt ein Konstruktionsprinzip zugrunde, das weitgehend – auch über die Galois-Theorie hinaus – verallgemeinert werden kann, indem man zu einem Normalteiler U einer Gruppe G für die daraus gebildeten Nebenklassen eine Verknüpfung definiert:

$$(\sigma_1 U) \circ (\sigma_2 U) = (\sigma_1 \circ \sigma_2) U$$

Die Normalteiler-Eigenschaft stellt bei der Definition dieser für Nebenklassen gültigen Verknüpfung sicher, dass sie überhaupt sinnvoll ist. Dazu darf nämlich das Ergebnis der Definition nicht von der Auswahl der Elemente σ_1, σ_2 aus den beiden Nebenklassen abhängen. Zu prüfen ist also, ob das definierte Resultat der Verknüpfung unverändert bleibt, wenn σ_1 oder σ_2 durch $\sigma_1 {\circ} \tau$ beziehungsweise $\sigma_2 {\circ} \tau$ mit einem Automorphismus τ aus U ersetzt wird. Bei σ_2 ist das klar, bei σ_1 hingegen nur wegen $((\sigma_1 \circ \tau) \circ \sigma_2)U = (\sigma_1 \circ \sigma_2 \circ (\sigma_2^{-1} \circ \tau \circ \sigma_2))U$ mit $\sigma_2^{-1} \circ \tau \circ \sigma_2 \in U$ für $\tau \in U$. Weit weniger überraschend als die Möglichkeit einer solchen Definition dürfte die Tatsache sein, dass es sich bei der so konstruierten Verknüpfung auf der mit G/U bezeichneten Menge von Nebenklassen wieder um eine Gruppe handelt. Im Kasten „Gruppen und Körper" haben wir von der Notation übrigens bereits beim Beispiel $\mathbb{Z}/n\mathbb{Z}$ Gebrauch gemacht (die Untergruppe $n\mathbb{Z}$ ist offensichtlich ein Normalteiler, da die Gruppe der ganzen Zahlen $\mathbb{Z}$ kommutativ ist).

übereinstimmen und sich damit folglich verschiedene Zwischenkörper ergeben, findet man im Kasten „Hauptsatz der Galois-Theorie: Ein Beispiel" (Seite 159): $\mathbb{Q}(\sqrt{3 + \sqrt{2}})$ und $\mathbb{Q}(\sqrt{3 - \sqrt{2}})$

So genannte Faktorgruppen G/U sind uns natürlich auch schon im letzten Kapitel begegnet, und zwar in Form von Zerlegungen der Gruppentafeln (siehe auch Bild 31). Und auch beim Beweis des Hauptsatzes der Galois-Theorie haben wir mit solchen Mechanismen hantiert, als bei Automorphismen aus der Galois-Gruppe G der Definitionsbereich vom Körper $K(x_1, ..., x_n)$ auf den Zwischenkörper $L = K(y_1, ..., y_m)$ eingeschränkt wurde: Immer dann, wenn es sich bei der Untergruppe U um einen Normalteiler handelt, wird nämlich der Zwischenkörper L durch alle Automorphismen von G auf sich selbst abgebildet, so dass die Einschränkung der Definitionsbereiche auf L eine Automorphismengruppe $\mathrm{Aut}(L \mid K)$ mit $|G|/|U|$ Elementen liefert.

G:

G/U:

$\sigma \backslash \tau$	σ_0	σ_1	σ_2	σ_3	σ_4	σ_5	σ_6	σ_7
σ_0	σ_0	σ_1	σ_2	σ_3	σ_4	σ_5	σ_6	σ_7
σ_1	σ_1	σ_0	σ_3	σ_2	σ_6	σ_7	σ_4	σ_5
σ_2	σ_2	σ_3	σ_0	σ_1	σ_5	σ_4	σ_7	σ_6
σ_3	σ_3	σ_2	σ_1	σ_0	σ_7	σ_6	σ_5	σ_4
σ_4	σ_4	σ_5	σ_6	σ_7	σ_0	σ_1	σ_2	σ_3
σ_5	σ_5	σ_4	σ_7	σ_6	σ_2	σ_3	σ_0	σ_1
σ_6	σ_6	σ_7	σ_4	σ_5	σ_1	σ_0	σ_3	σ_2
σ_7	σ_7	σ_6	σ_5	σ_4	σ_3	σ_2	σ_1	σ_0

(Überlagerte Beschriftungen der Teilquadrate: U, $\sigma_4 U$, $\sigma_4 U$, U)

U:

$\sigma \backslash \tau$	σ_0	σ_1	σ_2	σ_3
σ_0	σ_0	σ_1	σ_2	σ_3
σ_1	σ_1	σ_0	σ_3	σ_2
σ_2	σ_2	σ_3	σ_0	σ_1
σ_3	σ_3	σ_2	σ_1	σ_0

Bild 31 Die Zerlegung der Gruppentafel in vier 4×4-Teilquadrate, wie sie sich für das in Bild 28 (Seite 137) erläuterte Beispiel ergibt, und zwar für die erste dort angeführte Adjunktion. Oben dargestellt ist die auf Basis von Nebenklassen gebildete Faktorgruppe G/U.

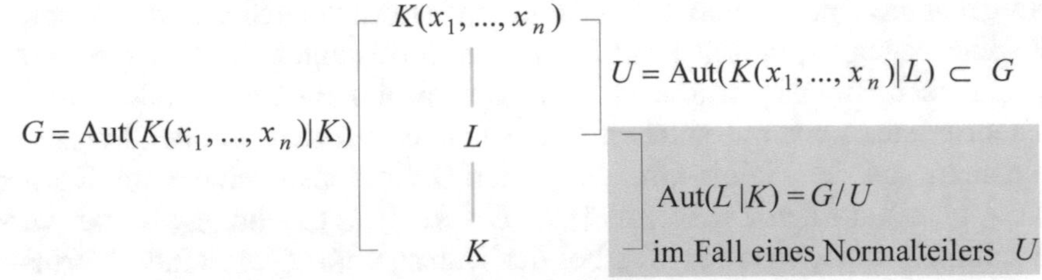

$$
\begin{array}{c}
K(x_1, ..., x_n) \\
\vdots \\
G = \mathrm{Aut}(K(x_1, ..., x_n)|K) \qquad L \\
\vdots \\
K
\end{array}
$$

$U = \mathrm{Aut}(K(x_1, ..., x_n)|L) \subset G$

$\mathrm{Aut}(L\,|K) = G/U$

im Fall eines Normalteilers U

Bild 32   Der Hauptsatz der Galois-Theorie: Ein Zwischenkörper L und die ihm zugeordnete Untergruppe U. Im Fall, dass es sich bei U um einen Normalteiler handelt (oder äquivalent dazu bei L um einen Zerfällungskörper), kann auch die Galois-Gruppe $\mathrm{Aut}(L \mid K)$ bestimmt werden, nämlich als Faktorgruppe G/U.

Noch zu untersuchen bleibt, welche Eigenschaften eines Normalteilers U die Situation charakterisieren, bei der die Erweiterung von K nach L durch die Adjunktion einer einzelnen Wurzel $\sqrt[n]{a}$ vollzogen werden kann.

Die große Bedeutung von Punkt 3 des Hauptsatzes der Galois-Theorie liegt vor allem darin, dass umfangreiche Körpererweiterungen in geeignete Einzelschritte zerlegt werden können und das sogar mehrfach, da mit der ersten Zerlegung wieder eine Situation erreicht wird, welche die ursprüngliche Voraussetzung erfüllt. Dabei ist die Voraussetzung eines durch die Adjunktion sämtlicher Lösungen einer Gleichung mit Koeffizienten in K entstandenen Zwischenkörpers sogar äquivalent zur Normalteiler-Eigenschaft der zugeordneten Untergruppe.[110] Zur besseren Übersicht sind in Bild 32 nochmals die Objekte, von denen der Hauptsatz der Galois-Theorie handelt, und ein Teil seiner Aussagen schematisch zusammengefasst.

---

[110] Bei einem Zwischenkörper $L = K(y_1, ..., y_m)$, dessen zugeordnete Gruppe U ein Normalteiler der Galois-Gruppe $\mathrm{Aut}(L \mid K)$ ist, lässt sich für jeden Index $j = 1, ..., m$ die Gleichung

$$\prod_{\sigma \in G/U} \left(X - \sigma(y_j) \right) = 0$$

aufstellen, deren Koeffizienten im Körper K liegen und deren sämtliche Lösungen zum Körper L gehören. Damit können zusätzlich zu $y_1, ..., y_m$ auch die Lösungen $\sigma(y_j)$ adjungiert werden, ohne dass dadurch der Körper $L = K(y_1, ..., y_m)$ weiter vergrößert wird.

10.14. Wir wollen in den restlichen Abschnitten noch die wesentliche Lücke des letzten Kapitels schließen. Dazu werden wir uns auf Basis des Hauptsatzes der Galois-Theorie überlegen, welche Struktur eine Galois-Gruppe hat, deren zugehörige Gleichung mit Radikalen auflösbar ist. Konkret ist die in Punkt 3 des Hauptsatzes behandelte Situation nochmals zu spezialisieren, nämlich auf den Fall einer sukzessiven Adjunktion von Wurzeln, wobei jeder Radikand zu einem Körper gehört, der aus einem der vorangegangenen Adjunktionsschritte hervorgegangen ist. Da Wurzelausdrücke immer so umgeformt werden können, dass sie ausschließlich Wurzeln mit Primzahlgrad enthalten, reicht es, sich jeweils auf den Fall eines Primzahlgrades zu beschränken.

Wir beginnen die Untersuchung mit dem Fall einer nur einstufigen Adjunktion, bei der zu einem Körper K eine einzelne n-te Wurzel $\sqrt[n]{a}$ adjungiert wird, wobei der Radikand a im Körper K liegt. Damit der Punkt 3 des Hauptsatzes überhaupt anwendbar ist, müssen allerdings seine Voraussetzungen erfüllt sein. Um dies sicherzustellen, setzen wir voraus, dass die n-ten Einheitswurzeln ζ, ζ^2, ..., ζ^{n-1} bereits zum Körper K gehören, so dass alle Lösungen der Gleichung $x^n - a = 0$ im Körper $K(\sqrt[n]{a})$ liegen.

Erweitert man nun einen solchen Körper K, der für eine Primzahl n sämtliche n-ten Einheitswurzeln enthält, zu einem Körper L mittels der Adjunktion aller Lösungen einer Gleichung mit Koeffizienten in K, so kann allein anhand der Galois-Gruppe erkannt werden, ob diese Erweiterung auch durch die Adjunktion einer n-ten Wurzel $\sqrt[n]{a}$ eines Wertes a aus dem Körper K erzeugt werden kann. Es gilt nämlich der folgende Satz:

SATZ. Gegeben ist ein Körper K, der für eine Primzahl n sämtliche n-ten Einheitswurzeln ζ, ζ^2, ..., ζ^{n-1} enthält, und ein Erweiterungskörper L, der aus K durch Adjunktion aller Lösungen einer Gleichung mit Koeffizienten in K hervorgeht. Dann existiert im Körper L genau dann eine n-te Wurzel $\sqrt[n]{a}$ eines Wertes a des Körpers K mit $\sqrt[n]{a} \notin K$ und $L = K(\sqrt[n]{a})$, wenn die Galois-Gruppe $\text{Aut}(L \mid K)$ zyklisch von der Ordnung n ist, das heißt im Fall von $\text{Aut}(L \mid K) = \{\text{id}, \sigma, \sigma^2, ..., \sigma^{n-1}\}$ mit einem geeignet gewählten Automorphismus σ.

Zum Beweis gehen wir zunächst von der Situation $L = K(\sqrt[n]{a}\,)$ aus. In diesem Fall ist jeder Automorphismus σ der Galois-Gruppe $\mathrm{Aut}(K(\sqrt[n]{a})|K)$ eindeutig durch die Wirkung auf den Wert $\sqrt[n]{a}$ bestimmt. Dabei muss der Wert $\sqrt[n]{a}$ wegen $\left(\sigma(\sqrt[n]{a})\right)^n = \sigma(a) = a$ auf $\sigma(\sqrt[n]{a}) = \zeta^k \sqrt[n]{a}$ für irgend einen Exponenten k abgebildet werden. Außerdem addieren sich bei der Hintereinanderschaltung zweier Automorphismen die entsprechenden Exponenten: Für $\sigma(\sqrt[n]{a}) = \zeta^k \sqrt[n]{a}$ und $\tau(\sqrt[n]{a}) = \zeta^j \sqrt[n]{a}$ gilt $(\sigma \circ \tau)(\sqrt[n]{a}) = (\tau \circ \sigma)(\sqrt[n]{a}) = \zeta^{k+j} \sqrt[n]{a}$. Die Galois-Gruppe „entspricht" daher – das heißt sie ist isomorph zu – einer Untergruppe der zyklischen Gruppe $\mathbb{Z}/n\mathbb{Z}$. Da n eine Primzahl ist, muss die Galois-Gruppe somit aus genau einem oder aus n Automorphismen bestehen. Wegen $\sqrt[n]{a} \notin K$ scheidet die erste Möglichkeit aus, so dass die Galois-Gruppe in der Form

$$\mathrm{Aut}(K(\sqrt[n]{a}\,|\,K)) = \{\mathrm{id}, \sigma, \sigma^2, \ldots, \sigma^{n-1}\}$$

mit $\sigma(\sqrt[n]{a}) = \zeta \sqrt[n]{a}$ aufgelistet werden kann.

Nun gehen wir umgekehrt von einer Erweiterung zu einem Körper L aus, deren Galois-Gruppe gleich $\mathrm{Aut}(L\,|\,K) = \{\mathrm{id}, \sigma, \sigma^2, \ldots, \sigma^{n-1}\}$ mit einem geeignet gewählten Automorphismus σ ist. Zu jedem Element b des Körpers L kann man dann die Lagrange-Resolvente, die wir schon in den Kapiteln 5 und 7 kennen gelernt haben, bilden:

$$(\zeta, b) = b + \zeta\,\sigma(b) + \zeta^2\,\sigma^2(b) + \ldots + \zeta^{n-1}\,\sigma^{n-1}(b)$$

Anhand der Definition erhält man sofort die Identität

$$\sigma\big((\zeta, b)\big) = \sigma(b) + \zeta\,\sigma^2(b) + \zeta^2\,\sigma^3(b) + \ldots + \zeta^{n-1}\,\sigma^n(b) = \zeta^{-1} \cdot (\zeta, b)$$

und damit $\sigma\big((\zeta, b)^n\big) = (\zeta, b)^n$, so dass $(\zeta, b)^n$ im Körper K liegen muss. Falls man im Körper L einen Wert b findet, dessen Lagrange-Resolvente (ζ, b) ungleich 0 ist, so lässt wegen $\sigma^j\big((\zeta, b)\big) = \zeta^{-j}\,(\zeta, b)$ kein von der Identität verschiedener Automorphismus sämtliche Werte des Körpers $K\big((\zeta, b)\big)$ unverändert. Gemäß dem Hauptsatz der Galois-Theorie kann der Körper $K\big((\zeta, b)\big)$ daher kein echter Unterkörper von L sein, das heißt, es gilt $K\big((\zeta, b)\big) = L$. Damit geht der Körper L durch Adjunktion einer n-ten Wurzel eines im Körper K liegenden Wertes, nämlich $a = (\zeta, b)^n$, aus dem Körper K hervor.

Noch offen ist allerdings der Nachweis, dass man wirklich immer im Körper L einen Wert b finden kann, so dass dessen Lagrange-Resolvente (ζ, b) nicht verschwindet. Dabei kann die Auswahl sogar auf solche Lagrange-Resolventen (ζ^k, b) ausgedehnt werden, denen für $k = 1, 2, \ldots, n-1$ beliebige von Eins verschiedene n-te Einheitswurzeln zugrunde liegen, denn auch solchermaßen konstruierte Lagrange-Resolventen können, sofern sie ungleich 0 sind, gemäß der eben beschriebenen Konstruktion verwendet werden. Bildet man nun aus den für die Exponenten $k = 0$, $1, \ldots, n-1$ gebildeten Lagrange-Resolventen

$$(\zeta^k, b) = b + \zeta^k\, \sigma(b) + \zeta^{2k}\, \sigma^2(b) + \ldots + \zeta^{(n-1)k}\, \sigma^{n-1}(b)$$

die Summe, so erhält man wegen $1 + \zeta^j + \zeta^{2j} + \ldots + \zeta^{(n-1)j} = 0$ (für $j = 1, \ldots, n-1$)

$$\sum_{k=0}^{n-1} (\zeta^k, b) = nb\,.$$

Würden nun für alle Exponenten $k = 1, 2, \ldots, n-1$ die Lagrange-Resolventen (ζ^k, b) verschwinden, ergäbe sich die Gleichung $(1, b) = nb$, da von der Summe nur der erste Summand übrig bliebe. Da von der Wert $(1, b)$ unter allen Automorphismen unverändert bleibt, muss der Wert $b = (1, b)/n$ sogar im Körper K liegen. Jede Wahl eines Wertes b, der nicht zum Körper K gehört, führt also zwangsläufig zu mindestens einer nicht verschwindenden Lagrange-Resolventen (ζ^k, b).

10.15. Aus dem somit bewiesenen Satz können wir mittels einer nochmaligen Anwendung von Punkt 3 des Hauptsatzes der Galois-Theorie[111] als direkte Folgerung noch einen weiteren Satz ableiten. Dieser beantwortet die Frage, unter welchen Umständen bei einer Gleichungsauflösung ein

---

[111] Inklusive der in Abschnitt 10.13 dargelegten Ergänzung.

Zwischenkörper durch die Adjunktion einer Wurzel erzeugt werden kann – eine solche Erweiterung wird auch **Radikalerweiterung** genannt:

> FOLGERUNG. Wird der Körper K, der für eine Primzahl n alle n-ten Einheitswurzeln enthält, zu einem Körper L mittels der Adjunktion aller Lösungen einer Gleichung mit Koeffizienten in K erweitert, dann gibt es innerhalb der Galois-Gruppe $G = \mathrm{Aut}(L \mid K)$ genau dann einen Normalteiler U mit $|G| = n \cdot |U|$, wenn es im Erweiterungskörper L einen Wert b gibt, der nicht selbst, aber dessen n-te Potenz b^n im Körper K liegt (folglich ist dann der Körper $K(b)$ eine in L liegende Radikalerweiterung von K).

Es bleibt daran zu erinnern, dass das gerade formulierte Kriterium in der Terminologie von Gruppentafeln bereits im letzten Kapitel erörtert wurde (siehe Abschnitt 9.7). Ob auch die über die erste Radikalerweiterung hinausgehende Erweiterung entsprechend zerlegt werden kann, ist anschließend analog aus der Untergruppe $U = \mathrm{Aut}(L \mid K(b))$ ablesbar. Aufgrund der notwendigen Annahmen über die bereits enthaltenen Einheitswurzeln muss das Kriterium allerdings als noch unbefriedigend angesehen werden, sofern eine direkte Antwort darauf gesucht wird, ob die Lösungen einer Gleichung mit Wurzelausdrücken darstellbar sind. Dabei ist insbesondere noch zu klären, welche Änderung bei der Galois-Gruppe dadurch verursacht wird, wenn zur Vorbereitung die notwendigen Einheitswurzeln adjungiert werden.

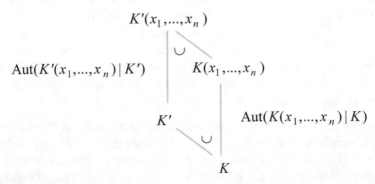

Bild 33   Erweiterung des Ausgangskörpers K zu einem Körper K' und die dadurch bedingte Veränderung der Galois-Gruppe

10.16. Um den letzten Satz überhaupt anwenden zu können, müssen die Einheitswurzeln der entsprechenden Grade bereits zum Ausgangskörper K gehören. Naturgemäß wird aber, wie in den Beispielen des letzten Kapitels, oft vom Körper $\mathbb{Q}$ der rationalen Zahlen ausgegangen, auf Grundlage dessen Irreduzibilitätsuntersuchungen und darauf aufbauend Bestimmungen der Galois-Gruppe erfolgen. Zur Anwendung des letzten Satzes müssen dann vorbereitend geeignete Adjunktionen erfolgen, und zwar von Werten, die nicht unbedingt zum Zerfällungskörper $K(x_1, ..., x_n)$ der aktuell untersuchten Gleichung gehören. Dabei tritt anstelle des Körpers K ein Erweiterungskörper K' und entsprechend tritt der Körper $K'(x_1, ..., x_n)$ an die Stelle des Zerfällungskörpers $K(x_1, ..., x_n)$. Wie sich durch diesen in Bild 33 dargestellten Übergang die Galois-Gruppe verändern kann, erkennt man folgendermaßen:

Ein Automorphismus der „neuen" Galois-Gruppe $\mathrm{Aut}(K'(x_1, ..., x_n) \mid K')$ wird bestimmt durch seine Bilder der Lösungen $x_1, ..., x_n$. Damit ist er durch die auf den Körper $K(x_1, ..., x_n)$ mögliche Einschränkung des Definitionsbereichs eindeutig festgelegt. Folglich handelt es sich bei der Galois-Gruppe $\mathrm{Aut}(K'(x_1, ..., x_n) \mid K')$ um eine Untergruppe der ursprünglichen Galois-Gruppe $\mathrm{Aut}(K(x_1, ..., x_n) \mid K)$.[112]

10.17. Die Kreisteilungsgleichung $x^n - 1 = 0$ mit einem Primzahlgrad n stellt eine sehr lehrreiche und zugleich sehr wichtige Anwendung der gerade angestellten Überlegungen dar. Zwar haben wir den schrittweisen Weg zur Auflösung solcher Kreisteilungsgleichungen bereits in Kapitel 7 erörtert, jedoch bietet es sich nun an, dies nochmals in systematischer Weise zu tun. Konkret wollen wir unter Verwendung der Ergebnisse aus den letzten Abschnitten den folgenden Satz beweisen.

SATZ. Die Kreisteilungsgleichung $x^n - 1 = 0$ mit einem Primzahlgrad n ist mit Radikalen auflösbar, das heißt für alle ihre Lösungen existieren geschachtelte Wurzelausdrücke mit rationalen Radikanden.

Ist ζ eine von 1 verschiedene n-te Einheitswurzel, so besitzt, wie wir exemplarisch für den Fall $n = 5$ in Abschnitt 10.8 gesehen haben, die Körpererweiterung von $\mathbb{Q}$ nach $\mathbb{Q}(\zeta)$ den Grad $n-1$, wobei $\zeta, \zeta^2, ..., \zeta^{n-1}$

---

[112] Es bleibt anzumerken, dass diese Untergruppenbeziehung, wie sie sich durch eine Erweiterung des Körpers K zu einem Körper K' ergibt, diejenige ist, die Galois ursprünglich in seinen Untersuchungen zugrunde gelegt hat.

eine Vektorraum-Basis ist. Jeder der $n-1$ zur Galois-Gruppe gehörenden Automorphismen σ wird eindeutig bestimmt durch den Wert $\sigma(\zeta)$, bei dem es sich jeweils um eine Potenz von ζ handelt. Die Galois-Gruppe $\mathrm{Aut}(\mathbb{Q}(\zeta) \mid \mathbb{Q})$ besteht daher genau aus den für $k = 1, 2, \ldots, n-1$ durch $\sigma_k(\zeta) = \zeta^k$ determinierten Automorphismen.

Um Wurzelausdrücke für die Lösungen der Kreisteilungsgleichung zu finden, suchen wir solche Zwischenkörper zur Körpererweiterung von $\mathbb{Q}$ nach $\mathbb{Q}(\zeta)$, die den Schritten einer Wurzelauflösung entsprechen. Gemäß dem Hauptsatz der Galois-Theorie gibt es dazu korrespondierende Untergruppen der Galois-Gruppe $\mathrm{Aut}(\mathbb{Q}(\zeta) \mid \mathbb{Q})$. Diese zu bestimmen ist allerdings gar nicht so einfach, es sei denn, man stellt die Potenzen ζ^k wieder wie in Kapitel 7 in der Form ζ^{g^j} dar, wobei g eine Primitivwurzel modulo n ist.[113] Die Galois-Gruppe lässt sich dann nämlich in der Form

$$\{\mathrm{id}, \sigma_g, \sigma_g^2, \ldots, \sigma_g^{n-2}\}$$

aufzählen, so dass man zu jedem Teiler f von $n-1$ unter Verwendung von $e = (n-1)/f$ sofort eine (und zwar zugleich die einzige) Untergruppe mit f Elementen

$$U_e = \{\mathrm{id}, \sigma_g^e, \sigma_g^{2e}, \ldots, \sigma_g^{e(f-1)}\}$$

angeben kann. Den dazugehörigen Unterkörper erhält man, wenn man von einem beliebigen Wert z aus dem Körper $\mathbb{Q}(\zeta)$ ausgeht, diesen koordinatenweise in der Form

$$z = m_1\zeta + m_2\zeta^2 + \ldots + m_{n-1}\zeta^{n-1}$$

mit rationalen Koordinaten $m_1, \ldots, m_{n-1}$ darstellt und dann prüft, unter welchen Umständen dieser Wert z unter dem Automorphismus σ_g^e unverändert bleibt. Dies ist genau der Fall für

$$m_{g^0} = m_{g^e} = m_{g^{2e}} = \ldots, \quad m_{g^1} = m_{g^{e+1}} = m_{g^{2e+1}} = \ldots, \quad \ldots,$$

---

[113] Aus rein gruppentheoretischer Sicht liefert eine Primitivwurzel modulo n einen Isomorphismus zwischen der zyklischen Gruppe $\mathbb{Z}/(n-1)\mathbb{Z}$ sowie der multiplikativen Gruppe $\mathbb{Z}/n\mathbb{Z}-\{0\}$. Dieser Isomorphismus erleichtert es erheblich, die Untergruppen der multiplikativen Gruppe $\mathbb{Z}/n\mathbb{Z}-\{0\}$ zu finden.

so dass der Wert z dann durch die uns aus Kapitel 7 bekannten f-gliedrigen Perioden ausgedrückt werden kann:

$$z = m_{g^0} \eta_0 + m_{g^1} \eta_1 + \ldots + m_{g^{e-1}} \eta_{e-1}$$

Die f-gliedrigen Perioden

$$\eta_0 = P_f(\zeta), \quad \eta_1 = P_f(\zeta^g), \quad \ldots, \quad \eta_{e-1} = P_f(\zeta^{g^{e-1}})$$

besitzen nun die Eigenschaft, dass sie einerseits durch alle Automorphismen der Untergruppe U_e nicht verändert werden, andererseits aber durch jeden nicht zu U_e gehörenden Automorphismus einer Veränderung unterworfen sind. Folglich müssen die Körper $\mathbb{Q}(\eta_0)$, $\mathbb{Q}(\eta_1)$, ..., $\mathbb{Q}(\eta_{e-1})$ nach dem Hauptsatz der Galois-Theorie übereinstimmen. Für eine Auflösung der Kreisteilungsgleichung mit Radikalen reicht es daher völlig aus, für jede mögliche Periodenlänge f eine Wurzeldarstellung für eine einzige f-gliedrige Periode, also etwa η_0, zu finden, da die anderen f-gliedrigen Perioden aus η_0 mittels der vier Grundoperationen berechnet werden können.

Die Schritte, die eine Auflösung der Kreisteilungsgleichung n-ten Grades mit Radikalen ermöglichen, lassen sich nun ausgehend von einer Zerlegung der Zahl $n-1$ in nicht notwendigerweise verschiedene Primfaktoren $n-1 = p_1 p_2 \ldots p_s$ planen. Dabei kann induktiv davon ausgegangen werden, dass bereits zuvor alle Kreisteilungsgleichungen dieser Grade p_j mit Radikalen aufgelöst wurden. Den Körper, der durch Adjunktion dieser Einheitswurzeln aus dem Körper $\mathbb{Q}$ der rationalen Zahlen entsteht, bezeichnen wir mit K'. Ausgehend von der aufsteigenden Kette von Körpern

$$\mathbb{Q} \subset \mathbb{Q}\big(P_{(n-1)/p_1}(\zeta)\big) \subset \mathbb{Q}\big(P_{(n-1)/(p_1 p_2)}(\zeta)\big) \subset \cdots \subset \mathbb{Q}\big(P_{p_s}(\zeta)\big) \subset \mathbb{Q}(\zeta),$$

bei der die Galois-Gruppe eines einzelnen Erweiterungsschrittes jeweils zyklisch vom Grad p_j ist, betrachtet man zusätzlich die Kette von Erweiterungskörpern

$$K' \subset K'\big(P_{(n-1)/p_1}(\zeta)\big) \subset K'\big(P_{(n-1)/(p_1 p_2)}(\zeta)\big) \subset \cdots \subset K'\big(P_{p_s}(\zeta)\big) \subset K'(\zeta).$$

Gemäß Abschnitt 10.16 besitzt jeder einzelne Erweiterungsschritt eine Galois-Gruppe, bei der es sich um eine Untergruppe der entsprechenden Gruppe für die ursprüngliche Körper-Kette handelt. Gruppen, deren Elemente-Anzahl eine Primzahl ist, haben aber nur sich selbst und die einelementige Gruppe als Untergruppe. Daher stimmt für jeden *echten* Erweiterungsschritt der zweiten Kette die Galois-Gruppe mit der zyklischen Galois-Gruppe des entsprechenden Schrittes in der ersten Kette überein. Mittels einer Lagrange-Resolvente kann der Erweiterungsschritt daher durch Adjunktion einer einzelnen Wurzel erzeugt werden.

Insgesamt ist damit gezeigt, dass Kreisteilungsgleichungen mit Radikalen aufgelöst werden können. Es bleibt anzumerken, dass gegenüber den Überlegungen aus Kapitel 7 komplizierte Berechnungen gänzlich vermieden werden konnten. „Erkauft" wurde dies allerdings mit einem deutlich höheren Maß an Abstraktion.

10.18. Wir kommen nun endlich zu dem Kriterium (und seinem Beweis), dass die Untersuchung einer Gleichung dahingehend erlaubt, ob sie mit Radikalen aufgelöst werden kann. Grundlage des zu formulierenden Satzes ist der Begriff der Auflösbarkeit einer Gruppe, der folgendermaßen definiert wird:

DEFINITION. Eine endliche Gruppe G wird genau dann **auflösbar** genannt, wenn es eine Kette aufsteigender Gruppen

$$\{\text{id}\} = G_0 \subset G_1 \subset G_2 \subset \cdots \subset G_{k-1} \subset G_k = G$$

gibt, für welche jede Untergruppe G_j ein Normalteiler der nächstgrößeren Untergruppe G_{j+1} ist, wobei die zugehörige Faktorgruppe zyklisch von Primzahlordnung ist.[114]

Die solchermaßen vereinbarte Begriffsbildung macht natürlich nur deshalb einen Sinn, weil die Auflösbarkeit einer Gleichung einerseits und die Auflösbarkeit einer Gruppe andererseits im engsten Zusammenhang zueinander stehen. Es gilt der folgende Satz, dessen Aussage wir auf Basis von Gruppentafeln bereits im letzten Kapitel erörtert haben (siehe 9.7):

SATZ. Eine Gleichung ist genau dann mit Radikalen auflösbar, das

---

[114] Nur scheinbar schwächer, in Wirklichkeit aber äquivalent, kann die Definition auch dahingehend modifiziert werden, dass für die Faktorgruppen nur die Kommutativität gefordert wird.

heißt ihre *sämtlichen* Lösungen sind gleich geschachtelten Wurzelausdrücken, deren Radikanden auf Basis der Koeffizienten und der vier Grundrechenarten darstellbar sind, wenn ihre Galois-Gruppe auflösbar ist.

Zum Beweis des Satzes gehen wir zunächst von einer auflösbaren Gleichung aus. Der Körper, der die Koeffizienten der gegebenen Gleichung enthält, kann dann durch schrittweise Adjunktion von Wurzeln vom Primzahlgrad zu einem Körper erweitert werden, der die Lösungen $x_1, ..., x_n$ enthält.[115] Davon sehen wir uns nun einen einzelnen Schritt an, bei welchem der durch die vorangegangenen Radikalerweiterungen entstandene Körper K durch Adjunktion einer p-ten Wurzel eines Wertes aus K zu einem Körper L erweitert wird, wobei p eine Primzahl ist. Dabei setzen wir eine solche Reihenfolge der Adjunktionsschritte voraus, bei der die für die Auflösung der p-ten Kreisteilungsgleichung notwendigen Radikalerweiterungen bereits zuvor durchgeführt wurden, so dass K die p-ten Einheitswurzeln enthält. Nun erkennt man, dass die vier Körper K, L, $K(x_1, ..., x_n)$ und $L(x_1, ..., x_n)$ in Beziehungen zueinander stehen, wie sie in Bild 34 dargestellt sind. Insbesondere ist der Grad der Erweiterung des Körpers $K(x_1, ..., x_n)$ zu $L(x_1, ..., x_n)$ gleich 1 oder p, abhängig davon, ob die adjungierte p-te Wurzel im Körper $K(x_1, ..., x_n)$ liegt oder nicht.

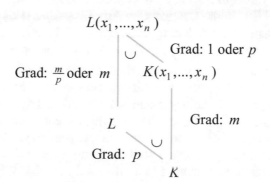

Bild 34   Erweiterung des Körpers K zu einem Körper L mittels der Adjunktion einer p-ten Wurzel.

---

[115] Es ist dabei keineswegs ausgeschlossen, dass die Körpererweiterungen aus dem Körper $K(x_1, ..., x_n)$ herausführen.

Im Weiteren gestalten sich diese beiden Fälle wie folgt:

- Im Fall $K(x_1, ..., x_n) = L(x_1, ..., x_n)$ ist der Körper L ein Unterkörper des Körpers $K(x_1, ..., x_n)$. Die Galois-Gruppe $\text{Aut}(K(x_1, ..., x_n) \mid L)$ ist dann nach dem dritten Punkt des Hauptsatzes der Galois-Theorie ein Normalteiler der ursprünglichen Galois-Gruppe $\text{Aut}(K(x_1, ..., x_n) \mid K)$, wobei die zugehörige Faktorgruppe zyklisch mit der Primzahl p als Ordnung ist.

- Im zweiten Fall, bei dem die Körpererweiterung von $K(x_1, ..., x_n)$ zum Körper $L(x_1, ..., x_n)$ den Grad p besitzt, ist die Galois-Gruppe $\text{Aut}(L(x_1, ..., x_n) \mid L)$ „gleich" der Galois-Gruppe $\text{Aut}(K(x_1, ..., x_n) \mid K)$, das heißt alle Automorphismen der zweitgenannten Gruppe ergeben sich aus solchen der zuerst genannten, wenn deren Definitionsbereich eingeschränkt wird.

Schritt für Schritt, das heißt mit noch weiteren Adjunktionen von Wurzeln zum Körper L, erhält man anschließend die gesuchte Kette von Untergruppen der Galois-Gruppe:

$$... \subset \text{Aut}(L(x_1, ..., x_n) \mid L) \subset \text{Aut}(K(x_1, ..., x_n) \mid K) \subset ...$$

Es bleibt noch die Umkehrung zu beweisen. Das heißt, wir gehen nun davon aus, dass die Galois-Gruppe $G = \text{Aut}(K(x_1, ..., x_n) \mid K)$ auflösbar ist, also eine entsprechende Kette aufsteigender Untergruppen vorliegt: $\{\text{id}\} = G_0 \subset G_1 \subset G_2 \subset \cdots \subset G_{k-1} \subset G_k = G$. Zur Vorbereitung der eigentlichen Überlegungen erzeugen wir zunächst wieder aus dem Körper K durch Adjunktion geeigneter Einheitswurzeln einen Körper K'. Konkret adjungieren wir die Einheitswurzeln all der Primzahlgrade, die kleiner oder gleich dem größten Teiler der Anzahl $|G|$ der Automorphismen in der Galois-Gruppe G sind. Die so entstehende Galois-Gruppe $H = \text{Aut}(K'(x_1, ..., x_n) \mid K')$ ist nun als Untergruppe der auflösbaren Galois-Gruppe G ebenfalls auflösbar. Diese allgemein gültige Gesetzmäßigkeit erkennt man, wenn man die oben angeführte Kette aufsteigender Untergruppen modifiziert:

$$\{\text{id}\} \subset G_1 \cap H \subset G_2 \cap H \subset \cdots \subset G_{k-1} \cap H \subset G_k \cap H = H$$

Jede dieser Gruppen ist ein Normalteiler der nächstgrößeren Gruppe. Außerdem kann jede der zugehörigen Faktorgruppen $(G_{j+1} \cap H) / (G_j \cap H)$

als eine Untergruppe der Faktorgruppe G_{j+1}/G_j, aufgefasst werden, die genau jene Nebenklassen umfasst, die mindestens ein Element der Untergruppe H enthalten. Damit ist entweder $G_{j+1} \cap H = G_j \cap H$ oder aber die Faktorgruppe $(G_{j+1} \cap H) / (G_j \cap H)$ ist zyklisch von Primzahlordnung. Dies zeigt, dass auch die Untergruppe H auflösbar ist. Dabei können wir für die weitere Argumentation ohne Beschränkung der Allgemeinheit annehmen, dass die Kette so weit verkürzt wird, dass alle darin vorkommenden Untergruppen $\{id\} = H_0 \subset H_1 \subset ... \subset H_{k-1} \subset H_k = H$ voneinander verschieden sind.

Die vorletzte Gruppe H_{k-1} ist ein Normalteiler der Gruppe H. Außerdem ist die dazugehörige Faktorgruppe zyklisch, wobei die Ordnung eine Primzahl p ist. Nach Abschnitt 10.15 gibt es daher eine p-te Wurzel eines Wertes a aus dem Körper K', deren Adjunktion wie in Bild 35 dargestellt einen ersten Zwischenkörper ergibt. Anschließend kann in entsprechender Weise die restliche, als die darüber hinausgehende Körpererweiterung bis hin zum Körper $K'(x_1, ..., x_n)$, deren Galois-Gruppe gleich H_{k-1} ist, schrittweise synchron zu den Untergruppen $H_{k-2}, ..., H_1$ konstruiert werden. Dies zeigt insgesamt, dass die Lösungen $x_1, ..., x_n$ durch geschachtelte Wurzelausdrücke mit Radikanden im Körper K darstellbar sind.

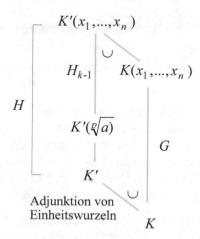

Bild 35   Wie man zu auflösbaren Gruppen eine Auflösung der zugrunde liegenden Gleichung findet.

10.19. Mit dem Abschluss des gerade geführten Beweises ist das inhaltliche Ziel dieses Buches erreicht: Wie schon in der Einführung angekündigt, kann allein auf Basis der Galois-Gruppe entschieden werden, ob eine gegebene Gleichung mit Radikalen aufgelöst werden kann. Eigenschaften einer Gleichung beziehungsweise des Körpers, der durch ihre Lösungen erzeugt wird, können also mittels einer Untersuchung von deutlich einfacheren Objekten, eben Gruppen, gefunden werden. Natürlich ist es im konkreten Einzelfall wenig empfehlenswert, die Auflösbarkeit einer Galois-Gruppe durch den Versuch einer schrittweisen Zerlegung der Gruppentafel zu testen, wie dies bei den Beispielen des letzten Kapitels praktiziert wurde. Deutlich vereinfacht wird eine solche Prüfung, wenn man auf Erkenntnissen aufbauen kann, wie sie im Rahmen einer eigenständigen Untersuchung von Gruppen anfallen. Auf eine Darlegung solcher Ergebnisse wurde hier allerdings bewusst verzichtet, um den Umfang der vorliegenden Einführung nicht zu stark auszuweiten. Hier angemerkt werden soll lediglich, dass die symmetrische Gruppe S_n, das heißt die Gruppe aller Permutationen, für $n \geq 5$ nicht auflösbar ist; ein diesbezüglicher Beweis wird im Epilog gegeben. Gleichungen fünften Grades mit der Galois-Gruppe S_5 sind damit nicht mit Radikalen auflösbar; ein Beispiel für diesen Fall einer Gleichung fünften Grades, bei dem es sich im Übrigen sogar um den quantitativ dominierenden Regelfall handelt, wurde bereits in Abschnitt 9.17 angeführt.

Die Unmöglichkeit der klassischen Konstruktionsprobleme

Von den klassischen Konstruktionsaufgaben der Quadratur des Kreises, des Delischen Problems der Kubusverdopplung und der Winkeldreiteilung konnte die Quadratur des Kreises bereits in Kapitel 7 als unlösbar erkannt werden (siehe Kasten auf Seite 103). Begründet wurde die Unmöglichkeit der Quadratur des Kreises nicht mittels Galois-Theorie, sondern unter Verweis auf die Transzendenz der Zahl π.

Auch die Unmöglichkeitsbeweise für die anderen Konstruktionen beruhen nicht auf den eigentlich tief liegenden Ergebnissen der Galois-Theorie. Im Wesentlichen reicht, wie wir gleich sehen werden, die Gradformel für geschachtelte Körpererweiterungen (siehe Fußnote 106).

Dazu formulieren wir die in Kapitel 7 gewonnenen Erkenntnisse zunächst auf Basis des Körper-Begriffs: Kann eine Konstruktionsaufgabe darauf zurückgeführt werden, dass ein der komplexen Zahl z entsprechender Punkt der komplexen Zahlenebene allein mit Zirkel und Lineal konstruiert wird, so ist dies algebraisch dazu äquivalent, dass die Zahl z in einem Körper liegt, der sich aus dem Körper $\mathbb{Q}$ der rationalen Zahlen durch schrittweise Körpererweiterungen vom Grad 2 ergibt. Nach der Gradformel für geschachtelte Körpererweiterungen muss daher die Zahl z notwendigerweise in einem Körper liegen, dessen Grad über dem Körper $\mathbb{Q}$ der rationalen Zahlen eine Zweierpotenz ist.

Da der Körper $\mathbb{Q}(\sqrt[3]{2})$ den Grad drei über den rationalen Zahlen besitzt, kann er gemäß der Gradformel nicht in einem solchen Körper mit einer Zweierpotenz als Grad über dem Körper $\mathbb{Q}$ liegen. Eine Strecke der Länge $\sqrt[3]{2}$ ist daher nicht mir Zirkel und Lineal konstruierbar. Das Delische Problem ist also unlösbar.[116]

Auch bei der Winkeldreiteilung liegt der Schlüssel in der Konstruktion eines kubischen Erweiterungskörpers. Zu einer auf dem Einheitskreis liegenden Zahl a ist nämlich eine Zahl z mit $z^3 = a$ zu konstruieren. Ausgehend vom Körper $\mathbb{Q}(\zeta,a)$, wobei ζ eine von Eins verschiedene dritte Einheitswurzel ist, ergibt die Adjunktion der Zahl z entweder

- keine Erweiterung, wenn auch die Zahl z im Körper $\mathbb{Q}(\zeta,a)$ liegt, oder aber
- eine Erweiterung vom Grad 3.

Im zweiten Fall, der beispielsweise bei einem zu drittelnden Winkel von 120° eintritt, kann damit aufgrund der Gradformel keine Konstruktion mit Zirkel und Lineal möglich sein.

---

[116] Wie man die Unmöglichkeit einer Lösung des Delischen Problems sowie der anderen Konstruktionsaufgaben direkt und elementar beweisen kann, ohne dabei die Gradformel oder ein anderes Ergebnis der Galois-Theorie zu verwenden, beschreibt Detlef Laugwitz, *Eine elementare Methode für die Unmöglichkeit bei Konstruktionen mit Zirkel und Lineal*, Elemente der Mathematik, **17** (1962), S. 54–58. Dazu werden die Lösungen kubischer Gleichungen dahingehend untersucht, mit wie wenig Quadratwurzeln sie dargestellt werden können.

Anzumerken bleibt noch, dass auch die Nicht-Konstruierbarkeit von regelmäßigen Vielecken rein auf Basis der Gradformel für geschachtelte Körpererweiterungen nachgewiesen werden kann.

Weiterführende Literatur zum Thema Galois-Theorie und algebraische Strukturen:

Emil Artin, *Galoissche Theorie*, Zürich 1973.

Siegfried Bosch, *Algebra*, Berlin 2001.

David A. Cox, *Galois theory*, Hoboken 2004.

Jean Pierre Escofier, *Galois theory*, New York 2001.

Gerd Fischer, *Lehrbuch der Algebra*, Wiesbaden 2008.

Serge Lang, *Algebra*, Reading 1997.

Stephen C. Newman, *A classical introduction to Galois theory*, Hoboken 2012.

Hans-Jörg Reiffen, Günter Scheja, Udo Vetter, *Algebra*, Mannheim 1969.

Bartel Leendert van der Waerden, *Algebra I*, Berlin 1971.

Ian Stewart, *Galois theory*, Boca Raton 2004.

Jean-Pierre Tignol, *Galois' theory of algebraic equations*, Singapur 2001.

Gisbert Wüstholz, *Algebra*, Wiesbaden 2004.

Aufgaben

1. Beweisen Sie die in Fußnote 106 formulierte Gradformel für geschachtelte Körpererweiterungen $K \subset L \subset E$: Der Grad der Gesamterweiterung von E über K gleich dem Produkt der Grade von E über L einerseits und L über K andererseits.

2. Zeigen Sie, dass die Zahl der Elemente eines endlichen Körpers stets eine Primzahlpotenz ist.

3. Operiert für eine Primzahl n eine Permutationsgruppe $G \subset S_n$ transitiv auf der Menge $\{1, 2, ..., n\}$, dann operiert auch ein Normalteiler $H \subset G$ mit $H \neq \{id\}$ transitiv auf $\{1, 2, ..., n\}$.

Hinweis: Man zerlege die Menge $\{1, 2, ..., n\}$ in so genannte Transitivitätsgebiete, bei denen es sich jeweils um eine Zusammenfassung solcher Elemente handelt, die paarweise durch geeingete Permutationen aus H ineinander transformiert werden können. Warum müssen diese Transitivitätsgebiete gleich groß sein?

Folgern Sie außerdem: Ist die Galois-Gruppe einer irreduziblen Gleichung mit Primzahlgrad n auflösbar, so ist die vorletzte Gruppe innerhalb der zugehörigen Normalteiler-Kette zyklisch von der Ordnung n.

4. Zeigen Sie, dass die für eine Primzahl n die Menge der linearen Transformation, das sind die zu gegebenen Restklassen a, $b \in \mathbb{Z}/n\mathbb{Z}$ mit $a \neq 0$ definierten Funktionen $f_{a,b}$: $\mathbb{Z}/n\mathbb{Z} \to \mathbb{Z}/n\mathbb{Z}$, $f_{a,b}(x) = ax + b$, eine Gruppe bilden.

Beweisen Sie außerdem:

- Keine lineare Transformation hat zwei oder mehr Fixpunkte, das heißt es gibt zu jeder linearen Transformation $f_{a,b}$ höchstens eine Restklasse x mit $f_{a,b}(x) = x$.
- Jedes Element der Ordnung n besitzt die Form $f_{1,b}$ mit $b \neq 0$.
- Jede **lineare Gruppe**, bei der es sich per Definition um eine Gruppe linearer Transformationen inklusive der Transformation $f_{1,1}$ handelt, ist auflösbar.

Hinweis zur letzten Teilaufgabe: Die von der linearen Transformation $f_{1,1}$ erzeugte Untergruppe ist Bestandteil der Normalteiler-Kette, die der Auflösbarkeit der Gruppe zugrunde liegt.

5. Enthält für eine Primzahl n eine Permutationsgruppe $G \subset S_n$ eine lineare Gruppe H als Normalteiler, dann ist auch die Gruppe G linear.

Hinweis: Zeigen Sie zunächst, dass für jede Permutation $\sigma \in G$ ein Exponent $m(\sigma)$ exisieren muss mit

$$\sigma^{-1} \circ f_{1,1} \circ \sigma = f_{1,1}^{m(\sigma)}$$

Folgern Sie außerdem:

- Die Galois-Gruppe einer irreduziblen Gleichung mit Primzahlgrad ist linear.

- Der Zerfällungskörper einer irreduziblen Gleichung mit Primzahlgrad ergibt sich bereits durch die Adjunktion von zwei beliebigen Lösungen (siehe Kapitel 9, Seite 149).

6. Bei den Beispielen für Galois-Gruppen von Gleichungen fünften Grades in Abschnitt 9.17 wurde dargelegt, dass die Gleichung $x^5 - 2 = 0$ über dem Körper der rationalen Zahlen zu einer Galois-Gruppe mit 20 Elementen führt, während sich für die Gleichung $x^5 - 5x + 12 = 0$ trotz der erheblich komplizierteren Wurzelstruktur bei den Lösungen nur eine Galois-Gruppe mit zehn Elementen ergibt.

Wie ist dieses Phänomen angesichts der in diesem Kapitel angestellten Überlegungen zu Radikalerweiterungen des zugrunde gelegten Körpers und den ihnen entsprechenden Untergruppen der Galois-Gruppe zu erklären?

11 Artins Version des Hauptsatzes der Galois-Theorie

Eine sehr kompakte Darstellung der Galois-Theorie stammt von Emil Artin. Blickt man in sein Buch, scheint es nur wenige Überschneidungen mit der im letzten Kapitel erfolgten Darlegung zu geben. Woran liegt das?

11.1. In seinem 1942 erstmals erschienenen Buch *Galois Theory*, später als deutsche Übersetzung unter dem Titel *Galoissche Theorie* herausgegeben, präsentierte Emil Artin[117] einen Beweis des Hauptsatzes der Galois-Theorie, der in erheblichem Maße von den davor bekannten Beweisen abwich.[118] Anders als die älteren Beweise kommt Artins Beweis nämlich völlig ohne die Konstruktion einer Galois-Resolvente beziehungsweise ohne Verwendung des entsprechenden Satzes vom primitiven Element aus. Stattdessen erdachte Artin einen Aufbau der Galois-Theorie, der es erlaubt, den im Wesentlichen nur im Hinblick auf die Voraussetzungen umformulierten Hauptsatz vollständig mit Sätzen der Linearen Algebra zu beweisen. Konkret werden die Lösungsmengen linearer Gleichungssysteme untersucht. Hingegen ist eine Argumentation anhand von Polynomen und deren Lösungen für den Beweis des Hauptsatzes in dieser Variante nicht erforderlich – sehr wohl allerdings für dessen anschließende Interpretation.

Aufgrund der zum Beweis verwendeten Techniken kann das vorliegende Kapitel weitgehend unabhängig von den bisherigen Kapiteln gelesen werden, sofern gute Grundkenntnisse der Linearen Algebra vorhanden sind.

11.2. Die von Artin als Ausgangspunkt untersuchte Situation geht nicht von einem Körper aus, zu dem Erweiterungen konstruiert werden. Statt-

---

[117] Emil Artin, der seit 1926 einen Lehrstuhl an der Universität Hamburg bekleidete, wurde 1937 aus dem Staatsdienst entlassen, weil seine Frau jüdischer Abstammung war. Noch im gleichen Jahr verließ Artin mit seiner Familie Deutschland und lehrte bis zu seiner Rückkehr nach Hamburg im Jahr 1958 an verschiedenen amerikanischen Universitäten.

[118] Siehe dazu Kiernan sowie van der Waerden (Fn 85).

© Springer Fachmedien Wiesbaden GmbH, ein Teil von Springer Nature 2019
J. Bewersdorff, *Algebra für Einsteiger*,
https://doi.org/10.1007/978-3-658-26152-8_11

dessen analysiert Artin quasi das umgekehrte Szenario, das heißt Automorphismen eines gegebenen Körpers[119] und deren gemeinsame Fixpunkte: Mit E bezeichnen wir den gegebenen Körper und mit G die zu untersuchende Menge von Automorphismen des Körpers E. Die Menge K aller Elemente des Körpers E, die unter allen in der Menge G liegenden Automorphismen unverändert bleiben, bilden offensichtlich einen Körper. Grund ist, dass Summe, Differenz, Produkt und Quotient solcher Elemente ebenfalls fix unter allen Automorphismen der Menge G sind.

Wie bereits im letzten Kapitel geschehen, kann man die Beziehung der beiden Körper K und E insbesondere dadurch charakterisieren, dass man den Körper E als Vektorraum über dem konstruierten Fixpunktkörper K auffasst. Dabei wird der Grad der Körpererweiterung $E \mid K$ durch die Dimension des Körpers E als Vektorraum über dem Körper K definiert.

In den Abschnitten 11.4 bis 11.6 werden wir zunächst ein Ergebnis beweisen, das analog zum Satz aus Abschnitt 10.9 den Kern des Hauptsatzes der Galois-Theorie bildet. Demnach ist der Grad der Körpererweiterung $E \mid K$ gleich der Elemente-Anzahl $|G|$, sofern geeignete Bedingungen gegeben sind. Wie wir sehen werden, reicht es aus, dass es sich bei G um eine *Gruppe* von Automorphismen handelt.

Auf Basis dieses Ergebnisses werden wir dann in Abschnitt 11.8 die für den Hauptsatz der Galois-Theorie typischen Aussagen über die Korrespondenz von Untergruppen der Gruppe G und Zwischenkörpern der Erweiterung $E \mid K$ folgern:

- Die Abbildung, die jeder Untergruppe U ihren Fixpunktkörper L zuordnet, liefert eine Bijektion, das heißt 1:1-Entsprechung, zwischen den Untergruppen von G und den Zwischenkörpern der Erweiterung $E \mid K$.
- Der Grad der Körpererweiterung von L nach E ist gleich der Elemente-Anzahl $|U|$ der Untergruppe U.
- Die Untergruppe U ist genau dann ein Normalteiler der Gruppe G, wenn sich der Körper K auch als Fixpunktkörper einer Gruppe von Automorphismen des Zwischenkörpers L darstellen lässt.

---

[119] Der Satz gilt für alle Körper im Sinne der axiomatischen Definition, auch für solche, die keine Unterkörper der komplexen Zahlen sind.

11.3. Bevor wir mit dem Nachweis dafür beginnen, dass der Grad der Körpererweiterung $E \mid K$ im Fall einer Gruppe von Automorphismen G gleich der Elemente-Anzahl $|G|$ ist, wollen wir noch kurz plausibel machen, warum das Studium linearer Gleichungssysteme dazu hilfreich ist. Diese Überlegungen, auf die in den folgenden Beweisschritten nicht zurückgegriffen werden wird, dienen ausschließlich der Motivation und können daher übersprungen werden.

Ist die Menge der Automorphismen durch $G = \{\sigma_1, \ldots, \sigma_n\}$ gegeben, so erhält man den Fixpunktkörper K als Durchschnitt der Lösungsmengen der folgenden Gleichungen, von denen sich jede als ein lineares, homogenes Gleichungssystem auffassen lässt, wenn für die Elemente $x \in E$ eine Koordinatendarstellung im Vektorraum über dem Körper K zugrunde gelegt wird, dessen Dimension wir mit r bezeichnen:

$$(\sigma_i - \mathrm{id})(x) = 0 \quad \text{für} \quad i = 1, \ldots, n$$

Schreibt man diese $n = |G|$ Gleichungssysteme untereinander, dann entsteht ein homogenes Gesamt-Gleichungssystem der Form $Sx = 0$ mit einer Matrix S mit r Spalten und nr Zeilen.

Wir wissen aus der Linearen Algebra, dass die Dimension des Lösungsraums von einem homogenen Gleichungssystem allgemein gleich der Zahl der Unbekannten vermindert um den Rang der Koeffizientenmatrix ist.

Im vorliegenden Fall kennen wir allerdings die Dimension des Lösungsraums, nämlich 1, da die Lösungen den Fixpunktkörper K charakterisieren. Außerdem ist die Zahl der Unbekannten gleich dem Grad der Körpererweiterung $E \mid K$, der der Anzahl r der Koordinaten eines Wertes $x \in E$ entspricht. Folglich ist der Grad der Körpererweiterung $E \mid K$ um 1 größer als der Rang des Gesamt-Gleichungssystems, den es zu bestimmen gilt: $r = 1 + \mathrm{rang}(S)$.

11.4. In einem ersten Schritt werden wir nachweisen, dass Automorphismen eines Körpers stets linear unabhängig sind, sofern sie paarweise voneinander verschieden sind. Allerdings werden wir eine geringfügig allgemeinere Aussage beweisen. Dazu definieren wir zunächst den Begriff des **Körper-Homomorphismus**:

DEFINITION. Eine Abbildung σ, die jedem Wert x eines Körpers E einen Wert $\sigma(y)$ in einem weiteren Körper F zuordnet, wird Körper-Homomorphismus genannt, wenn diese Abbildung nicht gleich der identischen Nullabbildung ist und außerdem die beiden folgenden Eigenschaften für beliebige Werte $x, y \in E$ erfüllt sind:

- $\sigma(x + y) = \sigma(x) + \sigma(y)$
- $\sigma(xy) = \sigma(x)\sigma(y)$

Körper-Homomorphismen sind immer injektiv. Wäre nämlich $\sigma(x) = \sigma(y)$ für zwei verschiedene Werte x, y des Körpers E, so würde für alle $z \in E$

$$\sigma(z) = \sigma((x - y)z/(x - y)) = (\sigma(x) - \sigma(y))\sigma(z/(x - y)) = 0 \text{ folgen.}$$

Aufgrund der Injektivität erhält man durch einen Körper-Homomorphismus σ stets einen Isomorphismus zwischen den beiden Körpern E und $\sigma(E)$. Man spricht auch von einer **Einbettung** in den Körper F. Im Spezialfall einer surjektiven Einbettung eines Körpers E in sich selbst liegt ein Körper-Automorphismus vor.

Auf Basis des gerade definierten Begriffs können wir nun die angekündigte Behauptung formulieren:

LEMMA. Gegeben sind ein Körper E sowie eine endliche Menge G von Körper-Homomorphismen in einen Körper F.[120] Dann sind diese Körper-Homomorphismen linear unabhängig voneinander.

Der Beweis wird indirekt geführt. Wir gehen dazu davon aus, dass für die Körper-Homomorphismen der Menge $G = \{\sigma_1, ..., \sigma_n\}$ eine lineare Abhängigkeit besteht. Das bedeutet, dass eine Gleichung

$$x_1\sigma_1 + ... + x_n\sigma_n = 0$$

mit Werten $x_1, ..., x_n \in F$ gilt, von denen mindestens ein Wert von 0 verschieden ist. Ohne Einschränkung können wir $x_1 \neq 0$ annehmen. Da die beiden Homomorphismen σ_1 und σ_n verschieden sind, gibt es außerdem einen Wert $u \in E$ mit $\sigma_1(u) \neq \sigma_n(u)$.

In der für alle Werte $t \in E$ geltenden Gleichung

---

[120] Für den Beweis des Lemmas gebraucht wird sogar nur die Tatsache, dass sich die Elemente der Menge G multiplikativ verhalten, das heißt, dass es sich um sogenannte **Gruppencharaktere** handelt, das sind Homomorphismen einer Gruppe in die multiplikative Gruppe eines Körpers.

$$x_1\sigma_1(t) + \dots + x_n\sigma_n(t) = 0$$

ersetzen wir nun t durch ut und subtrahieren davon die mit $\sigma_n(u)$ multiplizierte Originalgleichung:

$$0 = x_1\sigma_1(ut) + \dots + x_n\sigma_n(ut) - x_1\sigma_n(u)\sigma_1(t) - \dots - x_n\sigma_n(u)\sigma_n(t)$$
$$= x_1\big(\sigma_1(u) - \sigma_n(u)\big)\sigma_1(t) + \dots + x_{n-1}\big(\sigma_{n-1}(u) - \sigma_n(u)\big)\sigma_{n-1}(t)$$

Da der erste Faktor ungleich 0 ist, erhalten wir eine lineare Abhängigkeit der ersten $n-1$ Homomorphismen. Dieser Verkürzungsprozess kann bis zum Widerspruch fortgesetzt werden, der sich beim Erreichen von $n = 1$ ergibt.

11.5. Im zweiten Schritt zeigen wir, dass bei der in Abschnitt 11.2 beschriebenen Situation der Grad der Körpererweiterung $E \mid K$ mindestens so groß ist wie die Anzahl der zur Fixpunktkörperbildung verwendeten, paarweise verschiedenen Automorphismen. Wieder beweisen wir eine geringfügig allgemeinere Aussage:

LEMMA. Gegeben sind ein Körper F, ein Unterkörper E und eine endliche Menge G von Körper-Homomorphismen vom Körper E in den Körper F. Mit K wird der dazu gebildete Fixpunktkörper bezeichnet.[121] Dann ist der Grad der Körpererweiterung $E \mid K$ mindestens so groß wie die Anzahl $|G|$ der Homomorphismen.

Der Beweis wird indirekt geführt. Man wählt dazu Werte $y_1, \dots, y_r \in E$, die eine Basis des Körpers E bilden, wenn dieser als Vektorraum über dem Körper K aufgefasst wird. Die zum Widerspruch zu führende Annahme ist $r < n = |G|$.

Dazu wird zu den Körper-Homomorphismen der Menge $G = \{\sigma_1, \dots, \sigma_n\}$ ein homogenes Gleichungssystem betrachtet:

$$\sigma_1(y_1)x_1 + \quad \dots \quad + \sigma_n(y_1)x_n \quad - 0$$
$$\dots \qquad \dots \qquad \dots \qquad \dots$$
$$\sigma_1(y_r)x_1 + \qquad + \sigma_n(y_r)x_n \quad = 0$$

---

[121] Die gemachten Voraussetzungen reichen dafür aus, die Menge aller gemeinsamen Fixpunkte definieren zu können. Bei dieser Menge handelt es sich wieder um einen Körper, da die vier arithmetischen Operationen nicht aus ihr herausführen.

Da die Anzahl n der Unbekannten gemäß der gemachten Annahme größer ist als die Anzahl r der Gleichungen, gibt es eine nicht triviale Lösung $x_1, ..., x_n \in F$, das heißt, mindestens ein Wert x_i ist ungleich 0. Ohne Beschränkung der Allgemeinheit können wir $x_1 \neq 0$ annehmen.

Wir multiplizieren die einzelnen Gleichungen nun mit beliebig gewählten Werten $t_1, ..., t_r \in K$. Weil diese Werte unter allen Homomorphismen fix bleiben, erhält man

$$\sigma_1(t_1 y_1)x_1 + \quad ... \quad + \sigma_n(t_1 y_1)x_n \quad = 0$$
$$... \qquad ... \qquad ... \qquad ...$$
$$\sigma_1(t_r y_r)x_1 + \quad ... \quad + \sigma_n(t_r y_r)x_n \quad = 0$$

Da jeder beliebige Wert t des Körpers E als Linearkombination der Form

$$t = t_1 y_1 + ... + t_r y_r$$

mit geeignet gewählten Koordinatenwerten $t_1, ..., t_r \in K$ dargestellt werden kann, ergibt sich nach Summation der letzten Gleichungen die folgende Gleichung:

$$\sigma_1(t)x_1 + ... + \sigma_n(t)x_n = 0$$

Weil der Wert t des Körpers E beliebig gewählt werden konnte, folgt wegen $x_1 \neq 0$ eine lineare Abhängigkeit der Homomorphismen und damit aufgrund von Abschnitt 11.4 der gewünschte Widerspruch.

11.6. Im Fall, dass es sich sogar um eine *Gruppe* von *Auto*morphismen handelt, stimmen Grad der Körpererweiterung und Umfang der Gruppe überein:

SATZ. Gegeben seien ein Körper E und eine endliche Gruppe G von Automorphismen des Körpers E. Ist K der Fixpunktkörper dieser Automorphismen, so ist der Grad der Körpererweiterung $E \mid K$ gleich dem Umfang $|G|$ der Gruppe.

Aufgrund von Abschnitt 11.5 bleibt nur noch die Ungleichung zu beweisen, dass der Grad der Körpererweiterung höchstens so groß ist wie der Umfang der Gruppe $|G| = n$. Dazu gehen wird von beliebigen $n+1$ Elementen $y_1, ..., y_{n+1} \in E$ aus, von denen wir zeigen werden, dass sie linear abhängig sind, wenn E als Vektorraum über dem Körper K aufgefasst wird.

Zu diesem Zweck bilden wir zu den Automorphismen der Gruppe $G = \{\sigma_1, \ldots, \sigma_n\}$ das homogene Gleichungssystem

$$\sigma_1^{-1}(y_1)x_1 + \quad \ldots \quad + \sigma_1^{-1}(y_{n+1})x_{n+1} = 0$$
$$\ldots \qquad \ldots \qquad \ldots \qquad \ldots$$
$$\sigma_n^{-1}(y_1)x_1 + \quad \ldots \quad + \sigma_n^{-1}(y_{n+1})x_{n+1} = 0$$

Da dieses homogene Gleichungssystem mehr Unbekannte als Gleichungen besitzt, muss es eine nicht triviale Lösung $x_1, \ldots, x_{n+1} \in E$ besitzen, wobei wir wieder ohne Einschränkung der Allgemeinheit $x_1 \neq 0$ annehmen können. Darüber hinaus kann sogar erreicht werden, dass x_1 einen beliebig vorgegebenen Wert t aus dem Körper E annimmt: Dazu sind alle ursprünglich gefundenen Lösungswerte $x_1, \ldots, x_{n+1}$ mit t/x_1 zu multiplizieren. Man erhält so einen Lösungsvektor, dessen erste Koordinate gleich dem vorgegebenen Wert t ist.

Wir wenden nun für jeden Index $i = 1, \ldots, n$ auf die i-te Gleichung des Gleichungssystems den Automorphismus σ_i an. Auf diese Weise erhält man das folgende System von Gleichungen, für das wir ja bereits eine Lösung $x_1, \ldots, x_{n+1}$ gefunden haben:

$$y_1\sigma_1(x_1) + \quad \ldots \quad + y_{n+1}\sigma_1(x_{n+1}) = 0$$
$$\ldots \qquad \ldots \qquad \ldots \qquad \ldots$$
$$y_1\sigma_n(x_1) + \qquad + y_{n+1}\sigma_n(x_{n+1}) = 0$$

Addiert man nun die so erhaltenen Gleichungen, dann ergibt sich die Gleichung

$$tr(x_1)y_1 + \ldots + tr(x_{n+1})y_{n+1} = 0,$$

wobei tr für die sogenannte **Spur** steht, die für jeden Wert $u \in E$ durch

$$tr(u) = \sigma_1(u) + \ldots + \sigma_n(u)$$

definiert ist und im Prinzip dem elementarsymmetrischen Polynom mit dem Grad 1 entspricht. Diese Spur-Abbildung hat die Eigenschaft, dass ihre Bilder $tr(u)$ generell im Fixpunktkörper K liegen. Der Grund dafür ist, dass ein Spur-Wert $tr(u)$ unter jedem Automorphismus σ_i ($i = 1,\dots, n$) unverändert bleibt, weil die Summanden, die den Elementen der Gruppe entsprechen, durch den Automorphismus σ_i nur permutiert werden:

$$\sigma_i\big(tr(u)\big) = (\sigma_i \circ \sigma_1)(u) + \dots + (\sigma_i \circ \sigma_n)(u) = tr(u)$$

Außerdem kann die Spur nicht die identische Nullabbildung sein: Was für Unterkörper der komplexen Zahlen wegen $tr(1) = n \neq 0$ offensichtlich ist, folgt allgemein daraus, dass bei $tr \equiv 0$ die Automorphismen $\sigma_1, \dots, \sigma_n$ im Widerspruch zum Lemma aus Abschnitt 11.4 linear abhängig wären.

Ausgehend von einem Wert, dessen Spur ungleich 0 ist, skalieren wir nun die zuvor gefundene Lösung $x_1, \dots, x_{n+1}$ so, dass x_1 diesen Wert mit nicht verschwindender Spur annimmt: $tr(x_1) \neq 0$. Die für die Lösung des Gleichungssystems bereits nachgewiesene Gleichung

$$tr(x_1)y_1 + \dots + tr(x_{n+1})y_{n+1} = 0$$

beweist dann die zu zeigende lineare Abhängigkeit.

11.7. Eine Folgerung, die eine wichtige Rolle im Hauptsatz der Galois-Theorie spielt, ist die folgende:

> FOLGERUNG. Gegeben seien ein Körper E und eine endliche Gruppe G von Automorphismen des Körpers E. Mit K werde der zugehörige Fixpunktkörper bezeichnet. Dann liegt jeder Automorphismus des Körpers E, der jeden einzelnen Wert des Fixpunktkörpers K invariant lässt, bereits in der Gruppe G.

Der Beweis wird indirekt geführt. Man nimmt an, dass es außerhalb der Gruppe G mindestens noch einen weiteren Automorphismus des Körpers E gibt, der jeden Wert im Körper K fix lässt. Nimmt man diesen Automorphismus bei der Bildung des Fixpunktkörpers hinzu, erhält man wieder den Körper K. Damit muss der Grad der Körpererweiterung $E \mid K$ nach dem Lemma aus Abschnitt 11.5 mindestens gleich $|G| + 1$ sein – im Widerspruch zu dem in Abschnitt 11.6 bewiesenen Satz, gemäß dem der Grad gleich $|G|$ ist.

11.8. Für die schon in den letzten Abschnitten untersuchte Situation kommen wir nun zur 1:1-Korrespondenz zwischen den Untergruppen der

Gruppe G und den Zwischenkörpern der Körpererweiterung $E \mid K$. Wir formulieren dazu nochmals den **Hauptsatz der Galois-Theorie** – diesmal mit den Voraussetzungen in der Artin'schen Version.

SATZ. Gegeben seien ein Körper E und eine endliche Gruppe G von Automorphismen des Körpers E. Mit K werde der zugehörige Fixpunktkörper bezeichnet. Dann bestehen zwischen den Untergruppen der Gruppe G und den Zwischenkörpern der Körpererweiterung $E \mid K$ die folgenden Beziehungen:

1. Die Abbildung, die jeder Untergruppe U ihren Fixpunktkörper zuordnet, liefert eine Bijektion, das heißt 1:1-Entsprechung, zwischen den Untergruppen der Gruppe G und den Zwischenkörpern L zur Körpererweiterung $E \mid K$.

2. Der Grad der Körpererweiterung von L nach E ist gleich der Elemente-Anzahl $|U|$ der zugehörigen Untergruppe U.

3. Die Untergruppe U ist genau dann ein Normalteiler der Gruppe G, wenn sich der Körper K als Fixpunktkörper einer Gruppe von Automorphismen des zugehörigen Zwischenkörpers L ergibt.

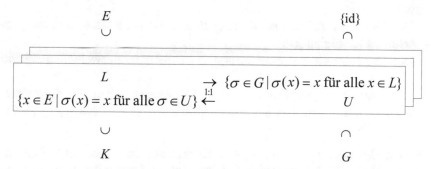

Bild 36   Hauptsatz der Galois-Theorie: Die Zwischenkörper L, also die Körper L mit $K \subset L \subset E$, stehen in einer 1:1-Entsprechung zu den Untergruppen U, welche die gegebene Gruppe G von Automorphismen besitzt.

Dass die Abbildung, die jeder Untergruppe ihren Fixpunktkörper zuordnet, injektiv ist, entspricht der in Abschnitt 11.7 formulierten Folgerung. Zum Beweis der Surjektivität der Abbildung und der Charakterisierung eines Urbildes gehen wir von einem Zwischenkörper L aus. Wie in Bild

36 dargestellt, werden wir zeigen, dass die Untergruppe U der auf diesem Zwischenkörper identisch operierenden Automorphismen das gesuchte Urbild ist. Wir bilden daher zu dieser Untergruppe U den Fixpunktkörper E^U. Zu zeigen bleibt, dass es sich dabei um den ursprünglichen Zwischenkörper L handelt.

Klar ist, dass der Fixpunktkörper E^U den ursprünglichen Zwischenkörper L enthält, da jedes seiner Elemente unter den Automorphismen aus der Untergruppe U fix bleibt.

Außerdem liegen zwei Automorphismen σ, $\tau \in G$ genau dann in der gleichen Nebenklasse von G/U, wenn $\sigma^{-1} \circ \tau \in U$ gilt, was gleichbedeutend damit ist, dass die auf den Zwischenkörper L eingeschränkte Abbildung $\sigma^{-1} \circ \tau_{|L}$ gleich der Identität ist. Dies ist wiederum äquivalent dazu, dass die Einschränkungen der beiden Automorphismen auf den Zwischenkörper L gleich sind. Damit gibt es $|G/U| = |G|/|U|$ Automorphismen in der Gruppe G, deren Einschränkungen auf den Zwischenkörper L paarweise verschieden sind. Folglich erhält man für die Kette der drei Körpererweiterungen $E \supset E^U \supset L \supset K$ die folgenden Aussagen über die Erweiterungsgrade:

- Der Grad der Körpererweiterung $E \mid E^U$ ist nach dem Satz aus Abschnitt 11.6 gleich $|U|$.
- Der Grad der Körpererweiterung $E^U \mid L$ ist trivialerweise *mindestens* gleich 1.
- Der Grad der Körpererweiterung $L \mid K$ ist nach dem gerade Festgestellten und dem Lemma aus Abschnitt 11.5 *mindestens* gleich $|G|/|U|$.[122]

Da sich die Grade bei Ketten von Körpererweiterungen multiplizieren (siehe Fußnote 106), ergibt sich für den Grad der gesamten Körpererweiterung $E \mid K$ auf diesem Weg ein Wert von mindestens $|G|$. Dabei ist die Gleichheit nur dann möglich, wenn sie auch in den letzten beiden Einzelschritten gegeben ist. Da aufgrund des Satzes aus Abschnitt 11.6 der

---

[122] Hier wird benötigt, dass das Lemma in Abschnitt 11.5 nicht nur für Gruppen von Automorphismen bewiesen wurde, sondern allgemeiner für Mengen von Körper-Homomorphismen $\sigma : L \rightarrow \sigma(L)$, wobei die Körper L und $\sigma(L)$ einen gemeinsamen Erweiterungskörper besitzen.

Rang der gesamten Körpererweiterung $E \mid K$ tatsächlich gleich $|G|$ ist, folgt wie gewünscht $E^U = L$, womit Punkt 1 der Behauptung bewiesen ist.

Punkt 2 der Behauptung folgt direkt aus dem Satz in Abschnitt 11.6.

Der letzte Teil der Behauptung folgt aus Überlegungen, wie sie analog in den Abschnitten 10.12 und 10.13 durchgeführt wurden (siehe dazu insbesondere Bild 32). Zu beachten ist insbesondere die folgende Tatsache: Ist L der zur Untergruppe U korrespondierende Zwischenkörper und ist $\sigma \in G$, dann korrespondiert der Zwischenkörper $\sigma(L)$ zur Untergruppe $\sigma U \sigma^{-1}$ (siehe Bild 30).

11.9. Es bleibt noch zu erläutern, dass Artins Version des Hauptsatzes der Galois-Theorie tatsächlich die Situationen behandelt, die auch Gegenstand der klassischen Form des Hauptsatzes sind.

Wir gehen also wieder aus von einem Körper E und einer endlichen Gruppe $G = \{\sigma_1, ..., \sigma_n\}$ von Automorphismen des Körpers E. Dabei sei $\sigma_1 = $ id. Mit K werde der zugehörige Fixpunktkörper bezeichnet.

Wir wollen uns nun ansehen, wie zu einem beliebigen Wert x des Erweiterungskörpers E ein Polynom mit Koeffizienten im Körper K konstruiert werden kann, das über diesem Körper K irreduzibel ist, x als Nullstelle besitzt und das darüber hinaus die Eigenschaft aufweist, dass sämtliche Nullstellen einfach sind und im Körper E liegen. In Folge kann man dann auf diese Weise, da die Gesamterweiterung $E \mid K$ aufgrund des Hauptsatzes der Galois-Theorie einen endlichen Grad besitzt, in einem mehrstufigen Prozess sogar ein Polynom mit Koeffizienten im Körper K ohne mehrfache Nullstellen konstruieren, das den Körper E als Zerfällungskörper besitzt.

Um zum beliebig vorgegebenen Wert $x \in E$ das gesuchte Polynom zu konstruieren, bildet man die Bilder $\sigma_1(x), ..., \sigma_n(x)$, wobei diese Werte nicht alle verschieden sein müssen. Wir bezeichnen mit $x_1 = x, ..., x_m$ die paarweise verschiedenen Werte unter diesen Bildern und definieren dann das Polynom

$$f(X) = (X - x_1) ... (X - x_m).$$

Offensichtlich ist $f(x) = 0$. Außerdem liegen die Koeffizienten des Polynoms im Fixpunktkörper K, da ein Automorphismus σ_i die Bilder

$\sigma_1(x)$, ..., $\sigma_n(x)$ permutiert und damit auch die Werte x_1, ..., x_m. Um zu zeigen, dass das Polynom $f(X)$ tatsächlich irreduzibel ist, gehen wir von einem Polynom $g(X)$ mit Koeffizienten im Körper K aus, das einen der Werte $x_1 = x$, ..., x_m als Nullstelle besitzt, wobei wir ohne Einschränkung $g(x) = 0$ annehmen können. Da jeder Wert x_j als Bild $\sigma_i(x)$ eines geeignet gewählten Automorphismus σ_i entsteht, folgt wegen $g(x_j) = g(\sigma_i(x))$ $= \sigma_i(g(x)) = 0$, dass das Polynom $g(X)$ vom Polynom $f(X)$ geteilt wird.

Die Eigenschaft, dass jeder Wert eines Erweiterungskörpers *einfache* Nullstelle eines irreduziblen Polynoms mit Koeffizienten im Grundkörper ist, nennt man **separabel**. Anzumerken bleibt, dass eine Erweiterung eines Körpers der Charakteristik 0 immer separabel ist. Der Grund dafür ist, dass ein Polynom mit mehrfacher Nullstelle bei Charakteristik 0 nie irreduzibel sein kann, weil die entsprechenden Linearfaktoren als gemeinsamer Teiler des Polynoms und seiner Ableitung innerhalb des Koeffizientenkörpers mit dem euklidischen Algorithmus berechnet werden können (siehe Fußnote 89).

11.10. Dass umgekehrt die in Kapitel 10 untersuchte Situation die Voraussetzungen des von Artin untersuchten Szenarios besitzt, folgt aus dem Satz in Abschnitt 10.7.

Die in Kapitel 10 nur für Unterkörper der komplexen Zahlen formulierten Ergebnisse lassen sich verallgemeinern für jede endliche, separable Erweiterung, bei der es sich um den Zerfällungskörper eines Polynoms handelt. Weil für solche Körpererweiterungen der Hauptsatz der Galois-Theorie gilt, nennt man sie **galoissch**.

11.11. Anknüpfend an die in Abschnitt 11.3 angestellten Überlegungen bleibt die Frage, wie wohl Emil Artin auf den völlig neuen und hochgradig innovativen Ansatz zum Beweis des Hauptsatzes der Galois-Theorie gekommen sein könnte. Artin selbst hat einmal bemerkt, dass er seit dem Beginn seiner mathematischen Ausbildung immer wieder unter dem Einfluss des Charmes der Galois-Theorie gestanden habe.[123] Besonders in den beiden letzten Jahren vor seiner Emigration, 1936 und 1937, scheint er wiederholt intensiv darüber nachgedacht zu haben.[124] Da sein Schüler

---

[123] Emil Artin, *Remarques concernant la théorie de Galois*, in: Serge Lang, John T. Tate, *Collected Papers of Emil Artin*, Reading 1965, S. 380–382.

[124] Hans Zassenhaus, *Emil Artin, his life and his work*, Notre Dame Journal of Formal

van der Waerden einmal bemerkt hat, dass Artin seinen zum gesuchten Beweis führenden Weg nie verraten habe,[125] kann selbst eine ungefähre Rekonstruktion nicht frei von Spekulationen bleiben.

In Abschnitt 11.3 wurde bereits ein direkter Ansatz zu dem in Abschnitt 11.2 beschriebenen Problem skizziert, den wir nun nochmals aufgreifen wollen. Wir gehen von einem Körper E und einer Menge $G = \{\sigma_1, ..., \sigma_n\}$ von Automorphismen dieses Körpers aus. Um eine spätere Fallunterscheidung zu vermeiden, können wir ohne Veränderung der Fixpunktmenge annehmen, dass die Identität zur Menge G gehört – lediglich die Anzahl n erhöht sich gegebenenfalls dadurch um 1. Darüber hinaus nehmen wir ohne Einschränkung der Allgemeinheit $\sigma_1 = \mathrm{id}$ an.

Ausgehend von den gemachten Annahmen bilden wir nun wieder den Körper K sämtlicher Elemente des Körpers E, die unter allen Automorphismen der Menge G fix bleiben. Fasst man schließlich den ursprünglichen Körper E als Vektorraum über diesem gefundenen Fixpunktkörper K auf, dann interessiert uns der Grad dieser Körpererweiterung, also die Dimension r des als K-Vektorraum aufgefassten Körpers E. Wie bereits in Abschnitt 11.3. dargelegt, ist die gesuchte Dimension r um 1 größer als der Rang der linearen Abbildung von K-Vektorräumen $\psi : E \to E^n$ mit

$$\Psi(t) = \begin{pmatrix} \sigma_1(t) - t \\ \sigma_2(t) - t \\ \vdots \\ \sigma_n(t) - t \end{pmatrix} = \begin{pmatrix} 0 \\ \sigma_2(t) - t \\ \vdots \\ \sigma_n(t) - t \end{pmatrix} = \begin{pmatrix} 0 & 0 & \cdots & 0 \\ -1 & 1 & & 0 \\ \vdots & 0 & \ddots & \vdots \\ -1 & 0 & \cdots & 1 \end{pmatrix} \begin{pmatrix} \sigma_1(t) \\ \sigma_2(t) \\ \vdots \\ \sigma_n(t) \end{pmatrix}$$

$$= \begin{pmatrix} 0 & 0 & \cdots & 0 \\ -1 & 1 & & 0 \\ \vdots & 0 & \ddots & \vdots \\ -1 & 0 & \cdots & 1 \end{pmatrix} \begin{pmatrix} \sigma_1(y_1) & \sigma_1(y_2) & \cdots & \sigma_1(y_r) \\ \sigma_2(y_1) & \sigma_2(y_2) & \cdots & \sigma_2(y_r) \\ \vdots & \vdots & \ddots & \vdots \\ \sigma_n(y_1) & \sigma_n(t_2) & \cdots & \sigma_n(y_r) \end{pmatrix} \begin{pmatrix} t_1 \\ t_2 \\ \vdots \\ t_r \end{pmatrix},$$

wobei für die letzte Identität irgendeine Basis $y_1, ..., y_r \in E$ des K-Vektorraums E und für ein beliebiges Urbildelement $t \in E$ eine Koordinatendarstellung

Logic, **5** (1964), S. 1–9, dort S. 2 f.
[125] Van der Waerden (Fn 85), S. 248.

$$t = t_1 y_1 + \cdots + t_r y_r$$

mit $t_1, \ldots, t_r \in K$ zugrunde gelegt ist. Das heißt, dass beim letzten Teil der Berechnungsformel für das Bild $\psi(t)$ nur im Urbildbereich die K-Vektorraumstruktur und die dazugehörige Koordinatendarstellung verwendet wird. Hingegen werden im Bildbereich die Operationen des Körpers E verwendet, mit denen die einzelnen Koordinaten eines Bildes im Vektorraum $E^n \cong K^{nr}$ berechnet werden.

Damit ist intuitiv klar, dass die Matrix

$$U = \begin{pmatrix} \sigma_1(y_1) & \cdots & \sigma_1(y_r) \\ \vdots & \ddots & \vdots \\ \sigma_n(y_1) & \cdots & \sigma_n(y_r) \end{pmatrix}$$

alle Informationen enthält, mit denen die gesuchte Dimension r bestimmt werden kann. Dazu ist insbesondere der Rang der Matrix U zu untersuchen, um derart Relationen zwischen der Zeilenanzahl n und der Spaltenanzahl r zu erhalten. Und tatsächlich ist diese Matrix U genau diejenige Matrix, die den beiden von Artin untersuchten homogenen Gleichungssystemen zugrunde liegt, davon einmal in der transponierten Form (siehe Abschnitte 11.5 und 11.6). Das heißt, Artins Argumentation gründet auf den beiden linearen Abbildungen $\Phi : K^r \to E^n$ und $\Gamma : E^n \to E^r$

$$\Phi : \begin{pmatrix} t_1 \\ \vdots \\ t_r \end{pmatrix} \in K^r \mapsto U \cdot \begin{pmatrix} t_1 \\ \vdots \\ t_r \end{pmatrix} = \begin{pmatrix} \sigma_1(t_1 y_1 + \ldots + t_r y_r) \\ \vdots \\ \sigma_n(t_1 y_1 + \ldots + t_r y_r) \end{pmatrix} \quad \text{und}$$

$$\Gamma : (x_1, \ldots, x_n) \in E^n \mapsto (x_1, \ldots, x_n) \cdot U$$
$$= \big((x_1 \sigma_1 + \ldots + x_n \sigma_n)(y_1), \ldots, (x_1 \sigma_1 + \ldots + x_n \sigma_n)(y_r) \big).$$

Für ein Element $(x_1, \ldots, x_n) \in E^n$, das im Kern der zweiten Abbildung Γ liegt, muss es sich bei der Linearkombination $x_1 \sigma_1 + \ldots + x_n \sigma_n$ um die Nullabbildung handeln, weil $y_1, \ldots, y_r$ eine K-Basis des als Vektorraum aufgefassten Körpers E ist. Wegen der in Abschnitt 11.4 nachgewiesenen linearen Unabhängigkeit der Automorphismen ist damit $(x_1, \ldots, x_n) = 0$. Andererseits müsste es im Fall $n > r$ nicht triviale Elemente im Kern geben, so dass $n \leq r$ folgt (analog zur Argumentation in Abschnitt 11.5).

Der Kern der ersten Abbildung $\Phi : K^r \to E^n$ besteht offensichtlich nur aus der 0, weil die Basiselemente $y_1, \ldots, y_r$ linear unabhängig und die Automorphismen $\sigma_1, \ldots, \sigma_n$ invertierbar sind. Im Fall $r > n$ gibt es allerdings für die Fortsetzung $\Phi : E^r \to E^n$, $\Phi(t) = U \cdot t$ nicht triviale Elemente im Kern, aus denen im Unterfall, dass es sich bei der Menge von Automorphismen G sogar um eine Gruppe handelt, mit der Spur nicht triviale Elemente des Kerns für die ursprüngliche Abbildung $\Phi : K^r \to E^n$ konstruiert werden können (wie in Abschnitt 11.6 dargelegt). Damit folgt im Fall einer Gruppe G von Automorphismen $r \leq n$ und daher insgesamt $r = n$, wobei die Matrix U invertierbar ist.

Die Kurzfassung von Artins Argumentation dürfte die ihr zugrunde liegende Idee etwas deutlicher gemacht haben. Natürlich sind die hier nicht nochmals dargestellten Details, das heißt die Verwendung der Spur und vor allem der Nachweis der linearen Unabhängigkeit der Automorphismen, das eigentliche „Salz in der Suppe". Die Schwierigkeit für Artin dürfte nicht darin bestanden zu haben, Sachverhalte seiner Zwischenstufen zu beweisen, sondern dies wie gewünscht nur mit Methoden der Linearen Algebra und damit ohne Verwendung des Satzes vom primitiven Element tun zu können. Dies schloss die Unwägbarkeit ein, ob sein gewählter Ansatz überhaupt dazu geeignet war, den gesuchten Weg eines alternativen Beweises vollenden zu können. Sein Schüler Hans Zassenhaus hat dazu später angemerkt:

> Ich kann mich an viele Diskussionen in den Jahren 1936 und 1937 vor seiner Emigration in die Vereinigten Staaten erinnern, wenn er [Artin] mit mir verschiedene Möglichkeiten diskutierte, das Hindernis zu überwinden und dabei alle Arten von Kompromissen zurückwies, die ich in Betracht gezogen hatte. Nachdem er das Feld seit mindestens einem Dutzend Jahren beackert hatte, machte Artin zwei Dinge. Zunächst formulierte er den Hauptsatz in der folgenden Form: … Zweitens bewies er das Theorem durch eine geniale Anwendung … [126]

Immerhin nachweisbar ist, dass Artin mit wesentlichen seiner innovativen Ideen bereits länger durch andere Untersuchungen vertraut war. So hielt er im Wintersemester 1927/28 in Hamburg eine Vorlesung über „Ausgewählte Kapitel der Höheren Algebra", zu der eine Niederschrift seines

---

[126] Zassenhaus (Fn 124), S. 2.

Physik-Kollegen Wolfgang Pauli erhalten geblieben ist,[127] der zu jener Zeit wie Artin eine Professur an der Universität Hamburg bekleidete und 1945 mit einem Nobelpreis für Physik geehrt wurde. Gegenstand der Vorlesung waren insbesondere sogenannte Darstellungen endlicher Gruppen und ihre Charaktere, die die in Fußnote 120 erwähnten Gruppencharaktere als Spezialfall beinhalten. Dazu formuliert Artin, wie auf Seite 14 der Mitschrift festgehalten ist, dass solche Charaktere unter bestimmten Voraussetzungen linear unabhängig voneinander sind.[128]

Weiterführende Literatur zur Galois-Theorie aus dem Blickwinkel der Linearen Algebra:

Rod Gow, Rachel Quinlan, *Galois theory and linear algebra*, Linear Algebra and its Applications, **430** (2009), S. 1778–1789.

Aufgaben

1. Zeigen Sie, dass in einem Körper K der Charakteristik $p \neq 0$ die beiden Rechenregeln $(a + b)^p = a^p + b^p$ und $(a - b)^p = a^p - b^p$ gelten.

Hinweis: Verwenden Sie den binomischen Lehrsatz, und stellen Sie anschließend Teilbarkeitsüberlegungen zu den Binomialkoeffizienten an.

2. Zu einem Körper K der Charakteristik $p \neq 0$ bilden wir zunächst den Körper $K(T)$ der rationalen Funktionen zur Variablen T. Mit diesem Körper als Koeffizientenkörper definieren wir das Polynom $X^p - T$. Zeigen Sie, dass dieses Polynom im Körper $K(T)$ irreduzibel ist und nur eine Nullstelle besitzt. Die entsprechende Körpererweiterung ist ein Beispiel für eine nicht separable Erweiterung.

Hinweis: Argumentieren Sie analog zum Beweis des Eisenstein'schen Irreduzibilitätskriteriums.

---

[127] Die Niederschrift ist Teil des Nachlasses von Wolfgang Pauli und wird im Genfer CERN aufbewahrt. Siehe dazu: Peter Ullrich, *Ein Quantenmechaniker in der höheren Algebra: Wolfgang Pauli, Emil Artin und die Darstellungstheorie halbeinfacher Systeme*, Beiträge zum Mathematikunterricht, 2018, S. 1827–1830.

[128] Faksimile und Transkription wurden auszugsweise freundlicherweise von Peter Ullrich zur Verfügung gestellt.

Epilog

Das Ende als Anfang. Sowohl historisch als auch in Bezug auf den thematischen Rahmen der hier gegebenen Einführung bildet das in Kapitel 10 bewiesene Endresultat zugleich einen Anfang: Obwohl das durch die Formeln von Cardano und Ferrari aufgeworfene Problem der Gleichungsauflösung mit Radikalen abschließend beantwortet werden konnte, so werfen doch die dabei bewährten Objekte wie Gruppen und Körper viele neue Fragen nach ihren allgemeinen Eigenschaften auf, und diese sind keineswegs nur „l'art pour l'art". Darüber hinaus ergibt sich ausgehend von der Erkenntnis, es mit sehr universell anwendbaren Objekten, Eigenschaften und Techniken zu tun zu haben, sogar die Möglichkeit, die Algebra, also die sich mit den Grundoperationen beschäftigende Teildisziplin der Mathematik, aber auch andere Teile der Mathematik in einer sehr prinzipiellen Weise völlig neu zu gliedern. Dabei werden die Gegenstände mathematischen Handelns in möglichst großer Allgemeinheit „klassifiziert", das heißt in geeignete Strukturbegriffe „einsortiert". Um diese Einordnung möglichst effizient zu gestalten, werden die betreffenden Begriffsbildungen immer wenn nötig sowohl verfeinert – Gruppen und Körper beispielsweise zu kommutativen Gruppen beziehungsweise endlichen Körpern – als auch verallgemeinert, beispielsweise zu einem Begriff eines Rings, dem alle Anforderungen des Körpers zugrunde liegen mit Ausnahme der Invertierbarkeit der Multiplikation.[129]

Wird die Mathematik derart auf axiomatisch definierten Strukturen aufgebaut, so hat diese Vorgehensweise mehrere Vorteile:

- Zum einen wird die Mathematik transparenter. Insbesondere können bei unterschiedlichen Objekten, die eine Vielzahl gemeinsamer Eigenschaften aufweisen, die dafür maßgebenden Ursachen in Form gemeinsamer Grundeigenschaften zweifelsfrei erkannt werden.

---

[129] Die bekanntesten Beispiele für Ringe, die keine Körper bilden, sind die ganzen Zahlen $\mathbb{Z}$, die Menge der Polynome in einer oder mehreren Variablen sowie die Menge der Restklassen $\mathbb{Z}/n\mathbb{Z}$ für nicht prime Zahlen n.

© Springer Fachmedien Wiesbaden GmbH, ein Teil von Springer Nature 2019
J. Bewersdorff, *Algebra für Einsteiger*,
https://doi.org/10.1007/978-3-658-26152-8

- Außerdem wird die Mathematik von ansonsten nie in Frage gestellten, vermeintlichen „Grundwahrheiten" befreit, sobald man darauf verzichtet, prinzipiell zulässige Interpretationen und Anwendungen der gemachten Annahmen gedanklich bereits a priori auszublenden. So konnte man beispielsweise historisch erst mit der Erweiterung des Horizonts auf weitere Geometrien, nämlich so genannte nicht-euklidische Geometrien, die Unbeweisbarkeit des Parallelenaxioms beweisen und damit ein seit der Antike offenes Problem lösen.

- Schließlich ist das Vorgehen, zumindest in Bezug auf die breit angelegte Untersuchung mathematischer Sachverhalte, ökonomischer. So müssen für verschiedene Situationen analog geltende Gesetzmäßigkeiten nicht mehr mehrfach bewiesen werden. Vielmehr können diese Gesetzmäßigkeiten, die eigentlich im Mittelpunkt des Interesses stehen, oft als Spezialfälle aus wesentlich allgemeiner gültigen Sätzen gefolgert werden.

Auch wenn sich die axiomatisch aufgebaute, letztlich nur indirekt mit der Wahrnehmung unserer Umwelt in Zusammenhang stehende Mathematik grundlegend von den beschreibenden Naturwissenschaften unterscheidet, so sei trotzdem daran erinnert, dass auch dort Klassifikationen einen wesentlichen Teil der wissenschaftlichen Erkenntnis darstellen – angefangen von botanischen Systematiken über das Periodensystem der chemischen Elemente bis hin zu Symmetrie-bedingten Klassen von Elementarteilchen.

Wenn dieses Buch erst im vorletzten Kapitel – und halbherzig, aber pragmatisch bereits im Kapitel zuvor – die soeben gerühmte strukturelle Sicht verwendet, so sollten damit, wie schon in der Einführung ausgeführt, die Schwierigkeiten verringert werden, denen ein interessierter Nicht-Mathematiker zwangsläufig ausgesetzt wird. Der Vielfalt von Begriffen, deren Sinn beim ersten Kontakt nur selten ersichtlich ist, steht der Nicht-Mathematiker nämlich fast chancenlos gegenüber. Ein Teil der Leserschaft dürfte davon beim vorletzten Kapitel – trotz gegenteiliger Absicht des Autors – einen Eindruck vermittelt bekommen haben.

Zur Vermeidung von für unnötig befundenen Verkomplizierungen wurden auch einige Auslassungen bewusst in Kauf genommen. Einige von ihnen betreffen **Polynome**. Ein solches Polynom wurde ohne formale Definition stillschweigend vorausgesetzt als formale Summe aus Produkten von einer oder mehreren formalen Variablen X, Y, ... und Koeffizienten, bei denen es sich um Werte aus einem fest vorgegebenen Wertevorrat handelt. Dabei fungiert als Wertevorrat meist ein bestimmter Körper, möglich ist aber auch die Menge der ganzen Zahlen $\mathbb{Z}$ oder die Gesamtheit der Polynome in weiteren Variablen.

Strikt zu unterscheiden ist ein Polynom von der ihm zugeordneten Funktion, die dadurch entsteht, wenn Variablen X, Y, ... durch konkrete Werte a, b, ... des Koeffizientenbereichs ersetzt werden. Man kann nun sowohl mit Polynomen rechnen, das heißt sie formal addieren und multiplizieren, als auch mit den Funktionswerten. Zwar ist es offensichtlich, dass beide Rechenmöglichkeiten miteinander „verträglich" sind, dass also beispielsweise $(f \cdot g)(a) = f(a) \cdot g(a)$ gilt, – explizit festgehalten werden sollte es aber trotzdem.

Der Vereinfachung der dargelegten Sachverhalte diente auch die Spezialisierung, bei der ausschließlich Unterkörper der komplexen Zahlen untersucht wurden. Auf Basis des Fundamentalsatzes der Algebra war damit klar, dass zu jedem Polynom mit komplexen Koeffizienten ein **Zerfällungskörper** existiert. So praktisch diese Vorgehensweise ist, und so wichtig der Fundamentalsatz der Algebra sicher ist, so wenig algebraisch ist diese Art der Argumentation: Nicht nur, dass der Fundamentalsatz mit Mitteln der Analysis – etwa Abstandsabschätzungen und auf Zwischenwerte bezogene Argumentationen – bewiesen wurde, was zugleich seinen Namen als rein historisch bedingt erkennen lässt; auch eine Verallgemeinerung auf andere Fälle, beispielsweise auf endliche Körper, ist natürlich auf diesem Wege nicht möglich.

Aus den genannten Gründen ist es nur zu verständlich, dass in der Algebra normalerweise ein ganz anderer Weg beschritten wird, die für die Galois-Theorie so wichtigen Zerfällungskörper zu konstruieren. Dabei werden ausgehend von einem Körper K, einem darüber irreduziblen Polynom und der dazugehörigen Gleichung

$$x^n + a_{n-1}x^{n-1} + a_{n-2}x^{n-2} + \ldots + a_1 x + a_0 = 0$$

völlig formal schrittweise Körpererweiterungen konstruiert, die Elemente enthalten, welche die gegebene Gleichung lösen. Man beginnt dazu mit der Adjunktion eines formalen Wertes α, wobei wir beim Rechnen mit Ausdrücken der Form

$$k_0 + k_1\alpha + k_2\alpha^2 + ... + k_m\alpha^m$$

mit Werten $k_0, ..., k_m \in K$ die Gleichung

$$\alpha^n = -a_{n-1}\alpha^{n-1} - a_{n-2}\alpha^{n-2} - ... - a_1\alpha - a_0$$

zur Vereinfachung zulassen, so dass stets $m \le n - 1$ erreicht werden kann. Es lässt sich dann zeigen, dass die Menge

$$K[\alpha] = \{ k_0 + k_1\alpha + k_2\alpha^2 + ... + k_{n-1}\alpha^{n-1} \mid k_j \in K \}$$

einen Körper bildet, der mit dem Wert α offensichtlich eine Nullstelle der gegebenen Gleichung enthält.[130] Knifflig ist dabei übrigens nur der Nachweis, dass die Division nicht aus der Menge $K[\alpha]$ herausführt.[131] Wird das gegebene Polynom anschließend über dem Körper $K[\alpha]$ in irreduzible Faktoren zerlegt, kann mit weiteren Adjunktionsschritten fortgefahren werden. Auf diese Weise erhält man schließlich einen völlig algebraisch konstruierten Zerfällungskörper.[132] Er ist, wie ebenfalls gezeigt werden kann, eindeutig in dem Sinne bestimmt, dass jeder andere Zerfällungskörper isomorph zu ihm ist, das heißt, die Elemente zweier Zerfäl-

---

[130] In formaler Sicht weist dieser Ansatz deutliche Ähnlichkeiten zur Konstruktion einer Faktorgruppe zu einem Normalteiler auf. Es handelt sich um ein Beispiel für einen Restklassenring, wie er zu jedem so genannten Ideal innerhalb eines Ringes definiert werden kann.

Übrigens sind es in erster Linie solche Verfahren zur Konstruktion neuer Objekte, die es unbedingt erforderlich machen, Gruppen und Körper axiomatisch zu erklären und nicht etwa als Untergruppen der symmetrischen Gruppe, wie es bei endlichen Gruppen immer möglich wäre, beziehungsweise als Unterkörper der komplexen Zahlen.

[131] Im Wesentlichen sind dazu die Argumente aus Abschnitt 10.9 leicht zu ergänzen. Das heißt, es wird dasjenige lineare Gleichungssystem untersucht, das der Multiplikation mit einem zu invertierenden Wert aus $K[\alpha]$ entspricht. Allerdings ist zusätzlich zu den Überlegungen aus Abschnitt 10.9 nun auch der Nachweis dafür notwendig, dass das Produkt zweier von 0 verschiedener Werte auf jeden Fall wieder ungleich 0 ist.

[132] Diese rein algebraische Konstruktion kann sogar dazu verwendet werden, den Fundamentalsatz der Algebra mittels vollständiger Induktion zu beweisen (die Induktion führt über die höchste Zweierpotenz, die den Gleichungsgrad teilt). Analytische Argumente fließen nur in Form der auf Basis des Zwischenwertsatzes beweisbaren Tatsache ein, dass jedes Polynom ungeraden Grades mit reellen Koeffizienten eine reelle Nullstelle besitzt. Siehe Jean-Pierre Tignol, *Galois' theory of algebraic equations*, Singapur 2001, S. 119, 121 f. und Aufgabe 5 am Ende dieses Kapitels.

lungskörper stehen in einer 1:1-Beziehung, welche mit den Rechenoperationen verträglich ist.[133]

Mit der gerade beschriebenen Formalisierung auf Basis rein algebraischer Methoden kann nun auch die **allgemeine Gleichung** den Begriffsbildungen der Galois-Theorie zugänglich gemacht werden. Wir haben die allgemeine Gleichung bereits in Kapitel 5 als diejenige Gleichung kennen gelernt, bei der formale Variablen $x_1, \ldots, x_n$ aus den zugehörigen elementarsymmetrischen Polynomen

$$s_1(x_1, \ldots, x_n) = x_1 + x_2 + \cdots + x_n$$
$$s_2(x_1, \ldots, x_n) = x_1 x_2 + x_1 x_3 + \cdots + x_{n-1} x_n$$
$$\ldots$$
$$s_n(x_1, \ldots, x_n) = x_1 x_2 \cdots x_{n-1} x_n$$

zu bestimmen sind. In der Sprache der Körpererweiterungen entspricht das der Situation, bei der ausgehend von einem Körper K der Polynomkoeffizienten die Erweiterung des Körpers $K(s_1, \ldots, s_n)$ hin zum Körper $K(x_1, \ldots, x_n)$ zu untersuchen ist. Dabei kann im Körper $K(s_1, \ldots, s_n)$ aufgrund des Eindeutigkeitssatzes für symmetrische Polynome (siehe Kasten auf Seite 72) so gerechnet werden, als seien $s_1, \ldots, s_n$ irgendwelche formale Variablen, die in keiner polynomialen Beziehung zueinander stehen (man spricht von so genannten algebraisch unabhängigen Größen). Man erhält damit eine weitere, völlig äquivalente Deutung der allgemeinen Gleichung, bei der nun die Gleichungskoeffizienten $a_0, a_1, \ldots, a_{n-1}$ Variablen sind und für die anschließend wie eben beschrieben ein Zerfällungskörper konstruiert werden kann. Da die Lösungen in keinerlei Beziehung zueinander stehen – im ersten Fall qua Definition und damit aufgrund der Äquivalenz auch im zweiten Fall[134] – ist die Galois-Gruppe der allgemeinen Gleichung die volle symmetrische Gruppe:

---

[133] Automorphismen eines Körpers sind also nichts anderes als Isomorphismen eines Körpers zu sich selbst. Siehe auch Abschnitt 11.4.

[134] Natürlich ist auch ein direkter Beweis nicht schwierig: Ausgehend von einem gegebenen Polynom $h(X_1, \ldots, X_n)$ mit $h(x_1, \ldots, x_n) = 0$ bildet man zunächst das Produkt

$$g(X_1, \ldots, X_n) = \prod_{\sigma \in S_n} h(X_{\sigma(1)}, \ldots, X_{\sigma(n)}).$$

Da das Polynom g symmetrisch in den Variablen $X_1, \ldots, X_n$ ist, kann es durch die elementarsymmetrischen Polynome dieser Variablen polynomial ausgedrückt werden. Es

SATZ. Die Galois-Gruppe der allgemeinen Gleichung n-ten Grades ist die symmetrische Gruppe S_n, das heißt, sie enthält alle Permutationen der n Lösungen $x_1, ..., x_n$.

Als Folgerung ergeben sich die Erkenntnisse zur allgemeinen Gleichung, wie sie von Lagrange erstmalig entdeckt wurden, als Spezialfall der Galois-Theorie. Dabei wird jeder Zwischenkörper durch Polynome in den Variablen $x_1, ..., x_n$ erzeugt, die unter den Automorphismen der zugeordneten Gruppe von Permutationen unverändert bleiben. Außerdem folgt natürlich, dass die Auflösbarkeit der allgemeinen Gleichung eines bestimmten Grades n dazu äquivalent ist, dass die symmetrische Gruppe S_n auflösbar ist. Der Abel'sche Unmöglichkeitssatz entspricht also gruppentheoretisch der folgenden Aussage:

SATZ. Die symmetrische Gruppe S_n ist für $n \geq 5$ nicht auflösbar.

In Lehrbüchern dient ein Beweis dieses gruppentheoretischen Satzes üblicherweise dazu, den Abel'schen Unmöglichkeitssatz folgern zu können. Ein Beweis ist mit ähnlichen Argumenten möglich, wie sie schon Ruffini verwendete (siehe Kasten Seite 77). Dazu beweist man zunächst die folgende Aussage:

SATZ. Ist G für $n \geq 5$ eine Untergruppe der symmetrischen Gruppe S_n, die alle Dreierzyklen enthält, das heißt alle zyklischen Permutationen $a \to b \to c \to a$ von drei beliebigen, voneinander verschiedenen Elementen a, b und c, und ist N ein Normalteiler von G mit kommutativer Faktorgruppe G/N, so enthält auch dieser Normalteiler N alle Dreierzyklen.

Zum Beweis dieses vorbereitenden Satzes stellt man einen beliebig vorgegebenen Dreierzyklus $a \to b \to c \to a$ dar als Produkt

$$(d \to b \to a \to d)^{-1} \circ (a \to e \to c \to a)^{-1}$$
$$\circ (d \to b \to a \to d) \circ (a \to e \to c \to a),$$

gibt also ein Polynom $u(Y_1, ..., Y_n)$, so dass sich das Polynom $g(X_1, ..., X_n)$ in der Form $g(X_1, ..., X_n) = u(s_1(X_1, ..., X_n), ..., s_n(X_1, ..., X_n))$ darstellen lässt. Setzt man in diese Identität von Polynomen die Lösungen $x_1, ..., x_n$ ein, so erhält man $0 = g(x_1, ..., x_n) = u(a_{n-1}, ..., a_0)$. Dies zeigt zunächst $u = 0$. Die vorhergehenden Polynom-Identitäten zeigen schließlich $g = 0$ und $h = 0$.

wobei d und e zwei beliebige, sowohl voneinander als auch von a, b und c verschiedene Elemente sind. Da die Faktorgruppe kommutativ ist, muss das Produkt in der durch die identische Permutation repräsentierten Nebenklasse, also N, liegen. Wie behauptet gehört also jeder Dreierzyklus $a \to b \to c \to a$ zum Normalteiler N.

Auf Basis des gerade bewiesenen Satzes kann nun schrittweise gefolgert werden, dass jede Gruppe innerhalb einer absteigenden Normalteiler-Kette, wie sie im Falle der Aufösbarkeit der symmetrischen Gruppe S_n existieren muss, alle Dreierzyklen enthalten muss. Diese Kette kann daher nicht mit der ein-elementigen Gruppe enden, so dass die symmetrische Gruppe nicht auflösbar sein kann.

Übrigens ist das Argument gleichermaßen verwendbar für die so genannte alternierende Gruppe A_n, die definiert ist als Gruppe aller geraden Permutationen. In Bezug auf diese alternierende Gruppe A_n bleibt noch anzumerken, dass es sich bei ihr um einen Normalteiler der symmetrischen Gruppe S_n handelt, wobei die Faktorgruppe aus zwei Elementen besteht und kommutativ ist. Bei der allgemeinen Gleichung korrespondiert zur alternierenden Gruppe übrigens derjenige Zwischenkörper, der durch die Adjunktion der Quadratwurzel aus der Diskriminante entsteht.

Soweit es sich bei dem der allgemeinen Gleichung zugrunde liegenden Koeffizientenkörper K um einen Unterkörper der komplexen Zahlen handelt, ist die gerade implizit vorausgesetzte Möglichkeit, die Galois-Theorie und ihre Anwendung auf die Untersuchung von Radikalerweiterungen entsprechend verallgemeinern zu können, unproblematisch. Bei einer Verallgemeinerung der Galois-Theorie auf beliebige Körper müssen allerdings zwei Besonderheiten berücksichtigt werden, die für Komplikationen sorgen können:

- Zum einen funktioniert die Verallgemeinerung nur dann, wenn jedes irreduzible Polynom lauter verschiedene Nullstellen besitzt. Andern falls ist nicht jeder Automorphismus des Zerfällungskörpers eindeutig einer Permutation der Nullstellen zugeordnet und auch die Konstruktion von Galois-Resolventen kann Probleme bereiten.
  Immerhin sind Körper der Charakteristik 0, aber auch endliche Körper unproblematisch in dieser Hinsicht.

- Zum anderen setzt die Charakterisierung von Radikalerweiterungen mittels einer Lagrange-Resolvente voraus, dass durch den Grad der Körpererweiterung dividiert werden kann (siehe das Ende des Beweises von Abschnitt 10.14). In Körpern mit endlicher Charakteristik ist dies aber nicht unbedingt möglich.[135]

Eine ganz andere Lücke der vorangegangenen Kapitel betrifft **endliche Körper**, die wir abgesehen von der Auflistung von Beispielen für Gruppen und Körper in Kapitel 10 nur indirekt verwendet haben, nämlich in Form von Restklassen modulo n. Dabei wurde insbesondere von der Existenz einer Primitivwurzel modulo n Gebrauch gemacht, um so die Kreisteilungsgleichungen mittels geeigneter Summen von Einheitswurzeln, gemeint sind die Perioden, lösen zu können. Das heißt, für Primzahlen n wurde von der Existenz einer ganzen Zahl g ausgegangen, so dass die Zahlen $g^1, g^2, ..., g^{n-1}$ alle von 0 verschiedene Restklassen 1, 2, ..., $n-1$ repräsentieren.

Unter Verwendung algebraischer Strukturen lässt sich dieser Sachverhalt in leichter Verallgemeinerung folgendermaßen formulieren:

SATZ. Jede endliche Untergruppe der multiplikativen Gruppe eines Körpers ist zyklisch.

Die hier einzig interessierende Anwendung, bei der es sich bei der Untergruppe um die multiplikative Gruppe eines endlichen Körpers $\mathbb{Z}/p\mathbb{Z}$ handelt, wurde, formuliert als eine Aussage über Restklassen, erstmals von Legendre (1752–1833) bewiesen – zuvor bereits von Euler gegebene Beweise müssen als lückenhaft angesehen werden. Auch wenn sich ein solcher Beweis durchaus mittels ausgiebiger Rechnungen in Restklassen elementar führen lässt,[136] wollen wir hier bewusst den verallgemeinerten Satz beweisen, wobei dieser Beweis sogar etwas kürzer und auf jeden Fall übersichtlicher ist.

Wir beginnen mit einer Untersuchung der Euler'schen φ-Funktion, die einer natürlichen Zahl d die Anzahl der zu d teilerfremden Zahlen aus der Menge $\{1, 2, ..., d-1\}$ zuordnet. Beispielsweise ist $\varphi(6) = 2$ und $\varphi(8) = 4$:

---

[135] Tatsächlich ist zum Beispiel die allgemeine quadratische Gleichung über dem zweielementigen Körper $\mathbb{Z}/2\mathbb{Z}$ nicht durch Radikale auflösbar. Siehe: B. L. van der Waerden, *Algebra I*, Berlin 1971, § 62.

[136] Siehe etwa Jay R. Goldman, *The queen of mathematics*, Wellesley 1998, Chapter 10.

Im ersten Fall sind nur die beiden Zahlen 1 und 5 zur vorgegebenen Zahl 6 teilerfremd; zur Zahl 8 teilerfremd sind die vier Zahlen 1, 3, 5 und 7. Für den Sonderfall $d = 1$ definiert man außerdem noch $\varphi(1) = 1$.

Die Euler'sche φ-Funktion besitzt nun die Eigenschaft

$$\sum_{d|n} \varphi(d) = n .$$

Wir wollen zunächst diese Formel, bei der über alle Teiler d von n summiert wird, bestätigen. Dazu betrachtet man zu jeder modulo n gebildeten Restklasse j, wie sie beispielsweise durch die n Zahlen 0, 1, ..., $n-1$ repräsentiert werden, die Ordnung d innerhalb der Gruppe in $\mathbb{Z}/n\mathbb{Z}$. Jede solche Ordnung d muss ein Teiler von n sein, und eine Restklasse j kann nur dann die Ordnung d besitzen, wenn sie durch eine Zahl $m \cdot n/d$ mit einer ganzen Zahl m repräsentiert wird, so dass j auf jeden Fall in derjenigen Untergruppe liegen muss, die von der Restklasse zu n/d erzeugt wird. Diese Untergruppe ist zyklisch von der Ordnung d, also zu $\mathbb{Z}/d\mathbb{Z}$ isomorph, und beinhaltet daher genau $\varphi(d)$ Elemente der Ordnung d. Die solchermaßen entstehende Aufteilung der n-elementigen Gruppe $\mathbb{Z}/n\mathbb{Z}$ entspricht aber genau der Summenformel.

Nach dieser Vorbereitung können wir uns dem eigentlichen Gegenstand des Satzes, das heißt einer endlichen Untergruppe U der multiplikativen Gruppe eines Körpers zuwenden. Ist d eine natürliche Zahl, so dass es in U ein Element x gibt, für das die von x erzeugte Gruppe $\{1\ x, x^2, ..., x^{d-1}\}$ genau d Elemente besitzt, so ist d gemäß Abschnitt 10.4 ein Teiler der Anzahl $|U|$ von Elementen in der Gruppe U. Wegen $x^d = 1$ ist jedes Element dieser Untergruppe eine Nullstelle des Polynoms $X^d - 1$. Da es aufgrund der in Abschnitt 4.2 dargelegten Möglichkeit, zu jeder Nullstelle eines Polynoms einen entsprechenden Linearfaktor abspalten zu können, höchstens d Nullstellen geben kann, kann kein in der Gruppe U, aber außerhalb der Untergruppe $\{1, x, x^2, ..., x^{d-1}\}$ gelegenes Element existieren, welches eine d-elementige Untergruppe erzeugt. Damit gibt es in der Gruppe U entweder kein Element, das eine d-elementige Untergruppe erzeugt, oder aber, es gibt insgesamt $\varphi(d)$ davon. Teilt man nun die Gruppe U wie zuvor die Gruppe $\mathbb{Z}/n\mathbb{Z}$ danach auf, wie groß die von einem Element erzeugte Untergruppe ist, so erhält man aus dieser Aufteilung für $n = |U|$ die Summenformel

$$n = \sum_{d \mid n} \varphi(d) \cdot \delta_d \, ,$$

wobei jede der Zahlen δ_d entweder gleich 0 oder 1 ist. Dabei zeigt ein Vergleich mit der zuvor hergeleiteten Summenformel sofort, dass für Teiler d von n stets $\delta_d = 1$ gelten muss. Insbesondere gibt es damit $\varphi(n)$ Elemente in U, welche eine n-elementige Untergruppe, also die gesamte Gruppe U, erzeugen. Die Gruppe U ist somit zyklisch.

Aufgaben

1. Beweisen Sie den so genannten **kleinen Satz von Fermat**:

Für eine Primzahl n und eine dazu teilerfremde Zahl a ist $a^{n-1} - 1$ durch n teilbar.

2. Beweisen Sie den **Satz von Wilson**:

Für eine Primzahl n ist $(n-1)! + 1$ durch n teilbar.

Folgern Sie daraus: Eine natürliche Zahl $n \geq 2$ ist genau dann prim, wenn $(n-1)! + 1$ durch n teilbar ist.

3. Beweisen Sie die Verallgemeinerung des kleinen Satzes von Fermat: Für eine natürliche Zahl n und eine dazu teilerfremde Zahl a ist $a^{\varphi(n)} - 1$ durch n teilbar.

Hinweis: Man zeige zunächst, dass die Restklassen in $\mathbb{Z}/n\mathbb{Z}$, die durch zu n teilerfremde Zahlen repräsentiert werden, bezüglich der Multiplikation eine Gruppe bilden.

4. Beweisen Sie: Ist $n = pq$ das Produkt von zwei verschiedenen Primzahlen p und q und sind u und v zwei natürliche Zahlen, für die $uv - 1$ durch $(p-1)(q-1)$ teilbar ist, dann ist für alle natürlichen Zahlen a die Zahl $a^{uv} - a$ durch n teilbar.[137]

---

[137] Die Bedeutung dieser Aussage resultiert daraus, dass die beiden durch $x \to x^u$ und $x \to x^v$ definierten Restklassenabbildungen $\mathbb{Z}/n\mathbb{Z} \to \mathbb{Z}/n\mathbb{Z}$ zueinander invers sind. Verwendung findet diese Konstruktion in der Kryptographie beim so genannten **RSA-Verschlüsselungsverfahren**. Dazu benötigt man in der Praxis sehr große, das heißt mindestens mehrere hundert Dezimalstellen umfassende, Primzahlen p und q, bei denen das Auffinden dieser beiden Primzahlen aus dem Produkt $n = pq$ selbst mit den schnellsten Computern – nach heutigem Erkenntnisstand – in Millionen von Jahren

Hinweis: Die Behauptung kann auf Aufgabe 3 zurückgeführt werden. Um auch den Fall von durch p oder q teilbaren Zahlen a einzuschließen, empfiehlt es sich, die Teilbarkeit von $a^{uv} - a$ durch p und q einzeln zu zeigen.

5. Beweisen Sie den Fundamentalsatz der Algebra auf algebraischem Weg, indem Sie für ein nicht-konstantes Polynom $f(X)$ mit komplexen Koeffizienten nachweisen, dass für die in einem algebraisch konstruierbaren Erweiterungskörper von $\mathbb{C}$ mögliche Zerlegung in Linearfaktoren (siehe Seite 223 f.)

$$f(X) = (X - x_1)...(X - x_n)$$

sogar $x_1, ..., x_n \in \mathbb{C}$ gilt. Zeigen Sie dazu zunächst:

- Der Satz gilt für quadratische Polynome $f(X)$ (siehe auch Aufgabe 1 von Kapitel 2).
- Es reicht die Existenz einer komplexen Lösung x_j nachzuweisen. Außerdem kann man sich auf den Fall reeller Polynomkoeffizienten beschränken.

Nun kann der Beweis induktiv über die Höhe der Zweierpotenz geführt werden, die den Polynomgrad n teilt. Als Induktionsanfang greift man auf die analytisch beweisbare Version des Satzes für reelle Polynome ungeraden Grades zurück. Für den Induktionsschritt werden zu geeignet gewählten Parametern $c \in \mathbb{R}$ Polynome der Form

$$g_c(X) = \prod_{i<j}\left(X - (x_i + x_j + cx_ix_j)\right)$$

untersucht. Dabei ist die Existenz eines Indexpaares (i, j) mit $i < j$ nachzuweisen, für das zwei verschiedene Parameter $c, d \in \mathbb{R}$ gefunden wer-

---

für unmöglich gehalten wird. In einem solchen Fall eignen sich die beiden Zahlenpaare (u, n) und (v, n) als kryptographische Schlüssel, wobei der eine Schlüssel zur Codierung und der andere Schlüssel zur Decodierung verwendet wird – man spricht daher auch von einem **asymmetrischen Verschlüsselungsverfahren**. Anders als bei einem symmetrischen Verschlüsselungsverfahren, bei dem Codierung und Decodierung mit demselben Schlüssel erfolgen, kann beim RSA-Verfahren ein Schlüssel veröffentlicht werden, ohne dass dadurch eine Gefahr entsteht, eine nicht autorisierte Decodierung zu ermöglichen. Man bezeichnet das RSA-Verfahren daher auch als **Public-Key-Codierung**.

den können, so dass bei den zugehörigen Polynomen $g_c(X)$ und $g_d(X)$ die Nullstellen

$$x_i + x_j + c x_i x_j \text{ und } x_i + x_j + d x_i x_j$$

beide in $\mathbb{C}$ liegen.

6. Für eine Primzahl m und eine dazu teilerfremde Zahl a wird das so genannte Legendre-Symbol definiert durch

$$\left(\frac{a}{m}\right) = \begin{cases} +1, \text{ wenn } a = s^2 + km \text{ für geeignete ganze Zahlen } s \text{ und } k \text{ ist} \\ -1, \text{ wenn } a \text{ keine solche Darstellung besitzt} \end{cases}$$

Das Legendre-Symbol gibt also an, ob die durch a repräsentierte Restklasse in der multiplikativen Restklassengruppe $\mathbb{Z}/m\mathbb{Z}-\{0\}$ ein Quadrat ist. Auch wenn sich der Wert des Legendre-Symbols stets durch endliches Probieren ermitteln lässt, ist man natürlich an einer Möglichkeit der direkten Berechnung interessiert. Zeigen Sie dazu als ersten Schritt, dass

$$a^{(m-1)/2} - \left(\frac{a}{m}\right)$$

durch m teilbar ist.

Weitere Gesetzmäßigkeiten des Legendre-Symbols lassen sich mit Hilfe von Einheitswurzeln finden. Für eine weitere Primzahl $n \geq 3$ bezeichnet dazu ζ wieder die n-te Einheitswurzel $\zeta = \cos(2\pi/n) + i \cdot \sin(2\pi/n)$, während die auf ihrer Basis definierten Perioden der Länge $(n-1)/2$ (siehe Abschnitt 7.2) wie gehabt mit $\eta_0 = P_{(n-1)/2}(\zeta)$ und $\eta_1 = P_{(n-1)/2}(\zeta^g)$ bezeichnet werden, wobei die ganze Zahl g wieder für eine Primitivwurzel modulo n steht. Zeigen Sie

$$(\eta_0 - \eta_1)^m - \left(\frac{m}{n}\right)(\eta_0 - \eta_1) = m(a_0 + a_1\zeta + \ldots + a_{n-2}\zeta^{n-2})$$

mit ganzen Zahlen $a_0, a_1, \ldots, a_{n-2}$. Zeigen Sie außerdem (sofern noch nicht in Aufgabe 2 von Kapitel 7 geschehen)

$$(\eta_0 - \eta_1)^2 = (-1)^{(n-1)/2} n.$$

Begründen Sie schließlich, wieso aus der damit insgesamt folgenden Identität

$$\left[(-1)^{\frac{n-1}{2}\cdot\frac{m-1}{2}}\left(\frac{n}{m}\right)-\left(\frac{m}{n}\right)\right](\eta_0-\eta_1)^2 = m(b_0+b_1\zeta+\ldots+b_{n-2}\zeta^{n-2})$$

mit ganzen Zahlen b_0, b_1, ..., b_{n-2} das so genannte **quadratische Reziprozitätsgesetz**

$$\left(\frac{m}{n}\right) = (-1)^{\frac{n-1}{2}\cdot\frac{m-1}{2}}\left(\frac{n}{m}\right)$$

folgt[138].

7. Für eine Gruppe G, deren Elementeanzahl $|G|$ durch eine Primzahl p teilbar ist, definiert man die Abbildung

$$\varphi(g_1, g_2, \ldots, g_p) = (g_2, \ldots, g_p, g_1) \quad \text{für} \quad g_1, g_2, \ldots, g_p \in G$$

sowie die Menge

$$X = \left\{(g_1, g_2, \ldots, g_p) \in G^p \mid g_1 g_2 \ldots g_p = \varepsilon\right\},$$

wobei ε wieder das neutrale Element der Gruppe bezeichnet.

Zeigen Sie:
- $|X| = |G|^{p-1}$
- Die Abbildung φ bildet die Menge X in sich ab.
- Gilt für ein Element $x \in G^p$ und eine nicht durch p teilbare Zahl k die Identität $\varphi^k(x) = x$, so sind alle Koordinaten von x gleich.
- Jede zu einem Element $x \in G^p$ definierte **Bahn** $\{x, \varphi(x), \varphi^2(x), \ldots\}$ besteht entweder aus einem Element oder aus p Elementen.
- Die Anzahl der ein-elementigen Bahnen in X ist durch p teilbar.

---

[138] Das quadratische Reziprozitätsgesetz wurde erstmals von Carl Friedrich Gauß am 8. April 1796 bewiesen – dokumentiert durch einen entsprechenden Eintrag in seinem Tagebuch. Es handelt sich um ein fundamentales, in mancherlei Hinsicht zu verallgemeinerndes Resultat der Zahlentheorie.

Außerdem können mit dem quadratischen Reziprozitätsgesetz, zusammen mit einigen weiteren elementaren Eigenschaften, die Werte beliebiger Legendre-Symbole relativ einfach rekursiv berechnet werden.

Geben Sie nun ein Element $x \in X$ mit ein-elementiger Bahn an und folgern Sie, dass es daher noch mindestens ein weiteres Element mit ein-elementiger Bahn gibt, mit dem schließlich in der Gruppe G die Existenz eines Elementes der Ordnung p nachgewiesen werden kann (**Satz von Cauchy**[139]).

8. Gegeben seien zwei verschiedene Primzahlen p und q sowie eine Gruppe G mit pq Elementen. Zeigen Sie, dass diese Gruppe G auflösbar ist.

---

[139] Der Satz von Cauchy wird üblicherweise in einer verallgemeinerten Form formuliert, die nach Ludwig Sylow (1832–1918) benannt ist. Diese Sylowsätze machen Aussagen über Untergruppen, deren Elementeanzahl eine Primzahlpotenz ist.

Stichwortverzeichnis

© Springer Fachmedien Wiesbaden GmbH, ein Teil von Springer Nature 2019
J. Bewersdorff, *Algebra für Einsteiger*,
https://doi.org/10.1007/978-3-658-26152-8

Printed in the United States
By Bookmasters